半導體製程概論

李克駿、李克慧、李明逵　編著

全華圖書股份有限公司

一 序言

　　積體電路 (IC) 是過去及未來三十年最重要的高科技產業，它已深入滲透到我們的日常生活，手機、微波爐等通訊、家電用品都需用 IC 晶片。提起 IC，每個人總覺得是一門門檻很高的專業學問，實際上，每一門學問只要有一本深入淺出的書，了解它都不是困難的事。本書有系統地以循序漸進的方式由半導體材料與物理開始，進而了解 IC 中使用的基礎元件如雙載子電晶體、MOS 電晶體及先進元件如鰭式電晶體等，最後介紹 IC 製程、封裝及檢測技術。本書具備科技書的三個要點，第一，以淺而易懂的方式介紹半導體領域的基礎理論。第二，有系統地幫助讀者了解技術機制與整體概念。第三，包括目前及未來發展方向。本書除了適合專業教師選用當作半導體學門的教材，也可作為初學者自修的參考用書。

李克駿　僅識於新竹

李克慧

李明達

作者簡介

李克駿

國立清華大學電子研究所博士
旺宏公司主任工程師
阿拉伯阿布杜拉國王大學訪問博士生
國立清華大學電子所博士後研究
專研非揮發性記憶體，積體電路製程，二維電子材料元件

李克慧

國立交通大學電子研究所博士
比利時歐洲跨校際微電子研究中心博士後研究
台灣積體電路公司主任工程師
聯發科技公司技術副理
專研非揮發性記憶體，積體電路製程，先進製程可靠度工程，半導體產品故障分析

李明達

國立成功大學電機系博士
國立中山大學教授
中原大學電資學院院長
專研磊晶技術，積體電路製程，半導體物理與元件

編輯部序

「系統編輯」是我們的編輯方針，我們所提供給您的，絕不只是一本書，而是關於這門學問的所有知識，他們由淺入深，循序漸進。

此書為「半導體製程概論」之教科書。全書分五篇，第一篇 (1～3章) 探討半導體材料之基本特性，從矽半導體晶體結構開始，到半導體物理之物理概念與能帶做完整的解說。第二篇 (4～9章) 說明積體電路使用的基礎元件與先進奈米元件。第三篇 (10～24章) 說明積體電路的製程。第四篇 (25～26章) 說明積體電路的故障與檢測。第五篇 (27～28章) 說明積體電路製程潔淨控制與安全。本書適用大學、科大電子、電機系「半導體製程」、「半導體製程技術」及「積體電路製程」課程使用。

同時，為了使您能有系統的研習相關方面的叢書，我們以流程圖的方式，列出各有關圖書的閱讀順序，以減少您研習此門學問的探索時間，並能對這門學問有完整的知識。若您在這方面有任何問題，歡迎來函聯繫，我們將竭誠為您服務。

相關叢書介紹

書號：03672
書名：矽晶圓半導體材料技術(精裝本)
編著：林明獻

書號：10473
書名：半導體元件物理學(下冊)
編譯：施 敏.伍國王玉.張鼎張.劉柏村

書號：10466
書名：半導體製程概論
編譯：施 敏.梅凱瑞.林鴻志

書號：10469
書名：半導體元件物理與製作技術
編譯：施 敏.李明逵.曾俊元

書號：10472
書名：半導體元件物理學(上冊)
編譯：施 敏.伍國王玉.張鼎張.劉柏村

書號：10541
書名：晶圓代工與先進封裝
　　　產業科技實務
編著：曲建仲

流程圖

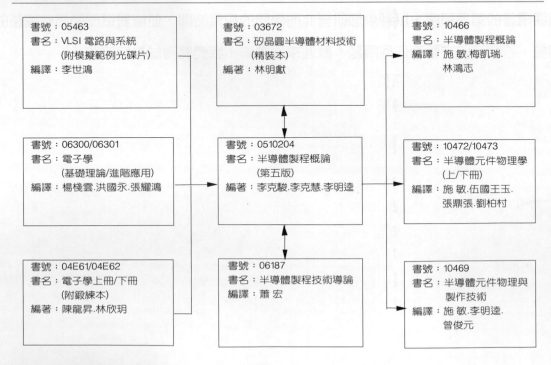

目錄

第一篇　半導體材料與物理

第二篇 半導體元件

第三篇 積體電路製程與設備

第四篇　積體電路故障與檢測

第五篇　製程潔淨控制與安全

CH28 製程潔淨控制與安全 (二)   28-1

習題演練   A-1

前言 半導體與積體電路發展史

從發現半導體到今天的積體電路，發展超過百年歷史，目前更是積極活躍地滲透到我們的日常生活。

0-1　半導體之緣起 (Semiconductor History)

　　從發現半導體 (semiconductor) 以來，發展至今天的積體電路 (integrated circuit-IC) 已超過一百年歷史。遠在 1875 年科學家就觀察得知硒元素 (selenium) 具有整流及光導 (photoconductivity) 特性。1906 年得知矽 (silicon) 可感測無線電波 (radio waves)，1935 年市場上已有硒整流器及光導器、碳化矽可變電阻器、矽點觸式二極體等產品出售。同年，薄膜場效電晶體 (thin film field effect transistor) 在英國得到專利。

　　在二次大戰前，由於了解矽與鍺可能是最適當的混合器與感測器材料，這段期間普渡大學教授 Lark-Horovitz 開始研究高純度鍺的提煉，賓州大學教授 Seitz 開始研究高純度矽的提煉，積體電路的發展由此開始。

0-2　電晶體 (Transistor)

　　1947 年十二月，貝爾實驗室 John Bardeen and Walter Brattain 發明第一顆點觸式電晶體 (point contact transistor)，經進一步探討研究，引發了接面電晶體 (junction transistor) 的發明，Bardeen，Brattain 和 Shockley 三人也因此發明榮獲諾貝爾獎。第一顆點觸式電晶體以多晶鍺為半導體材料，隔年年底，貝爾實驗室 Gordon Tell 改用單晶矽來研發半導體材料，此為繼電晶體之後最重要的半導體技術，奠定了爾後量產的基礎。

　　1948 年，生長接面電晶體 (grown junction transistor) 由 William Shockley 發明，Gordon Teal 和 Morgan Sparks 使之實際化如圖 0-1 所示。1951 年，合金電晶體 (alloyed transistor) 由通用電器 (general electric) J. S. Saby 發明，結構如圖 0-2 所示。不久之後，在 1954 年，貝爾實驗室 G. L. Pearson 和 C. S. Fuller 創造出一項最重要的技術－氣相擴散技術 (gaseous diffusion)，因此技術電晶體之接面可做在晶片的表面上，製造出擴散平台電晶體 (diffused mesa transistor) 如圖 0-3 所示。一開始該技術在 1957 年用於鍺晶片上，到 1958 年，應用於矽晶片上，進而使電晶體有更窄的基極寬度與更高的操作頻率，最重要的是更易量產化。1961 年 Jean Hoerni (Fairchild Semiconductor 公司) 發明了矽平面電晶體 (silicon planar transistor) 如圖 0-4 所示，使電晶體之接面受到晶片表面之二氧化矽的保護，因為其平面化製程 (planar process) 而增進了可靠度、良率及功能。

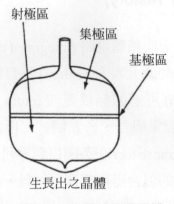

▲ 圖 0-1　生長接面電晶體

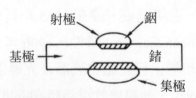

鈉金屬摻入鍺中，形成射極–基極與集極–基極接面

▲ 圖 0-2　合金電晶體

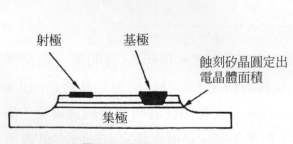

▲ 圖 0-3　擴散平台電晶體

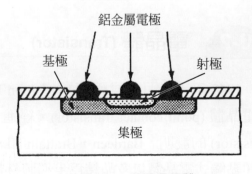

▲ 圖 0-4　平面電晶體

0-3　積體電路 (Integrated Circuit)

在積體電路未發明之前，電子電路是用電線連接電晶體、真空管、電阻、電容、電感所有零件形成。1952 年 G.W.A.Dummer(royal radar establishment of the united kindgom) 提出一單石 (monolithic) 集成之方法：將絕緣體、導體、整流和放大材料做在同一塊基板不同層面上，再用金屬連接之。1953 年 5 月 Harwick Johnson 提出一類似積體電路的專利，但只談到電晶體相移振盪器 (transistor phase-shift oscillator)，並未談到元件間之隔離觀念。直到 1959 年 2 月，Texas Instruments 公司 Jack Kilby(2000 年諾貝爾獎得主) 才提出現在積體電路的雛型，包含擴散電阻、p-n 接面電容、MOS 電容、電晶體、二極體，該積體電路開始是製作在鍺基板上，1960 年 3 月才製作在矽基板上。自此而後，半導體世界開始蓬勃發展。

0-4　半導體製程 (Semiconductor Processes)

1958 年，平台電晶體 (mesa transistor) 之主要製程包含擴散 (diffusion)，金屬化 (meattization)，矽蝕刻 (silicon etching) 和不同的清潔步驟，這些技術使第一顆積體電路得以實現。1960 年，平面化製程引入其它三個技術：矽之熱氧化生長氧化物，氧化物上使用光阻劑 (photoreisit) 之微影印刷 (lithographic printing)，氧化物之微影蝕刻。在 1960 年代，有四個製程上的新發明發展出，包含：

1. 磊晶膜 (epitaxial layer) 技術：雙載子電晶體製程中使用磊晶膜技術，使元件較易隔離 (將在第 13 章介紹)。

2. 矽磊晶膜在絕緣基板上生長技術：將矽磊晶膜生長在如藍寶石絕緣基板 (Sapphire-單晶 Al_2O_3)。

3. 化學氣相沉積法 (chemical vapor deposition)：以化學氣相沉積法生長氮化矽膜等做為保護及擴散面罩材料 (將在第 22 章介紹)。

4. 離子植入法 (ion implementation)：1968 年第一次用於 MOS 元件調整啟動臨界電壓 (將在第 19 章介紹)。

此後，IC 研展並未就此停頓。在 IC 製程設備上還有其它重大發展，如以電漿蝕刻 (plasma etching，將在第 21 章介紹) 取代濕蝕刻 (wet etching)，以光學步進機 (optical stepper)、電子束 (electron beam) 或極深紫外光微影 (extreme ultraviolet lithography) 印刷取代接觸式印刷 (contact printer)。

　　此外，在 IC 容量上也持續有重大發展，第一顆商用 IC 只含有兩顆電晶體，四顆二極體，四顆電容和六顆電阻。現在的 IC 已能容納上億顆電晶體，和上億顆記憶體。IC 面積由 1960 年代的 0.01 cm²，發展到現在約 1 cm² 左右。同時，晶圓直徑由 1960 年代 25 mm 發展到現在的 300 mm(12 吋晶圓)。線寬由 3 微米發展到 5 奈米，IC 的尺寸發展如圖 0-5 摩爾定律 (Moore's law) 所預測。摩爾定律是指 IC 上可容納的電晶體數目，約每隔 18 個月會增加一倍，性能也將提升一倍，由戈登－摩爾 (Gordon Moore) 在 1965 年經過長期觀察發現得之。另外，電路也變的更有變化，如記憶體由一顆電晶體和一顆電容構成的動態隨機存取記憶體 (dynamic random access memory, DRAM 部分取代了由六顆電晶體構成的靜態隨機存取存儲器 (static random access memory, SRAM)。其餘如環境、化學藥品乾淨度、製程控制度、良率、價格上都有巨大的進步，這樣的發展與進步在爾後不會停下來，仍有很大的空間與更高的機能正待追求。

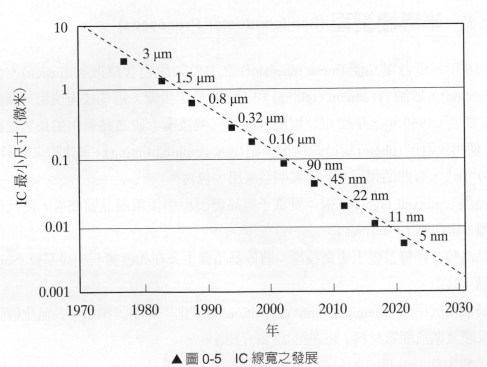

▲ 圖 0-5　IC 線寬之發展

　　本書之內容共分 28 章，其編排方式以典型矽雙載子電晶體積體電路製程為基準，用橫剖面如圖 0-6 所示解釋之：

1. 首先要了解什麼是半導體，矽為什麼是半導體材料？這在本書中第 1、2 章中說明。電晶體與積體電路則在第 4、6、7 章中說明。

2. 矽晶圓之備製在第 10、11 章中說明。

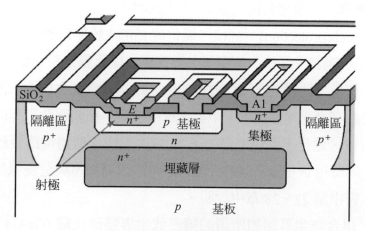

▲圖 0-6　典型雙載子電晶體積體電路製程之橫剖面

　　典型雙載子電晶體製程包括七道或更多道的步驟與光罩：

1. 磊晶：在 p 型矽晶圓上先長上一層 n 型單晶矽層，稱為磊晶層，所有元件在磊晶層內製造。磊晶在第 13、14 章中說明。

2. 埋藏層 (buried layer)：在磊晶之前，需在電晶體正下方，矽晶圓中的特定區域形成高摻雜 N 型層，使用第一道光罩。高摻雜區域的選擇需用二氧化矽作為遮罩，二氧化矽的形成在第 16、17 章說明。摻雜在第 18、19 章說明。區域二氧化矽的形成需用到微影蝕刻，需用到光罩，在第 20、21 章中說明。

3. 隔離 (isolation)：p 型擴散區，使相鄰區域間有電性隔離，使用第二道光罩。擴散摻雜在本書中第 18、19 章中說明，製程同步驟 2。

4. 基極 (base)：p 型擴散，作為 npn 電晶體的基極和大部份電阻之主體，使用第三道光罩。擴散摻雜在第 18、19 章中說明，製程同步驟 2。

5. 射極 (emitter)： N 型高摻雜擴散形成 npn 電晶體之射極，使用第四道光罩。擴散摻雜在本書中第 18、19 章中說明，製程同步驟 2。

6. 接觸開口 (contact window)：各電極之開口，使所有元件能與外界形成電性連接，使用第五道光罩。會使用到的蝕刻技術，在第 21 章中說明。

7. 金屬化 (metallization)：元件接觸開口之導電通路，使元件間互相導通形成電路，使用第六道光罩。金屬化製程在第 23 章中說明。

8. 刮傷保護 (scratch protection)：沉積二氧化矽 (SiO_2) 膜作為整個電路物理及化學保護膜，使其免於刮傷、汙染，使用第七道光罩。保護膜生長在第 22 章中說明。

　　隨著時代的進步，積體電路尺寸愈做愈小，以滿足愈來愈快愈來愈複雜的電路，尺寸縮小化與先進奈米元件會在本書中第 7 章中說明。積體電路製程的最後一站是封裝，使其免於污染、退化，這在本書中第 24 章中說明。積體電路製程須在非常潔淨的環境中進行，同時用到多種不同的危險氣體，故對潔淨室與危險氣體的管理要求非常講究，這在本書中第 27、28 章中說明。

　　相對於矽，化合物半導體如所謂的第三代半導體砷化鎵 (GaAs)、氮化鎵 (GaN) 和碳化矽 (SiC) 具有寬能隙、高電子飽和速度，較佳的散熱性，砷化鎵與氮化鎵並有直接能隙，在光電、高速與高功率元件擔任了關鍵性的角色。三者的基本晶體結構與物理特性在第 3 章中說明，光電、高速與高功率元件結構與特性在第 8、9 章中說明，晶棒與磊晶生長第 12、15 章中說明。

第一篇　半導體材料與物理

晶體結構與矽半導體物理特性

原子間距離拉近形成固態，固態半導體中原子與原子間的鍵結強度不大也不小，室溫的能量恰可將一小部份鍵結打斷，產生自由移動的電子與電洞，是半導體獨特行為的基礎。

1-1 原子模型與週期表 (Atomic Model and Periodic Table)

早期的原子模型是由帶正電的質子和不帶電的中子所組成的原子核與核外繞著帶負電的電子軌道構成 (圖 1-1)。這模型雖然不斷地被原子物理學家所修正，但還足以解釋在許多物質中所觀察到的物理現象，包括了大部份的半導體材料在內。

一個原子具有等數的電子和質子，所以是電中性。然而，若在環繞原子核外的軌道上得到或失去一個電子，這原子就變成帶正電或帶負電，這種帶電的原子稱做游離原子或離子。一個原子大部份的物理性質和化學性質都由最外層軌道的電子數目所決定，因為這些電子是原子與外界世界作用的媒介。

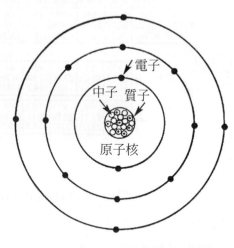

▲ 圖 1-1 原子模型

元素是具有同樣數目質子的所有原子的總稱 (不管中子與電子的數目多寡)。原子核內的中子數有可能不同，質子數相同而中子數不同的所有原子稱為該元素之同位數。

　　十九世紀的化學家已得知，具有不同密度的一些元素有相似的物理化學特性。於是基於密度，將有相似性質的元素組合起來就推導出了元素週期表 (圖 1-2)。週期表大半由實驗而得，但可窺伺物質的行為。對半導體中一些精深的了解與研究工作，都可由週期表得到簡明精確的概念。

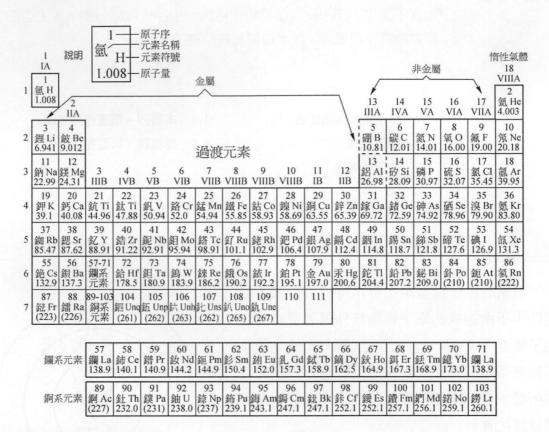

▲ 圖 1-2　週期表

　　週期表由門得列夫 (Dimitri Ivanovich Mendeleev) 所修正，根據原子核外電子排列所建立，每個原子都有電子軌道可被電子佔用，靠近原子核的軌道比遠離的軌道容納的電子較少電子，電子從最內層軌道開始佔用。週期表上同一行元素是最外層軌道上有相同數目的電子，每一行給它一個族數 (group numbers)，表示最外層軌道上電子的數目。週期表上每一列元素最外層軌道有不同的電子數，電子在該軌道依序佔用，當一層軌道填滿後，往外一層軌道開始佔用，週期表上的下一列就開始了。

原子在外層軌道上有八個電子也就是有完整的電子數，它具有化學惰性，這可用於解釋形成化合物時元素間的作用。例如：第一 (I) 族元素 (最外層軌道有一個電子) 和第七 (VII) 族元素 (最外層軌道有七個電子) 作用時，第 VII 族原子抓取第 I 族原子一個電子填滿它的外層軌道，使第 VII 族原子成為帶有一個負電的離子，並使第 I 族原子最外層沒有電子，成為帶有一個正電的離子，如此兩者就都有完整殼層。多一個電子的原子 (負離子) 與少一個電子的原子 (正離子) 之間的電力就使這兩原子聚集在一起。這種結合稱為離子鍵結合，如 NaCl。

第二 (II) 族和第六 (VI) 族元素結合，相較第 I-VII 族元素，第 VI 族原子抓取第 II 族原子外電子的力量稍弱，兩者會形成離子鍵稍弱而共價鍵 (共用電子) 稍強的鍵。同樣地，第三 (III) 族原子和第五 (V) 族原子鍵結，離子鍵更弱，共價鍵更強，如 GaAs。故 II-VI 族或 III-V 族化合物稱為具有離子性的共價鍵。而第四 (IV) 族原子和第四 (IV) 族原子鍵結時，每一原子和其四個鄰近原子共用電子，為完全共價鍵，如 Si。

1-2　晶體結構 (Crystal Structure)

科學家按晶體排列結構加以分類，可分為 14 種基本排列結構如圖 1-3(a)，看起來相當龐大複雜。雖然半導體與其中許多結構有關，但是矽的結構卻只與其中一種結構面心立方 (face-centered cubic, FCC) 有關，如圖 1-3(b)，它被稱作鑽石結構 (diamond structure)，因與鑽石有相同的結構，圖中 *a* 稱為晶格常數，晶體中原子整齊排列的方式稱為晶格。它看起來有一點複雜，卻不是那麼複雜，因為它由兩個 FCC 構成，將兩個 FCC 由對角線對插如圖 1-3(c) 所示，使兩個 FCC 之左下角原子相距 (1/4, 1/4, 1/4) 時停止如圖 1-3(d)，再將第二個 FCC 在第一個 FCC 結構以外的原子切除即得。若將鑽石結構加以分解，其最小原始結構是一四面體結構 (tetrahedron)，如圖 1-3(e)。取其投影，就可得到我們熟悉的四面體平面結構，如圖 1-3(f)。矽的平面結構，可視為四面體平面結構的無限延伸，如圖 1-3(g)。

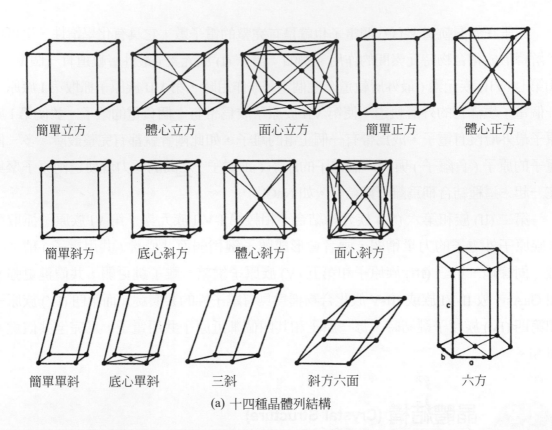

簡單立方　　　體心立方　　　面心立方　　　簡單正方　　　體心正方

簡單斜方　　　底心斜方　　　體心斜方　　　面心斜方

簡單單斜　　　底心單斜　　　三斜　　　斜方六面　　　六方

(a) 十四種晶體列結構

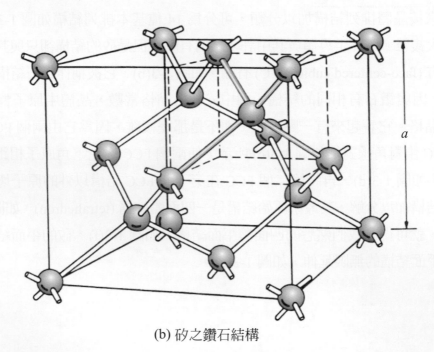

(b) 矽之鑽石結構

▲ 圖 1-3　晶體排列結構與矽結構

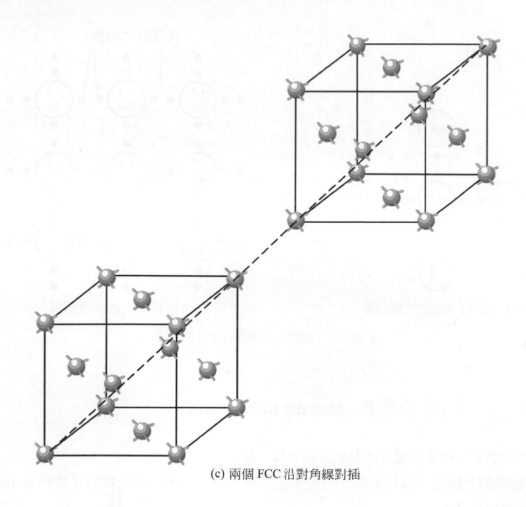

(c) 兩個 FCC 沿對角線對插

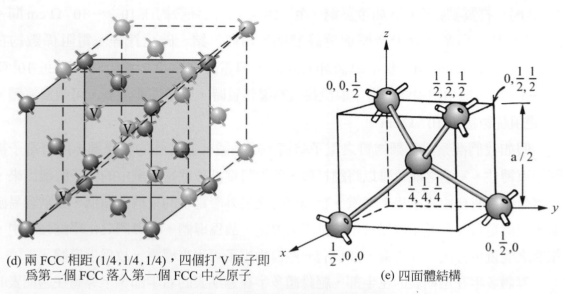

(d) 兩 FCC 相距 (1/4,1/4,1/4)，四個打 V 原子即
　　為第二個 FCC 落入第一個 FCC 中之原子

(e) 四面體結構

▲ 圖 1-3　晶體排列結構與矽結構 (續)

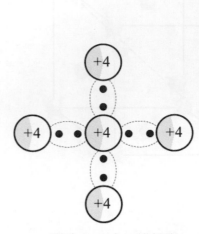

(f) 為圖1-3(e)之二維投影

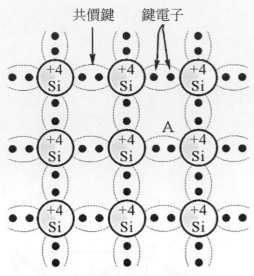

(g) 矽的二維晶體結構

▲ 圖 1-3　晶體排列結構與矽結構 (續)

1-3　物質導電性 (Material Conductivity)

科學家按物質導電之能力加以區分為三類：

1. 絕緣體－物質不導電至某一程度，如玻璃、石英、鑽石等。電阻係數約在 10^8 ～ $10^{18}\,\Omega/cm$ 間。

2. 金屬－物質易於導電，如金屬銅、金、鋁等。電阻係數約在 10^{-3} ～ $10^{-8}\,\Omega/cm$ 間。

3. 半導體－導電度介於金屬與絕緣體間，如矽、鍺、砷化鎵等。電阻係數約在 10^{-3} ～ $10^8\,\Omega/cm$ 間。當半導體非常純時，導電性非常低，電阻係數接近 $10^8\,\Omega/cm$，可視為半絕緣體。當半導體摻入高摻雜質時，導電性非常高，可視為導體，電阻係數接近 $10^{-3}\,\Omega/cm$。

假如我們觀察這三類物質之電子結構，絕緣體有非常強的化學鍵，所有電子被緊緊束縛住，室溫之能量難以將鍵打破，所謂將鍵打破就是將鍵中的電子游離出來，故絕緣體沒有自由電子用來導電。金屬原子之最外層電子的束縛力極低，非常容易游離，也就是有許多電子可以自由移動用來導電，故為導體。半導體之化學鍵強居中，室溫之能量可打破一部份鍵，故只有一些自由電子可用來導電，故為半導體。

導體多半在週期表的左半部，絕緣體多半在週期表的右半部，半導體在週期表的中間，也就是第四 (IV) 族元素。第 IV 族元素有碳、矽、鍺、錫、鉛五個元素，有四個價電子。碳的單晶是鑽石，與半導體矽有同樣的結構，由於鑽石原子非常小，原子核外的電子與原子核的距離很近，電子無法游離，故為絕緣體。而錫、鉛則因原子太大，原子核外的電子與原子核的距離很遠，電子太容易游離，故為導體，正式的稱呼為半金屬，因導電之能力優於半導體，但次於一般金屬導體。矽與鍺原子核外的電子與原子核的距離不近不遠，在室溫下電子游離不多不少，故為半導體。

以第 IV 族元素為參考，III-V 族化合物材料，如砷化鎵、磷化銦等，第 V 族元素移一個價電子給第 III 族元素，就成為有四個價電子的材料，故可以形成半導體。同理，II-VI 族化合物半導體，如硒化鋅、硫化鋅等，第 VI 族元素移二個價電子給第 II 族元素，就成為有四個價電子的材料，故可以形成半導體。化合物半導體在本書隨後探討。

半導體材料中，鍺和矽是使用得最多的，在室溫下，一些化學鍵被熱能打破 (圖 1-4(a))，鍵中的電子跳脫出來產生帶有一個負電荷的電子自由移動，就可導電。此外，打破的鍵相當於缺少一個電子，鄰近鍵中之帶有一個負電荷電子可移至該空位中 (圖 1-4(b))，空位原來是中性的，於是相當於帶有一個正電荷的空位移至鄰近鍵中，故鍵中的空位稱為電洞，電洞可以在鍵與鍵間自由移動。這觀念類似水中的汽泡一樣，汽泡中沒有水，但可在水中自由移動。電洞與電子流動方向相反，故可視為電洞帶有一個正電荷。在本質 (純)(intrinsic 或 pure) 半導體晶體中，隨溫度的升高，鍵被打破的數目就增加，故本質半導體導電性隨溫度的升高而升高。

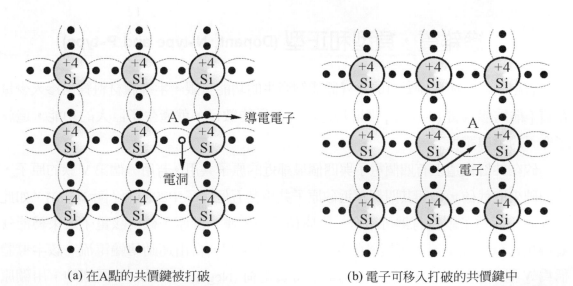

(a) 在A點的共價鍵被打破   (b) 電子可移入打破的共價鍵中

▲ 圖 1-4   (a) 熱能打破矽的共價鍵；(b) 電洞與電子移動方向相反

1-4　本質矽，質量作用定律
(Intrinsic Silicon, Mass-action Law)

本質矽每打破一個鍵就產生一個電子和一個電洞，電子與電洞有相同的數目。符號 n 用來表示半導體中每立方公分 (cm³) 中的電子數目，也就是電子濃度。而符號 p 表示半導體中每立方公分中的電洞數目，也就是電洞濃度。因為它們在本質矽中相等，所以 n 等於 p，在本質半導體中用 n_i 來表示，電子與電洞有下列關係：

$$n = p = n_i \qquad\qquad (1\text{-}1)$$

$$和\quad n \times p = n_i^2 \qquad\qquad (1\text{-}2)$$

對於特定的半導體 n_i^2 隨溫度而定。

$$n_i^2 = A_0 T^3\ e^{-Eg/kT} \qquad\qquad (1\text{-}3)$$

A_0 為一常數，T 為絕對溫度 °K，k 為波茲曼常數，Eg 為半導體之能隙 (energy band gap)。能隙就是打破共價鍵所需要的能量 (於第二章詳細介紹)。基本上能隙愈大，室溫下打破共價鍵愈困難，故 n_i 愈小，溫度愈高，打破共價鍵愈容易，故 n_i 愈大。矽在室溫 (300°K) 時 $n_i = 9.65 \times 10^9/\text{cm}^3$(以前的值 $n_i = 1.4 \times 10^{10}/\text{cm}^3$)，$n_i^2 \sim 1.0 \times 10^{20}/\text{cm}^6$。公式 $n \times p = n_i^2$ 稱為質量作用定律 (mass-action law)，即電子濃度與電洞數目的乘積為一常數。

1-5　摻雜質，負型和正型 (Dopant, N-type and P-type)

有相同電子與電洞數目的半導體能夠產生的功能有限，半導體材料經由摻入少量雜質 [稱為摻雜質 (dopant)] 來增加電洞或電子的數目，就產生了巨大的功能，造就了今天的半導體世界。

矽在外層軌道上有四個電子與四個最鄰近的原子共用。若用一個第 V 族的原子，例如砷來取代矽，砷與其四個鄰近矽原子共用其五個電子中的四個 (圖 1-5(a))，如此多餘的一個電子就沒有鍵可結合，因庫倫遮蔽效應，砷原子核對該電子之束縛能就變得相當低，在室溫下可輕易脫離砷原子核之束縛，自由運動傳輸電流，該半導體稱為 N 型 (或負型) 半導體 (因為電子帶負電荷 (Negative) 之故)。同樣地，用硼原子取代矽原子就可得額外的電洞 (圖 1-5(b)) 傳輸電流，該半導體稱為 P 型 (因為電

洞帶正電荷 (Positive) 之故)。元素能供給額外電子的稱爲施體 (donor)，在半導體中每立方公分 (cm³) 中施體數目以 N_d 表示 (施體濃度)。供給額外電洞的元素稱爲受體 (acceptor)，受體濃度以 N_a 表示。對矽而言，施體元素是第 V 族元素，它在最外層有五個電子，矽常用的 n 型摻雜質有磷、砷和銻 (磷、砷最常用)。矽常用的受體元素是 III 族元素，它們在外層有三個電子，矽所用的 p 型摻雜質有硼、鋁和鎵 (硼最爲常用)。

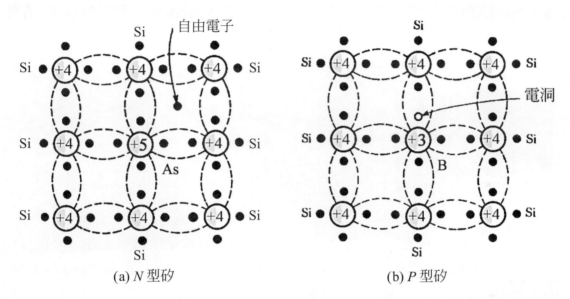

▲ 圖 1-5　(a) N 型與 (b) P 型半導體

在半導體中電子濃度增加就會結合掉一些電洞，使電洞濃度減少，相反亦然。也就是說，摻雜半導體遵守質量作用定律 $n \times p = n_i^2$。N 型半導體中電子濃度高於電洞濃度，電子稱爲多數載子 (majority carrier)，電洞稱爲少數載子 (minority carrier)，同理，P 型半導體中電洞濃度高於電子濃度，電洞稱爲多數載子，電子稱爲少數載子。假如只有施體原子摻入矽中，並且其濃度小於 $10^{19}/cm^3 (N_d < 10^{19}/cm^3)$，幾乎所有施體都產生導電電子，則 $n = N_d$，而 $p = n_i^2/N_d$。同樣地，假如只有受體摻入矽中，並且它們濃度小於 $10^{19}/cm^3 (N_a < 10^{19}/cm^3)$，每一受體原子都產生一電洞，則 $p = N_a$，而 $n = n_i^2/N_a$。

當 N_a 或 $N_d > 10^{19}/cm^3$ 時，施體與受體之游離率就低於 100 %，也就是說在 N 型矽中好幾個施體才能產生一個導電的電子，或在 P 型矽中好幾個受體才能產生一個導電的電洞，該半導體稱爲退化型半導體。

　　當施體與受體都摻入半導體中，它們將彼此抵消，即施體所產生的電子與受體所產生的電洞彼此抵消。例如摻入的施體濃度遠超過受體濃度時，$(N_d > N_a)$，施體原子將抵消所有受體原子所產生的效應，電子濃度是施體濃度與受體濃度之差 $(n = N_d - N_a)$。同樣地，摻入的受體濃度遠多於施體濃度，受體原子將抵消所有施體原子所產生的效應，電洞濃度將等於受體濃度與施體濃度之差 $(p = N_a - N_d)$。在這兩種情況，n 與 p 的乘積 $n \times p$ 仍保持常數，而少數載子濃度仍由質量作用定律 $n \times p = n_i^2$ 決定。當摻入的施體濃度與受體濃度相當時，電子濃度與電洞濃度的計算稍微複雜些，在此不討論。

CH 2 半導體能帶與載子傳輸

能帶為半導體特性及元件的基礎。電子與電洞在電場中產生飄移，有濃度差產生擴散，飄移與擴散構成半導體中的電流。P 型半導體電洞是電流主控成分，N 型半導體電子是電流主控成分。

2-1　能帶
2-2　電阻係數與薄片電阻
2-3　載子傳輸

2-1　能帶 (Energy Band)

　　由第一章得知，電子在原子核的外圍軌道上排列，當一層軌道填滿後，再依次填滿次一層外層軌道，最外層軌道上的電子稱為價電子。各軌道的能量彼此不同，每一軌道的能量稱為能階 (energy level)，每一能階能有的電子數目有限。當兩原子逐漸靠近，彼此之價電子軌道就逐漸重疊，重疊後的兩軌道電子會互相混合而成混合軌道。在固體內原子間之距離相當近，就有非常多原子的價電子軌道重疊，依據庖立不相容原理，混合軌道中的每個電子的能量不能完全一樣，電子為避免能量重疊，每一個混合軌道從單一能階變成帶狀能量分佈，也就形成能帶 (energy band) 如圖 2-1 所示。

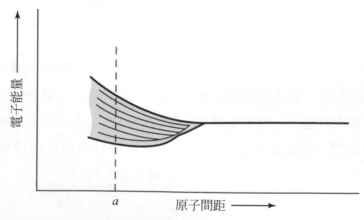

▲ 圖 2-1　兩原子逐漸靠近電子能階混合成能帶，a 為原子平衡時的間距

矽原子之原子序爲 14，電子軌道總共有 14 個電子，分佈於 1s 軌道有 2 個電子，2s 軌道有 2 個電子，2p 軌道有 6 個電子，最外層價電子軌道爲 3s 及 3p 軌道共有 4 個電子，矽原子互相靠近形成晶體時，3s 及 3p 軌道形成能帶後再交互作用分成上下兩個能帶，下能帶被價電子佔滿，稱爲價帶 (valence band)，上能帶沒有價電子，當價電子獲得能量而躍升到上能帶後可以自由移動，成爲導電電子，因此稱爲導帶 (conduction band)。導帶與價帶間相隔一很大的能量差，其間沒有能階電子不允許存在，稱作禁帶或能隙 (energy band gap)。電子在共價鍵內也可以說電子在價帶內，打破共價鍵後產生自由電子，這些自由電子可謂進入導帶，也就是說，能隙大小就是指打破共價鍵所需的能量，能隙愈大，打破共價鍵愈困難，本質電子濃度 (n_i) 愈小，所以 n_i 隨能隙增加而減少。溫度愈高，能量愈高，共價鍵被打破的愈多，n_i 愈大，所以 n_i 隨溫度增加而增加。在絕對零度 (0°K) 時，價電子全部待在價帶中，導帶中空無電子，此時沒有導電電子，矽爲絕緣體。溫度升高時，電子得到能量逐漸進入導帶，就有電子導電。

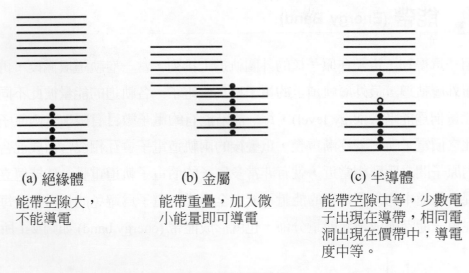

(a) 絕緣體

能帶空隙大，
不能導電

(b) 金屬

能帶重疊，加入微
小能量即可導電

(c) 半導體

能帶空隙中等，少數電
子出現在導帶，相同電
洞出現在價帶中；導電
度中等。

▲ 圖 2-2　能帶圖

我們可用與前章所述不同的能帶觀點來分辨導體，絕緣體和半導體。絕緣體可看成是導帶與價帶間相隔一很大的能隙 (圖 2-2(a))，在室溫之能量下，電子所得能量不足跳入導帶，價帶中有電子，沒有空軌道，導帶中有空軌道而沒有電子，因爲沒有自由電子可以傳導電流，故爲絕緣體。同樣地，金屬可被看成是導帶與價帶有部份重疊，在室溫之能量下，電子已在導帶中傳送電流 (圖 2-2(b))。

半導體可看作是有兩能帶間間隔著一適中的能隙 (圖 2-2(c))，室溫的能量足以使一小部份的電子由能量較低的價帶跳至能量較高的導帶。這跳躍就使導帶中有電子，價帶中有電洞，可以導電。圖 2-2(c) 可簡化成圖 2-3，導帶中能量最低的位置標記為 E_c (單位為電子伏特 eV)，價帶中能量最高的位置標記為 E_v。

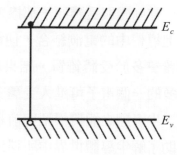

▲ 圖 2-3　半導體能帶示意圖

由能隙之觀念也可了解一般材料之顏色，例如矽之能隙在室溫時為 1.1 電子伏特 (eV)，相當於紅外線能量，能量高於紅外線的光子都可將矽價帶之電子躍升至導帶中，故所有可見光都可被矽吸收進行電子躍遷，所以矽是黑色的。同理，玻璃之能隙在室溫時為 7.8 eV，所有可見光之能量均不夠將電子由價帶躍升至導帶，故所有可見光均不吸收，所以玻璃是透明的。

矽照射可見光後使價帶中電子跳至導帶中，使導帶中有電子，價帶中有電洞可流動，產生之電流就是光電流，半導體太陽電池、感測器等光電元件就是如此工作。半導體光電元件在本書中隨後討論。

由前章之鍵結合模型，將施體摻雜質摻於半導體中，室溫 (能量很小) 就能將施體原子游離出一個電子 (圖 1-5(a)) 進入導帶傳送電流，所以施體摻雜質能階 (E_d) 就可放在導帶下且非常接近導帶處 (圖 2-4)，施體摻雜質游離出一個電子後，產生一個帶正電的離子。圖中 E_i 為能隙中間的能量。將受體摻雜質摻於半導體中產生電洞 (圖 1-5(b))，室溫之能量足以使鄰近鍵中 (價帶中) 的電子進入該電洞中，故受體摻雜質能階 (E_a) 就可放在價帶上且非常接近價帶處 (圖 2-5)，受體摻雜質游離出一個電洞後，產生一個帶負電的離子。

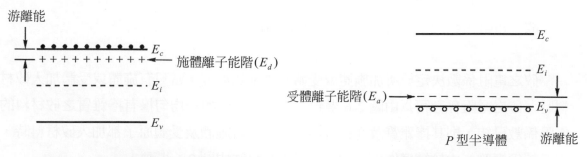

▲ 圖 2-4　摻雜施體原子半導體能帶圖　　　　▲ 圖 2-5　摻雜受體原子半導體能帶圖

　　當施體與受體原子都摻入半導體，施體雜質能階跳進導帶中的電子會與受體能階跳進導帶中的電洞結合，使電子電洞數目減少，稱為補償效應 (compensation)。若施體雜質多於受體雜質，結果為 N 型。反之為 P 型。用前章所談鍵結合模型來看，施體多的一個電子可進入受體少了的一個電子空位，而不產生任何多的電子或電洞。

　　半導體之能帶模型與前章所討論之鍵結合模型是相輔相成的，熟悉這兩種模型可幫助了解半導體世界中所遇到的各種現象。

2-2　電阻係數與薄片電阻 (Resistivity and Sheet Resistance)

　　在半導體中摻入摻雜質的量可由測量其電導係數或電阻係數來決定，材料的電阻是一材料對跨接其上的電壓所產生的一種抗拒力。

　　一塊材料的電阻 (R) 和加於其上的電壓 (V) 和流過的電流 (I) 的關係式為：

$$V = RI \quad \text{或} \quad R = V/I \tag{2-1}$$

一塊材料的電阻與長度成正比，與截面積成反比，故得知

$$R = \rho \times \frac{L}{A} \tag{2-2}$$

R = 材料的電阻 (單位是歐姆)。

L = 材料的長度。

A = 材料的截面積 (面積 = 厚 × 寬)

其中之比例常數就是電阻係數，用希臘字母 ρ 來表示，

因　$\rho = \dfrac{RA}{L} = \dfrac{\Omega \times \text{cm}^2}{\text{cm}} = \Omega\text{-cm}$

故，電阻係數的單位是歐姆 - 公分 (Ω-cm)。

　　矽之電阻係數決定於所加施體或受體的濃度和溫度。當只有施體或受體加入矽材料時，矽之電阻係數可以由圖 2-6 得到。相反地，假如一均勻摻有摻雜質之矽材料的電阻係數已知，則其摻雜質濃度就可得知。但是當施體及受體原子都加入矽材料時，情況較為複雜，由於補償作用，矽之電阻係數無法由圖 2-6 得到。

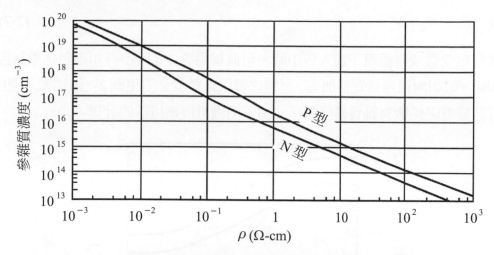

▲ 圖 2-6　電阻係數與載子濃度之關係

電導係數與電阻係數之關係式為

$$\sigma = 1 / \rho \tag{2-3}$$

一材料的電導係數與載子濃度 (電子和電洞統稱載子) 和它們的遷移率 (mobility，也就是它們在材料中在電場下移動的難易) 成正比。故半導體材料的電導係數 σ 可用公式寫成：

$$\sigma = qn\mu_n + qp\mu_p \tag{2-4}$$

$n =$ 電子濃度　　　　　　$p =$ 電洞濃度

$\mu_n =$ 電子遷移率　　　　　$\mu_p =$ 電洞遷移率

$q =$ 電子或電洞的電荷量 $= 1.6 \times 10^{-19}$ 庫倫

若半導體是 N 型，則 $n \gg p$，

$$\sigma = qn\mu_n \tag{2-5}$$

若半導體是 P 型，則 $p \gg n$，

$$\sigma = qp\mu_p \tag{2-6}$$

n 和 p 由摻雜質的濃度決定。載子 (電洞或電子) 在晶體中的遷移率 (μ_n 或 μ_p) 受總雜質量影響，每一雜質原子對於在晶體中的載子都會產生干擾，使其遷移率降低。室溫下 (27℃)，矽中電洞和電子之遷移率如圖 2-7 所示。總雜質濃度 C_T 是施體與受體的濃度和。

$$C_T = N_a + N_d \qquad\qquad (2\text{-}7)$$

當只有受體或施體原子加入矽中時，可直接用圖 2-6 所示得知電阻係數對摻雜質濃度關係。假如兩種摻雜質都加入，材料之電阻係數就必須用圖 2-7 得知載子遷移率，再另行計算電阻係數對雜質濃度關係。由下兩例可得知這樣的計算。

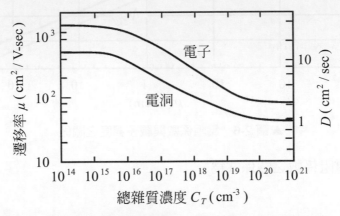

▲ 圖 2-7　矽的電子、電洞遷移率、擴散係數與總雜質濃度之關係

例題 1

27°C 時 $N_d = 2 \times 10^{15}/\text{cm}^3$；$N_a = 4 \times 10^{15}/\text{cm}^3$

試求此矽晶圓之電阻係數。

解 首先，決定 n 和 p

$p = N_a - N_d = 2 \times 10^{15}/\text{cm}^3$

$n = n_i^2 / p = (1 \times 10^{20}) / (2 \times 10^{15}) = 5 \times 10^4/\text{cm}^3$

μ_n 和 μ_p 可由 $N_d + N_a = 6 \times 10^{15}/\text{cm}^3$ 找到 (圖 2-7)

$\mu_n = 1100 \text{ cm}^2/\text{V-sec}$；$\mu_p = 400 \text{ cm}^2/\text{V-sec}$

$\sigma = qn\mu_n + qp\mu_p \cong qp\mu_p$

$\rho = 1/\sigma = 1/(1.6 \times 10^{-19})(400)(2 \times 10^{15}) = 7.8 \ \Omega\text{-cm}$

例題　2

27°C 時 $N_d = 6 \times 10^{17}/\text{cm}^3$；$N_a = 3 \times 10^{17}/\text{cm}^3$；

試求此矽晶圓之電阻係數。

解　首先，決定 n 和 p

$n = N_d - N_a = 3 \times 10^{17}/\text{cm}^3$

$p = n_i^2/n = 3.3 \times 10^2/\text{cm}^3$

μ_n 和 μ_p 可由 $C_T = N_a + N_d$ 決定；因此 $\mu_n = 700$；$\mu_p = 200$

$\sigma = qn\mu_n + qp\mu_p \cong qn\mu_p = (1.6 \times 10^{-19})(700)(3 \times 10^{17})$

$\sigma = 3.36 \times 10 = 3.36/\Omega\text{-cm}$

$\rho = 0.029 \ \Omega\text{-cm}$

在半導體中 (或在其它的材料中)，材料的薄片電阻 (sheet resistance) 是另一常測的參數。薄片電阻的符號是 R_s。由本章公式 (2-2) 對電阻的討論中得知，

$$R = \rho \times \frac{L}{A} = \rho \times \frac{L}{Wt} \tag{2-8}$$

其中 R 是材料的電阻 (單位是歐姆)，L 是長度，A 是截面積等於厚 (t) × 寬 (W)。若 $L = W$，電阻表面成為一個方塊，則 $R = \rho / t$，若電阻厚度一定，則電阻稱為薄片電阻 (sheet resistance)，其單位為歐姆 Ω，但一般表示為歐姆 / 方塊 ($\Omega/$ □)，也就是一個電阻器的大小等於表面有幾個方塊決定。一電阻器表面若由 n 個方塊排成一列，則其電阻是 nR_s，例如，材料有 10 個方塊排成一列，若薄片電阻 $R_s = 100 \ \Omega/$ □，則 $R = nR_s = 10R_s = 1000 \ \Omega$。

　　薄片電阻用四點探針法 (four-point probe) 測量，如圖 2-8。經由理論推演，薄片電阻與電壓－電流之關係式是：

$$R_s = 4.53\, V / I \tag{2-9}$$

　　這公式是正確的，當：

1. 所測薄層厚度遠小於探針間隔。
2. 所測材料之長與寬遠大於探針間隔。

　　假如一薄層材料摻入摻雜質量是均勻的，已知薄片電阻，則電阻係數 ρ 由 $R_s = \rho / t$ 得知：

$$\rho = R_s \times t\ (\text{厚度}) \tag{2-10}$$

　　假如材料厚度遠大於探針間距離，則使用公式

$$\rho = 2\pi s V / I\ (\pi = 3.14159) \tag{2-11}$$

　　表示出四點探針法電壓－電流值與材料電阻係數之關係，s 為四點探針法中探針間距離 (一般用 1 mm)。

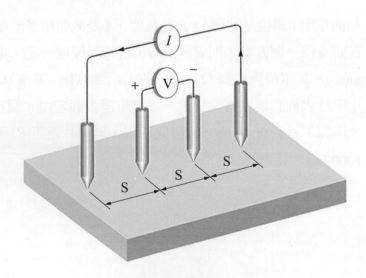

▲ 圖 2-8　四點探針法

2-3　載子傳輸 (Carrier Transport)

　　半導體中之載子靠兩種機制移動：漂移 (drift) 和擴散 (diffusion)。漂移是在電場 ($\mathcal{E}$)下所產生的載子移動，不加電場時，載子就在半導體中沒有方向的亂走如圖 2-9(a)，統合後淨電流為 0。在電場影響之下，載子得到同方向性的淨移動如圖 2-9(b)，就在半導體中產生電流。

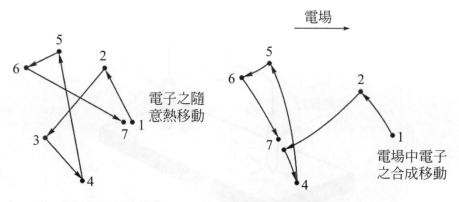

(a) 隨意之熱移動　　　(b) 加電場時電子產生同方向性合成之移動

▲圖 2-9　半導體中電子之飄移

　　擴散是粒子由高濃度區向低濃度區的一種移動，載子也會因濃度差而擴散流動產生電流。該兩種載子運動決定總電流。

　　茲舉一例說明如圖 2-10 所示，若電子濃度 $n_1 > n_2$，由擴散得知，電子由左向右擴散流動，即有電流由右向左流動。另有電場方向由右向左，故有電子由左向右漂移流動，即有電流由右向左流動。因擴散電流與漂移電流同方向，總電流為兩者之和。

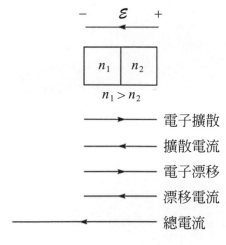

▲圖 2-10　電子擴散電流與漂移電流

　　在一片 N 型矽晶圓上局部加熱如圖 2-11 所示，溫度升高使半導體該區域有較高的電子濃度，電子就由加熱區擴散開來，相當於電子流由加熱區向低溫區流出，在加熱區就留有許多電洞，故在加熱區之探針相對不加熱區之探針的電壓為正，這個正電壓也吸引電子抵抗這個擴散達到平衡狀態。同樣地，假如晶圓是 P 型，則加熱區之探針相對不加熱區之探針的電壓就為負。熱探針法 (hot probe) 就是利用這原理來決定矽晶圓是 N 型或 P 型。

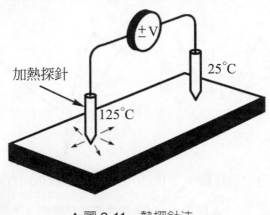

▲ 圖 2-11　熱探針法

CH 3 化合物半導體晶體結構與物理特性

相對於矽，化合物半導體種類繁多，特性不同，充實了半導體世界，在半導體光電、高速與高功率元件中佔了一定的重要性與市場價值。

3-1 化合物半導體

3-2 砷化鎵晶體結構及能帶

3-3 氮化鎵晶體結構及能帶

3-4 碳化矽晶體結構與能帶

3-5 摻雜質，負型和正型

3-6 砷化鎵、氮化鎵、碳化矽與矽特性比較

隨著摩爾定律逐漸失效，尋找矽半導體替代品變得非常緊迫，在眾多發展中，化合物半導體砷化鎵 (GaAs) 有高的電子遷移率與較寬能隙，氮化鎵 (GaN) 有高的電子飽和速度和更寬能隙，碳化矽 (SiC) 有寬能隙與高散熱性，由於三者具有特殊性，創造出一些新的市場，如汽車電子市場需要的高頻高功率元件，並在許多其它應用上逐漸取代矽，例如光電市場元件需要的發光二極體、雷射二極體等，這些是矽無法提供的。本章主要介紹砷化鎵、氮化鎵、碳化矽的晶體結構與能帶。

3-1 化合物半導體 (Compound Semiconductors)

由兩種元素以上合成的半導體，稱為化合物半導體 (compound semiconductor)，化學鍵結是具有部分離子鍵的共價鍵，具有特殊性，適用於高速電晶體之製作，並在光電元件如發光二極體、半導體雷射等發展上是矽無法取代的。

化合物半導體材料種類繁多，變化也大，由兩種元素組成者稱為二元化合物 (binary compound) 半導體，例如砷化鎵 (GaAs) 由 III 族元素鎵 (Ga) 及 V 族元素砷 (As) 組成，特稱為 III-V 族化合物半導體；硒化鋅 (ZnSe) 由 II 族元素鋅 (Zn) 及 VI 族元素硒 (Se) 組成，特稱為 II-VI 族化合物半導體。由三種或四種元素組成者稱為三元 (ternary) 化合物及四元 (quaternary) 化合物半導體，例如由 III 族元素鋁 (Al)、鎵 (Ga) 及 V 族元素砷 (As) 所組成的半導體 $Al_xGa_{1-x}As$ 即是一種三元化合物半導體；由 III 族

元素鎵 (Ga)、銦 (In) 及 V 族元素砷 (As)、磷 (P) 所組成的半導體 $Ga_xIn_{1-x}As_yP_{1-y}$ 即是一種四元化合物半導體。本章介紹當今最重要的砷化鎵、氮化鎵、碳化矽三種化合物半導體的晶體結構與物理特性。

3-2　砷化鎵晶體結構與能帶
(Crystal Structure and Energy Band of Gallium Arsenide)

如第一章所述，矽的單晶結構為鑽石結構 (diamond structure)，由兩個面心立方 (FCC) 構成 (個別的面心立方稱為子晶格 (sub-lattice))，這兩個面心立方結構都是矽原子。若將一個面心立方由鎵原子構成，另一個面心立方由砷原子構成，就成為 III-V 族化合物半導體砷化鎵單晶結構。由於這個晶體結構最早由研究閃鋅礦結構 (zincblende lattice) 而得，所以砷化鎵晶體結構就稱為閃鋅礦結構如圖 3-1 所示。在晶格結構中，砷與鎵的原子比例是 1：1，相關的三元化合物半導體 $Al_xGa_{1-x}As$ 中 III 族原子 Al 和 Ga 佔用一個面心立方子晶格，As 佔用另一個面心立方子晶格，III 族原子和與 V 族原子的原子比例維持 (Al + Ga)/As = 1，Al、Ga 在一個面心立方子晶格的比例標示於下標中，例如 $Al_{0.3}Ga_{0.7}As$ 中 Al 與 Ga 的比例為 3 比 7，且 0.3 + 0.7 的和為 1。同理，四元化合物 $Ga_xIn_{1-x}As_yP_{1-y}$ 中 Ga_xIn_{1-x} 佔用一個面心立方子晶格且和為 1，As_yP_{1-y} 佔用另一個面心立方子晶格且和為 1，所以比例仍維持 Ga + In/As + P = 1。

電子與電洞的結合需要滿足能量與動量守恆，砷化鎵能帶圖如圖 3-2 所示，可以看出電子與電洞動量相同，電子可以直接與電洞結合，故結合率高且發光率高，稱為直接能隙半導體 (direct bandgap semiconductor)，適用於光電元件，如發光二極體與雷射二極體。砷化鎵能隙為 1.42 eV，對應到近紅外光如圖 3-3 所示，能隙愈大的直接能隙半導體可以發出愈短波長的光。反之，矽能帶中電子與電洞動量不同 (能隙寬度為 1.1 eV)，電子需要經由與晶格非常多次的碰撞後轉變至與電洞相同的動量才能結合，大半能量轉為熱能，所以電子與電洞結合率低發光效率差，稱為間接能隙半導體 (indirect bandgap semiconductor)，不適用於光電元件。

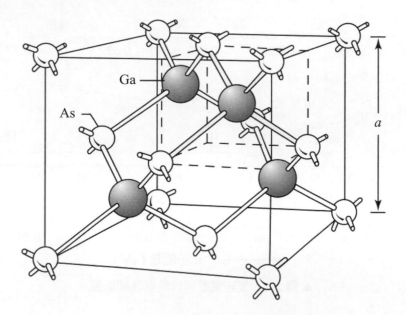

▲ 圖 3-1　砷化鎵之閃鋅礦單晶結構

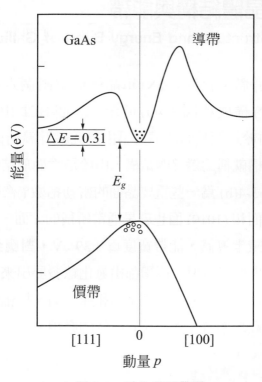

▲ 圖 3-2　砷化鎵能帶圖

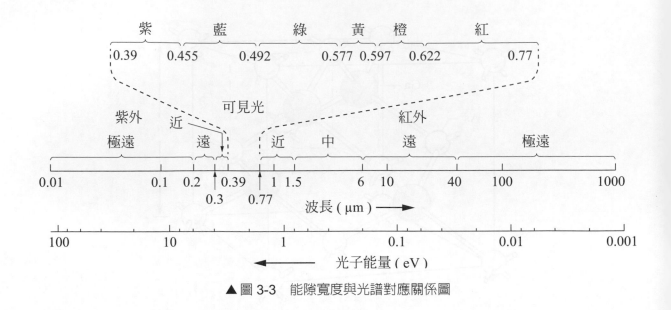

▲ 圖 3-3　能隙寬度與光譜對應關係圖

3-3　氮化鎵晶體結構與能帶
(Crystal Structure and Energy Band of Gallium Nitride)

III-V 族化合物半導體氮化鎵 (GaN) 單晶結構由兩個六面緊密堆積 (hexagonal close packed lattice-HCP) 構成如圖 3-4(a) 所示，一個 HCP 由鎵原子構成，另一個 HCP 由氮原子構成。由於這個晶體結構最早由研究纖鋅礦結構 (wurtzite structure) 而得，所以氮化鎵晶體結構就稱為纖鋅礦結構，由於是六面形結構，需要四個軸來定義晶體中的不同晶面，圖 3-4(b) 為一些重要晶面的密勒指數 (密勒指數詳見第 11 章)，其中 (1120) 面、(1102) 面和 (1010) 面也就是通常所稱的 a 面、r 面和 m 面。能帶圖如圖 3-5 所示，是直接能隙半導體，能帶寬度為 3.39 eV，對應到藍紫光，目前藍光、綠光、白光發光二極體與藍光雷射二極體都由氮化鎵發展出來。另外，氮化鎵因具有能隙寬度大、擊穿電壓高、熱導率大，電子飽和速度高、抗輻射能力強和化學穩定性高等優越特性，在高頻高功率電晶體領域有廣泛的應用。

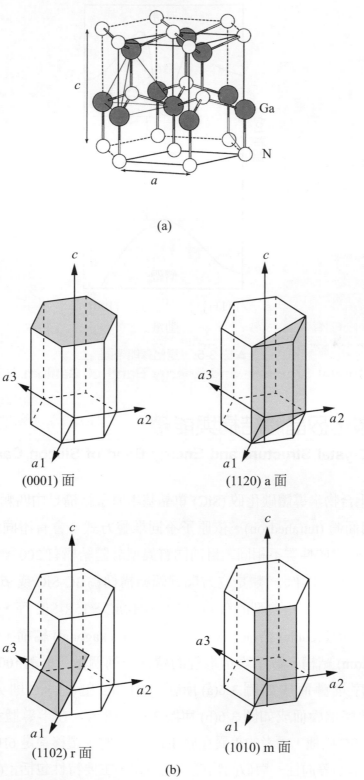

(a)

(0001) 面

(1120) a 面

(1102) r 面

(1010) m 面

(b)

▲ 圖 3-4　(a) 氮化鎵纖鋅礦結構；(b) 一些常用的晶面

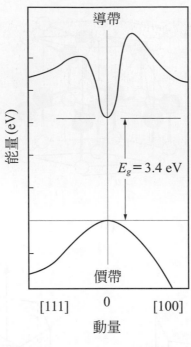

▲ 圖 3-5　氮化鎵能帶圖

3-4　碳化矽晶體結構與能帶
(Crystal Structure and Energy Band of Silicon Carbide)

　　IV-IV 族化合物半導體碳化矽 (SiC) 單晶基本原子結構是由四顆碳原子和一顆矽原子組成的四面體 (tetrahedron)。依原子不同堆疊方式，會有不同的晶體型態，不同晶體型態的碳化矽性質不相同，目前同質異型晶體結構有 200 多種。碳化矽典型的晶體結構可分為兩類：一類是立方閃鋅礦結構稱為 3C-SiC 或 β-SiC；另一類是六角型或菱形結構，其中典型的有 6H-SiC、4H-SiC、15R-SiC 等，統稱為 α-SiC，符號 C 表示立方體 (cubic) 結構，H 表示六角型 (hexagonal) 結構，R 表示菱形六面體 (rhombohedron) 結構，數字表示堆疊的週期排列個數。沿著 [0001] 方位，3C 是以 ABC 的順序堆疊而成如圖 3-6(a) 所示，4H-SiC 和 6H-SiC 則分別以 ABAC 和 ABCACB 的順序堆疊而成如圖 3-6(b) 與圖 3-6(c) 所示。在半導體領域最常用的是 4H-SiC 和 6H-SiC 兩種，兩者的差異在於 4H-SiC 的電子遷移率是 6H-SiC 的 2 倍，並呈現電子遷移率的等向性。與矽的物理性能對比，主要特性包括：(1) 臨界擊穿電場強度約是矽的 10 倍；(2) 熱導率約是矽的 3 倍；(3) 電子飽和速度約是矽的 2 倍；(4)

抗輻射和化學穩定性好；(5) 與矽一樣，可以直接採用熱氧化技術在表面生長高品質二氧化矽絕緣膜。SiC 有 6 英寸單晶圓，並有成熟的磊晶技術，因 SiC 有導電晶圓，可用於垂直型高功率 MOSFET 元件。基於以上特點，4H-SiC 元件可以提供較高的電流密度和較高的電壓，是目前綜合性能相當好的第三代半導體材料。SiC 是間接能隙半導體，不適用於光電元件。

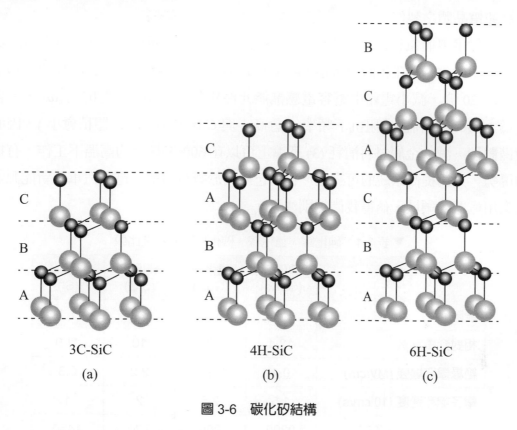

| | 3C-SiC | 4H-SiC | 6H-SiC |
| | (a) | (b) | (c) |

圖 3-6　碳化矽結構

3-5　摻雜質，負型和正型 (Dopant, N-type and P-type)

　　如第一章所述，矽若用第 V 族的元素取代矽原子，矽就成為 N 型 (或稱負型) 半導體，用第 III 族的元素取代矽原子，矽就成為 P 型 (或稱正型) 半導體。III-V 族化合物半導體如砷化鎵、氮化鎵之摻雜採用同樣原則，第 VI 族元素 (如硒、硫) 取代第 V 族元素，或第 IV 族元素 (如矽) 取代第 III 族元素多一個電子，形成 N 型半導體。第 IV 族元素 (如矽) 取代第 V 族元素，第 II 族元素 (如鋅) 取代第 III 族元素少一個電子，形成 P 型半導體。IV-IV 族 SiC 之摻雜基本概念與矽相同，使用第 V 族元素 (如氮、磷) 為 N 型摻雜質，使用第 III 族元素 (如硼、鋁) 為 P 型摻雜質。

3-6　砷化鎵、氮化鎵、碳化矽與矽特性比較
(Comparison of GaAs、GaN、SiC and Si)

　　砷化鎵、氮化鎵、碳化矽與矽的特性比較如表 3-1 所示，相對於矽，砷化鎵、氮化鎵、碳化矽的寬能隙適用於高功率電晶體之製作；三者的電子飽和速度高於矽，適用於高速電晶體之製作。

　　第三代半導體氮化鎵與碳化矽高速高功率元件的主要優勢在：(1) 導通電阻約是矽元件的千分之一 (在相同的電壓 / 電流下)，降低元件的導通損耗；(2) 開關頻率是矽元件的 20 倍，減小電路中電容電感儲能元件的體積 (電感的阻抗為 $j\omega L$，電容的阻抗為 $1/j\omega C$，維持固定阻抗下頻率 ω 愈高 L 與 C 值愈小，所以體積愈小)，因而減小設備體積，減少金屬材料消耗 (3) 理論上可以在 600 ℃ 以上的高溫下工作，有抗輻射的優勢，大為提高系統的可靠性。目前已應用於智慧電網、電動汽車、新能源並網以及家用電器等領域，值得我們特別注意。

▼ 表 3-1　砷化鎵、氮化鎵、碳化矽與矽特性比較

材料	砷化鎵 (GaAs)	氮化鎵 (GaN)	碳化矽 (SiC)	矽 (Si)
能隙 (eV)	1.42	3.39	3.2	1.1
相對介電常數	12.4	9	10	11.9
絕緣擊穿場強 (MV/cm)	0.4	2	2.2	0.3
電子飽和速度 (10^7cm/s)	1.5	2.5	2	1
電子遷移率 (cm^2/Vs)	9200	900	720	1450
熱導率 (W/cm·K)	0.46	1.5	4	1.31

第二篇　半導體元件

CH 4 半導體基礎元件

P 型半導體與 N 型半導體相接，形成 PN 接面，是建構所有半導體元件的基礎。

積體電路中使用的元件有二極體，雙載子電晶體、金氧半場效電晶體、互補型金氧半場效電晶體、記憶體、電阻、電容、電感。故有所謂雙載子電晶體積體電路，金氧半場效電晶體積體電路，互補型金氧半場效電晶體積體電路等。電阻、電容、電感因所佔面積大，在積體電路盡量少用。本章之目的在介紹這些元件之基本工作原理。

4-1 二極體 (Diode)

當 P 型半導體與 N 型半導體接在一起，就形成二極體，P 型半導體端接上正偏壓，N 型半導體端接上負偏壓，電流就流通，這種狀態稱做順向偏壓如圖 4-1(a) 所示，其電路符號如圖 4-1(b) 所示。P 型半導體接上負偏壓，N 型半導體接上正偏壓，電流就不流通，這種狀態稱做逆向偏壓，如圖 4-2(a)、(b) 所示。利用這種特性，二極體就可使用於整流等應用中。

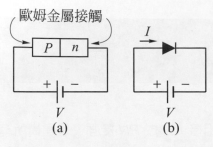

▲ 圖 4-1　順向偏壓之 *P-N* 二極體

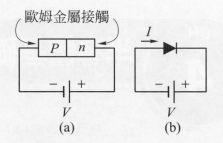

▲ 圖 4-2　逆向偏壓之 *P-N* 二極體

　　當 *P* 型半導體與 *N* 型半導體接在一起時，*P* 型半導體中之電洞與 *N* 型半導體中之電子向對方擴散，在接面附近之電洞與電子得以中和而消失，因此在接面兩旁形成沒有載子的區域，稱為空乏區 (depletion region) 如圖 4-3(a) 所示，在 *P* 型半導體空乏區留下帶負電的離子，在 *N* 型半導體空乏區留下帶正電的離子，電荷密度 (ρ) 如圖 4-3(b) 所示，在空乏區中建立起一電場，其強度 ($\mathcal{E}$) 如圖 4-3(c)，在接面處電場最強，電位 (*V*) 如圖 4-3(d)，*P* 區與 *N* 區的電位差稱為內建電位 (built-in potential)V_{bi}，電位圖上下顛倒就得到電子電位 (eV)，*P* 區與 *N* 區的電子電位差為 qV_{bi} 如圖 4-3(e)，圖 4-3(e) 等距離向下移動 1.1 eV(矽的能隙) 畫曲線就得到矽的 *P-N* 接面能帶圖如圖 4-3(f)。電場方向由正離子趨向負離子，中性 *P* 型半導體中的電洞被空乏區電場排斥停留在 *P* 型半導體中，中性 *N* 型半導體中之電子被空乏區電場排斥停留在 *N* 型半導體中；此時，電子與電洞之擴散力與內建電場之排斥力達到平衡，沒有電流。

　　外加順向偏壓之電場與空乏區電場方向相反，如圖 4-4 所示，會降低空乏區電場強度，使電洞擴散力大於電場之排斥力，電洞得以擴散越過空乏區，使電流流動，同理電子得以流動，順向偏壓下電流隨電壓快速上升如圖 4-5 所示。逆向偏壓之電場與空乏區電場方向相同，故升高空乏區之電場強度，使電洞更難越過空乏區，無法流通。同理，電子亦無法流通。但是在圖 4-5 中，逆向偏壓下仍有電流 I_0 稱為逆向飽和電流或漏電流，其值很小約在微安培左右，主要由熱能在空乏區中不斷產生電子與電洞所引起。逆向偏壓高至某一電壓時使漏電流大幅增加，該電壓稱為崩潰電壓，係將共價鍵大幅打斷所致。而順向偏壓需加至某一電壓克服內建電位時，順向電流開始大幅增加，該電壓稱為開啟電壓 (約為 0.5 伏特)。順向偏壓之電場會將中性 *P* 型區之電洞與中性 *N* 型區之電子推靠近些，使空乏區窄些，逆向偏壓之電場會將中性 *P* 型區之電洞與中性 *N* 型區之電子拉開些，使空乏區寬些。

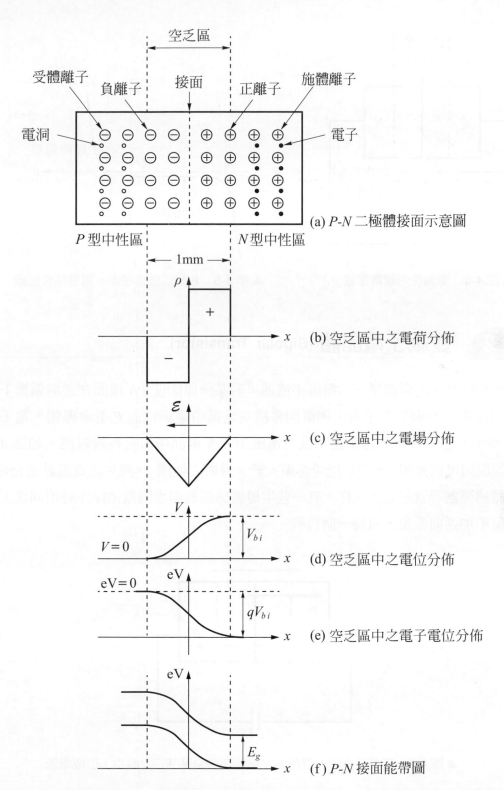

▲ 圖 4-3　(a) *P-N* 接面中、(b) 電荷密度、(c) 電場強度、(d) 電位、(e) 電子電位及 (f) 能帶圖之分佈

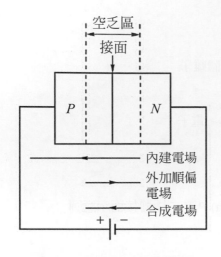

▲ 圖 4-4　順偏使內建電場減少

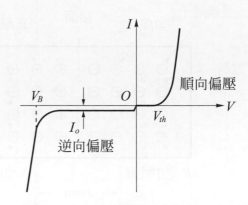

▲ 圖 4-5　*P-N* 二極體電流－電壓特性曲線

4-2 雙載子電晶體 (Bipolar Transistor)

　　P-N 接面在逆向偏壓下，電流不流通，若某一原因使 *PN* 接面在逆向偏壓下的空乏區中產生一電洞與電子對，則電洞會被空乏區中電場推向 *P* 型半導體，電子則推向 *N* 型半導體，若有外接電路，就有電流由 *P-N* 接面中流至外接電路，如圖 4-6 所示。該原因可為光照射 (光之能量必須大於半導體之能隙)，產生之電流就是光電流，半導體感測器等就是如此工作。有一些半導體感測器與太陽電池操作時用同樣工作原理，但不加逆向偏壓，只接一個負載。

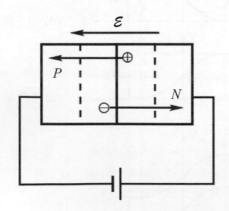

▲ 圖 4-6　有電子電洞出現在 *P-N* 接面逆向偏壓的空乏區中，形成電流

在空乏區中產生電子或電洞的另一方法，是使用操作在順向偏壓之 PN 接面所產生之電子流或電洞流流入此逆向偏壓下 PN 接面空乏區中，所流入之電子或電洞即被空乏區中電場向外推出，如圖 4-7(a) 和 (b) 所示，將圖 4-7(a) 和 (b) 重新排列成圖 4-8(a) 和 (b) 就成為類似 NPN 和 PNP 雙載子電晶體。圖 4-8(a) 中順向偏壓下之 N 極射出電子，故稱為射極 (emitter，E 極)，逆向偏壓下之 N 極接收電子，故稱集極 (collector，C 極)，中間的 P 極稱為基極 (base，B 極)，用來控制電晶體增益。但是這是行不通的，因為逆向偏壓的二極體是不讓電流流通的，因此沒有電流可以由射極流至集極。這可以將圖 4-8(a) 合併成圖 4-9(a) 來了解，可得知由射極來的電子經過基極時，由於基極太寬，向下流的阻抗遠小於向右流的阻抗，故電子均向下流出，集極得不到電子；若將基極變窄，如圖 4-10(a) 所示，使向下流的阻抗遠大於向右流的阻抗，則大部分電子向右流出，集極就得到電子，才成為一能工作的 NPN 雙載子電晶體。故雙載子電晶體之重要關鍵在基極寬度，基極愈窄，由基極向下流出的電子愈少，集極可得到的電子愈多，雙載子電晶體增益 β 愈大。

$$\beta = \frac{I_c}{I_b} \tag{4-1}$$

$$增益 = \frac{集極電流}{基極電流} \tag{4-2}$$

同樣的觀念由圖 4-7(b) 可推演出圖 4-8(b) 及圖 4-9(b) 之 PNP 雙載子電晶體。

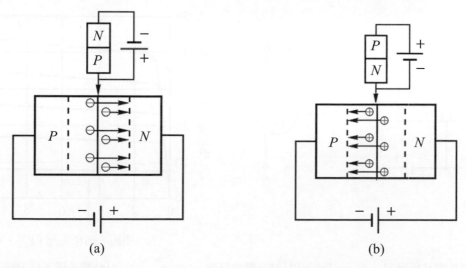

(a)   (b)

▲ 圖 4-7　順向偏壓之 (a) N-P 與 (b) P-N 接面電流流入逆向偏壓 P-N 接面空乏區中

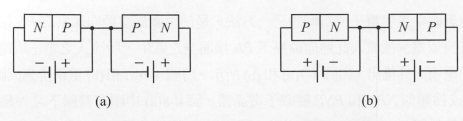

▲ 圖 4-8 (a)*NPN* 與 (b)*PNP* 類似雙載子電晶體

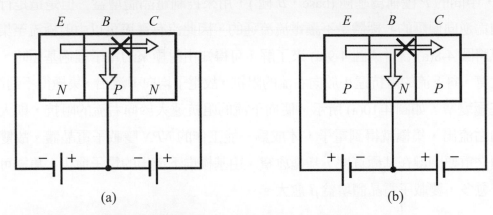

▲ 圖 4-9 (a)*NPN* 與 (b)*PNP* 類似雙載子電晶體合併圖

NPN 電晶體之符號及工作曲線如圖 4-10(b) 及 4-10(c) 所示，圖中 I_{CEO} 表示當 $I_B = 0$ 時 I_C 的電流，理論上 $I_B = 0$ 時 $I_C = 0$，所以 I_{CEO} 稱為漏電流，*NPN* 雙載子電晶體之俯視佈局及側視結構如圖 4-11(a)(b) 所示。同理可知 *PNP* 雙載子電晶體之工作原理，在此不多作敘述。

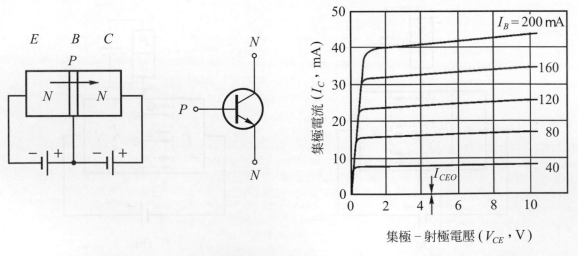

(a) 將電晶體基極變窄　　(b) NPN 電晶體之符號　　(c) 電晶體工作曲線

▲ 圖 4-10 *NPN* 雙載子電晶體之 (a) 工作概念，(b) 符號與 (c) 工作曲線

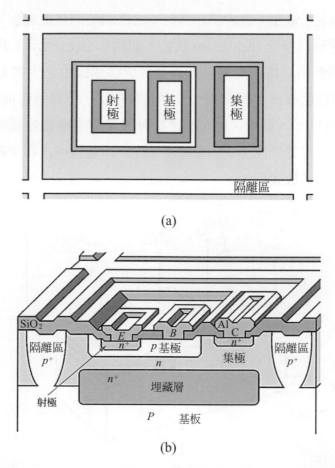

(a)

(b)

▲ 圖 4-11　*NPN* 雙載子電晶體 (a) 俯視佈局及 (b) 側視結構圖

4-3　金氧半場效電晶體

(MOSFET, Metal-Oxide-Semiconductor Field Effect Transistor)

　　當今使用最多的電晶體是金氧半場效電晶體 (metal-oxide-semiconductor field effect transistor, MOSFET)，簡稱 MOS，MOS 有 NMOS 及 PMOS 兩種，以 NMOS 為例，其結構、符號及佈局俯視圖，如圖 4-12(a)、(b)、(c)所示。圖 4-12(a) 中，左邊有一源極，是送出載子的電極，如為 NMOS 就是送出電子的電極，如為 PMOS 就是送出電洞的電極。右邊有一汲極，是接收載子的電極，中間有一閘極，是控制其下半導體表面上通道的產生與否，使載子由源極送出經由通道進入汲極。將圖 4-12(a) NMOS 閘極中虛線部份拿出，如圖 4-13(a)，*P* 型基板接地，在閘極上加上負電壓，就會吸引基板中之電洞向上堆積在基板表面，這種狀態稱為堆積 (accumulation) 狀態，如圖 4-13(b)

所示。若閘極上加上正電壓，就會排斥基板中之電洞離開基板表面，在基板表面形成空乏區，這種狀態稱為空乏 (depletion) 狀態，如圖 4-13(c) 所示。若閘極上加上更大正電壓，除排斥基板中之電洞離開基板表面，更將基板中之少數載子電子吸至基板表面，使基板表面狀態成為 N 型與原來 P 型基板相反，這種狀態稱為反轉 (inversion) 狀態，如圖 4-13(d) 所示。同理，PMOS 之基板為 N 型半導體並接地，使基板表面狀態達到反轉狀態的條件是閘極加大的負電壓，除排斥基板中之電子離開基板表面，更將基板中之電洞吸至基板表面。

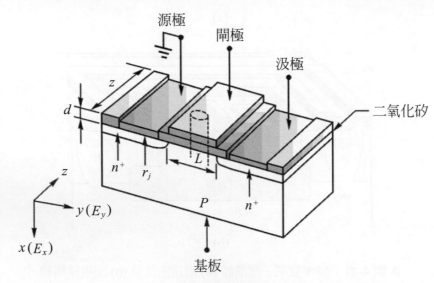

(a) NMOS 結構圖

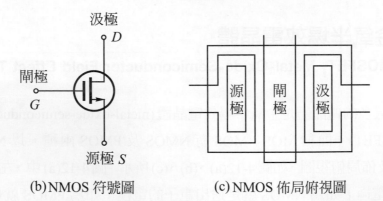

(b) NMOS 符號圖　　　　(c) NMOS 佈局俯視圖

▲ 圖 4-12　NMOS (a) 結構圖；(b) 符號圖及 (c) 佈局俯視圖

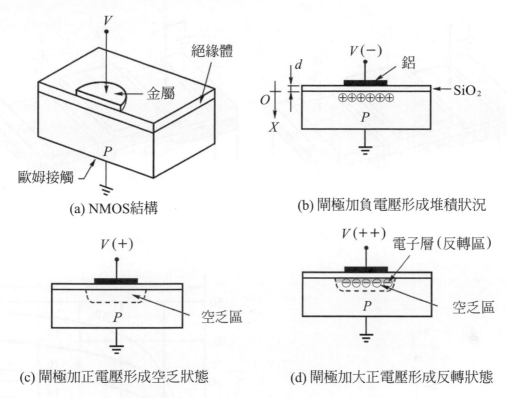

(a) NMOS結構　　　　　　　(b) 閘極加負電壓形成堆積狀況

(c) 閘極加正電壓形成空乏狀態　　　(d) 閘極加大正電壓形成反轉狀態

▲圖 4-13　NMOS 結構不同偏壓狀態之效應

　　NMOS 電晶體中源極與汲極為 N 型區 (高摻雜濃度 n^+，以減少串聯電阻)，汲極—源極間加上正電壓 (稱為 V_{DS})，若閘極下為堆積狀態，源極與汲極間為二個背對背相接之 PN 二極體，電流無法流通如圖 4-14(a)。若閘極下為空乏狀態，源極與汲極間為一高電阻區，電流亦無法流通如圖 4-14(b)。若閘極下為反轉狀態，源極與汲極間則有一同為 N 型的通道 (channel)，電流可以流通如圖 4-14(c)，產生通道導電時，加在電晶體閘極上的最低電壓稱為臨界電壓 (threshold voltage)，NMOS 臨界電壓為正。NMOS 導通時，源極與汲極間為一電阻，電流隨 V_{DS} 增大而增大，為線性關係，其電壓－電流特性曲線 (也稱為輸出特性曲線) 如圖 4-14(d) 中低 V_{DS} 區所示。當 V_{DS} 增大至與閘極上正電壓相當時，閘極上靠近汲極端之正電壓就會被抵消，在基板上靠近汲極端之反轉狀態因此消失，這種狀態稱之為夾止 (pinch-off)，夾止區長度隨 V_{DS} 增加而增加，也就是說，V_{DS} 增加的電壓都消耗在所增加的夾止區中，故通道上的電壓降維持固定，汲極電流就維持固定不再增加，達到飽和電流，如圖 4-14(d) 中高 V_{DS} 區所示。

　　若在反轉狀態，閘極上正電壓愈大，通道就愈厚，即通道電阻就愈小，汲極電流就愈大。同理用於基板為 N 型之 PMOS。由於電子的遷移率遠高於電洞的遷移率，故同一尺寸下 NMOS 的電流遠高於 PMOS 的電流，NMOS 的速度遠高於 PMOS 的速度，也就是說，一般的應用都是使用 NMOS。

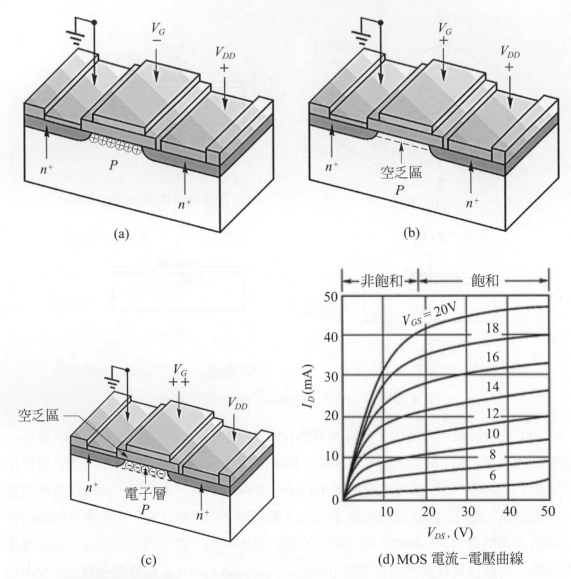

(a)

(b)

(c)

(d) MOS 電流－電壓曲線

▲ 圖 4-14　NMOS (a) 堆積狀態 (b) 空乏狀態 (c) 反轉狀態 (d) 電流 - 電壓曲線

4-4 互補型金氧半場效電晶體

(CMOS, Complementary Metal-Oxide-Semiconductor Field-Effect Transistor)

　　將 NMOS 與 PMOS 串起來如圖 4-15(a) 所示，成為互補金氧半場效電晶體 (CMOS)。相對基板，NMOS 在閘極上加上大的正電壓達到反轉狀態產生通道，

NMOS 導通；PMOS 在閘極上加上大的負電壓達到反轉狀態產生通道，PMOS 導通。故無論輸入 V_i 為何，NMOS 與 PMOS 總有一個在關 (off) 的狀態，故靜態電流很低，CMOS 非常省電，在大型 IC 中成為最重要的元件。CMOS 結構圖及俯視佈局圖如圖 4-15(b)、(c) 所示。

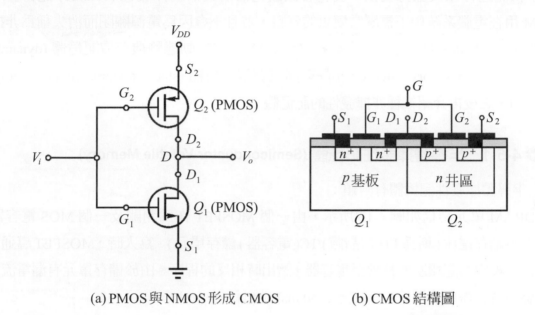

(a) PMOS 與 NMOS 形成 CMOS　　　　(b) CMOS 結構圖

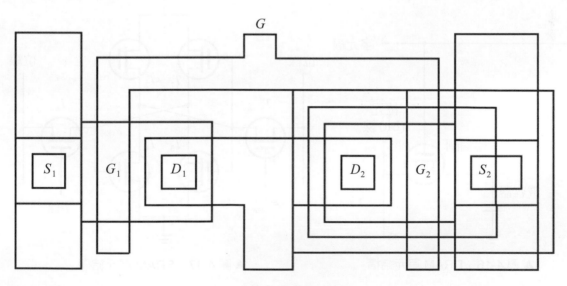

(c) CMOS 俯視佈局圖

▲ 圖 4-15　CMOS 之結構

4-5　半導體記憶體 (Semiconductor Memory)

　　半導體記憶體依功能可分為隨機存取記憶體 (random access memory, RAM) 和唯讀記憶體 (read-only memory, ROM)，RAM 是電腦或手機中隨機短時間負責儲存程序軟體運行以及數據交換，資料會因斷電而消失稱為揮發性 (volatile) 記憶體。ROM 用在電腦系統中不需經常變更的資料，並且不會因為電源關閉而消失稱為非揮發性 (nonvolatile) 記憶體。先介紹揮發性 RAM，包括動態隨機存取記憶體 (dynamic random access memory, DRAM) 和靜態隨機存取記憶體 (static random access memory, SRAM)，之後再介紹幾種非揮發性的記憶體。

4-5-1　半導體揮發性記憶體 (Semiconductor Volatile Memory)

　　半導體揮發性記憶體有兩類：

1. DRAM 單元結構如圖 4-16 所示，由一個 MOSFET 作為開關及一個 MOS 電容器作為儲存電荷 (稱為 1T(電晶體)/1C(電容器) 儲存單元)。寫入時，MOSFET 導通，位元線中的邏輯狀態移轉至電容器，讀出時相反的程序。由於儲存單元有漏電流，儲存資料需要週期性 (一般為 2~50 ms) 地再新 (refresh)。

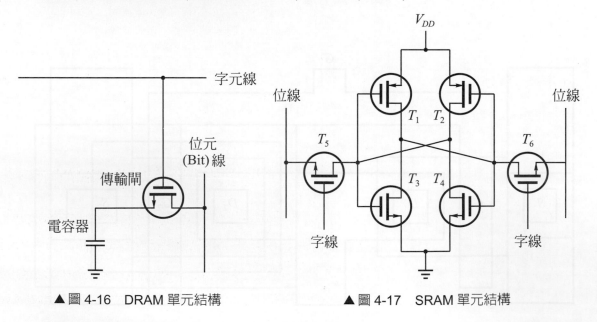

▲ 圖 4-16　DRAM 單元結構　　　　　　▲ 圖 4-17　SRAM 單元結構

2. SRAM 單元結構如圖 4-17 所示，是使用雙穩態觸發器 (flip-flop) 來儲存邏輯狀態，觸發器包含了兩個相互耦合的 CMOS 反相器 (T_1、T_3 及 T_2、T_4)，一個反相器的輸出端連接至另一個反相器的輸入端，將邏輯狀態鎖存 (latch) 在內。T_5 與 T_6 兩個 n-MOSFET 的閘極連接至字元線 (word line)，用來選取該 SRAM 儲存單元。CMOS 除在開關過程中，幾乎沒有直流電流流過。只要電源持續供給，其邏輯狀態將維持不變，故 SRAM 的工作是 "靜態" 的，因此 SRAM 不需要再更新。

4-5-2　半導體非揮發性記憶體 (Semiconductor Nonvolatile Memory)

非揮發性記憶體有兩類，浮閘 (floating gate) 和電荷捕獲 (charge trapping) 記憶體如圖 4-18(a)、(b) 所示，通過改變傳統 MOSFET 的閘極結構，使得電荷能夠半永久性地儲存於閘極之中。兩類記憶體的工作原理是，在閘極加正電壓使電子從矽基板穿隧過第一層絕緣層儲存於浮閘 (浮閘記憶體) 或者氧化物 / 氮化物界面 (電荷捕獲記憶體) 中，使臨界電壓平移至高臨界電壓狀態 (寫入或邏輯 1)。再使用外加負閘壓或其他方式 (如紫外光照射) 對儲存的電子推回矽基板或光照射產生的電洞中和加以擦除，將元件轉換至低臨界電壓狀態 (擦除或邏輯 0)。

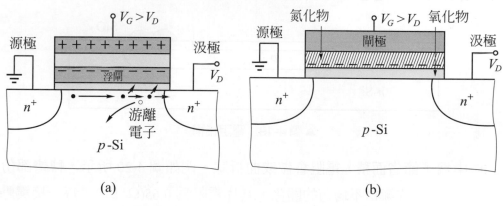

▲ 圖 4-18　(a) 浮閘和 (b) 電荷捕獲記憶體

4-6　電阻 (Resistor)

IC 中電阻之製作，係在基板上形成一與基板電性相反的區域製作，由於電子遷移率較高，電阻之值太小，故 N 型電阻不適用，通常在 N 型基板上利用擴散或離子植入法，形成一 P 型區域，做為電阻之用。電阻有一特定長 L、寬 W、深 X_j 的區域如圖 4-19 所示，P 型區內的電洞濃度為 p，電洞遷移率為 μ_p，

電阻值 $R = 1/G = \rho \cdot L/A = \rho L/WX_j$　　　　　　　　　　　　　(4-3)

其中　$\rho = 1/q\mu_p p$ 　　　　　　　　　　　　　　　　　　　(4-4)

G 是電導，即電阻 R 倒數，ρ 是電阻係數 (單位 $\Omega \cdot cm$)，q 是單位電荷電量，A 是電阻截面積。

由表面向下在深度上電洞濃度有一定之分佈，故 $\mu_p p$ 不是常數，而是深度 x 的函數，故在某一微小的深度區域，其電阻 dR 為：

$$dR = (1/q\mu_p p(x))(L/Wdx) \tag{4-5}$$

$$dG = 1/dR = q(W/L)\int_0^{x_j}\mu_p p dx，令 g = q\int_0^{x_j}\mu_p p dx \tag{4-6}$$

$$R = 1/G = (1/g)L/W \tag{4-7}$$

若 $L = W$，則 $R = 1/g$，為一常數，定義為 R_s，稱為片電阻 (sheet resistance)，片電阻的基本觀念曾在第二章中介紹，其單位為歐姆 Ω，但一般表示為歐姆 / 單位方塊 (Ω/ □)。故 IC 上，一電阻值之大小由有幾個單位方塊歐姆決定。

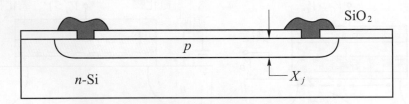

▲ 圖 4-19 　電阻結構

在 IC 中為了節省面積，電阻會做成曲折狀，例如圖 4-20 所示，轉彎部份的片電阻，由於電流分佈擁擠不均勻的關係，其片電阻為 0.65(Ω/ □)；每一接觸點，其片電阻亦為 0.65(Ω/ □)；故圖 4-20 之電阻為：中間條形部份電阻為 8+2+9+2+8 個方塊，4 個轉彎部份電阻為 0.65 × 4 個方塊，而 2 個接觸點的電阻為 0.65 × 2 個方塊，總電阻為 32.9 方塊，若利用離子植入法製作出一電阻其片電阻為 1 kΩ，則總電阻為 32.9 kΩ。

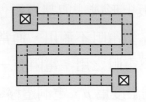

▲ 圖 4-20 　IC 中電阻製作

4-7　電容 (Capacitor)

　　兩導體間夾著介質即為電容，當 P 型半導體與 N 型半導體接在一起時，在接面兩邊形成空乏區 (depletion region)，由於其內沒有載子故為絕緣體，擔任介質的角色，空乏區兩旁為導體 (實為半導體，但相對介質視為導體)，如圖 4-21 所示。PN 接面電容的行為類似平型板電容，即電容量與面積成正比，與介質寬度即空乏區寬度成反比。

$$C = \varepsilon \times \frac{A}{d} \tag{4-8}$$

C：電容量　　　　　　d：空乏區寬度

A：面積　　　　　　　ε：矽之介電常數

　　順向偏壓使接面空乏區窄些，則電容大些，電容量與順向偏壓成一正比關係；逆向偏壓使空乏區寬些，則電容小些，電容量與逆向偏壓成一反比關係，順向偏壓要低於二極體開啟電壓，逆向偏壓要低於二極體崩潰電壓。另一種電容則使用 MOS 結構，如圖 4-22 所示，二氧化矽作為介質，一邊用金屬作為電極，另一邊用半導體作為電極。

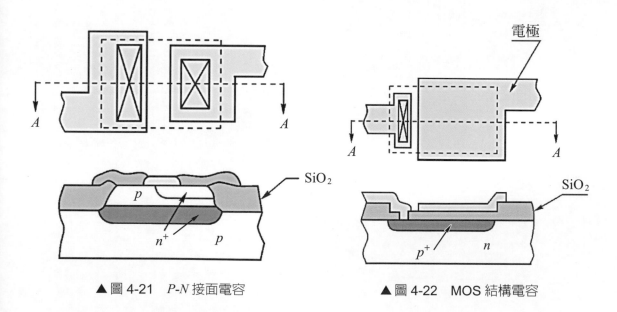

▲ 圖 4-21　P-N 接面電容　　　　　▲ 圖 4-22　MOS 結構電容

4-8　電感 (Inductor)

　　IC 製程中電感用金屬繞線方式製作，如圖 4-23 所示，不過如電容一樣所佔面積不小，故通常 (1) 在設計電路時避免使用電感；(2) 若需要稍大的電感，使用混成電路，即使用外加的方法，將電感焊接在 IC 之外。最近由於微機電 (microelectromechanical system-MEMS) 的發展，有一些新的突破，不過電感量仍不大，須繼續改進。

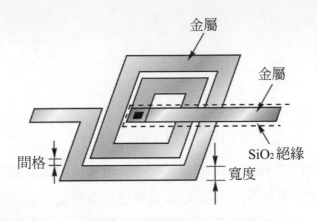

▲ 圖 4-23　IC 所用電感之結構

接面能帶圖與費米能階

能帶可以非常簡潔的表達半導體特性，半導體接面能帶圖可以非常有效的由費米能階決定。

5-1 狀態密度 (Density of States)

　　如第一章所述，原子核外愈外層的電子軌道可以容納愈多的電子，也就是電子軌道上電子的數目隨能量的增加而增加。半導體能帶是由電子軌道混合而成，所以具有同樣的特性，也就是說，能帶中可以容納電子的數目隨能量的增加而增加，即導帶或價帶可以容納電子或電洞的數目隨能量的增加而增加如圖 5-1 所示。可以容納電子或電洞的能階稱之為狀態 (state)，單位體積單位能量可容許的狀態數目 (可以容納電子的數目) 就稱為狀態密度 (density of states) $N(E)$，其單位為：狀態數目 $(eV·cm^3)$。請特別注意，縱軸 E 的單位是電子伏特 eV，愈向上電子能量愈大，愈向下電洞能量愈大。

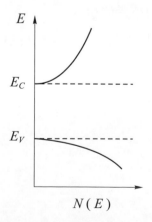

▲ 圖 5-1　半導體導帶與價帶之狀態密度 $N(E)$ 隨能量 E 之分布，導帶與價帶中狀態密度分布的差異來自於電子與電洞有效質量不同所致

要計算導帶中的電子濃度，我們需要知道單位體積導帶中某個能量的能階能夠容納電子的狀態密度，還需要知道電子能夠佔有這個狀態的機率，電子佔有的機率與能量的關係稱爲費米－狄拉克分佈函數 (Fermi-Dirac distribution function)，簡稱爲費米分布函數 $F(E)$，狀態密度與費米分佈函數的乘積就能得到在該能量的電子濃度 $n(E)$。因此導帶中的電子濃度可將 $N(E)F(E)$ 由導帶底端積分到導帶頂端而得：

$$n = \int_0^{E_{top}} n(E)dE = \int_0^{E_{top}} N(E)F(E)dE \tag{5-1}$$

同理，可以計算價帶中的電洞濃度。

5-2　本質半導體費米分布函數
(Fermi Distribution Function of Intrinsic Semiconductor)

對於本質半導體，在溫度 0°K 時，導帶中沒有電子 (電子佔有機率 0%)，電子全在價帶 (電子佔有機率 100%)，於是 (0%+100%)/2 = 0.5，找到電子機率爲 1/2 的能階在能隙的中間。隨溫度上升，電子能量增加逐漸躍遷進入導帶，在價帶中留下電洞，電子數等於電洞數。假設導帶中電子佔有機率 20%，則價帶中電子佔有機率剩 80%，於是 (20%+80%)/2 = 0.5，找到電子機率爲 1/2 的能階仍在能隙的中間。所以本質半導體在任何溫度，電子佔有機率爲 1/2 的能階都在能隙的中間。一個想像的情況，電子全部進入導帶，在價帶中全部爲電洞，導帶中電子佔有機率 100%，價帶中電子佔有機率 0%，於是 (100%+0%)/2 = 0.5，找到電子機率爲 1/2 的能階仍在能隙的中間。本質半導體電子佔有機率爲 1/2 的能階稱爲費米能階 (Fermi level)，其能量位置不會隨溫度移動，也可以看成電子的平均能量。

半導體中能量爲 E 的能階被電子佔據的機率 $F(E)$ 由費米分佈函數得到

$$F(E) = \frac{1}{1+e^{\frac{E-E_F}{kT}}} \tag{5-2}$$

其中 k 是波茲曼常數，T 是絕對溫度，E_F 是費米能階 (Fermi level)，圖 5-2 是不同溫度時的費米分佈函數。由圖可知 $F(E)$ 在費米能階 E_F 附近呈對稱分佈。當能量高於或低於費米能量 $3kT$ 時，式 (5-2) 的指數部分會大於 20 或小於 0.05，即費米分佈函數在導帶中電子佔有機率急速減少，在價帶中電子佔有機率急速增加。粗略地看，可以說費米能階 E_F 以上沒有電子，費米能階 E_F 以下充滿電子。對於本質半導體費米能階 E_F 的簡單的表達如圖 5-3(a) 所示，E_F 畫在 E_c 與 E_v 中間，本質半導體費米能階 E_F 通常用 E_i 表示。將狀態密度 $N(E)$ 與費米分佈函數 $F(E)$ 相乘得到導帶中電子濃度 $n(E)$ 與價帶中電洞濃度 $p(E)$ 如圖 5-4 所示，可以看到 $n(E)$ 與 $p(E)$ 相等，電子或電洞濃度是能量的函數。

由於狀態密度在導帶與價帶中是能量的分佈函數，要計算電子或電洞濃度過程會太複雜，經由理論計算我們可以簡化狀態密度爲集中在導帶最低端與價帶最高端如圖 5-5(a) 所示，稱爲等效狀態密度 (effective density of states)，導帶與價帶中電子或電洞濃度爲等效狀態密度與費米分佈函數 $F(E)$ 乘積，如此電子或電洞就分佈在導帶最低端與價帶最高端如圖 5-5(c) 所示，不再是能量的函數。矽的等效狀態密度：$N_c = 2.86 \times 10^{19}(\text{cm}^{-3})$，$N_v = 2.66 \times 10^{19}(\text{cm}^{-3})$，砷化鎵的等效狀態密度：$N_c = 4.7 \times 10^{17}(\text{cm}^{-3})$，$N_v = 7.0 \times 10^{18}(\text{cm}^{-3})$。

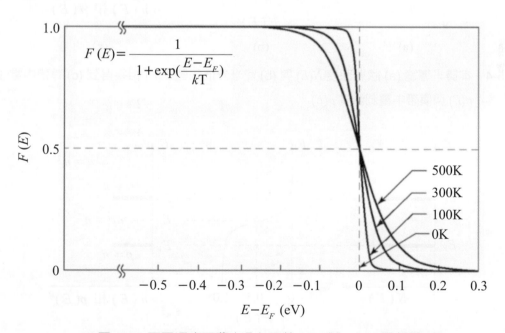

▲ 圖 5-2 不同溫度下費米分布函數 $F(E)$ 對 $(E\text{-}E_F)$ 關係圖

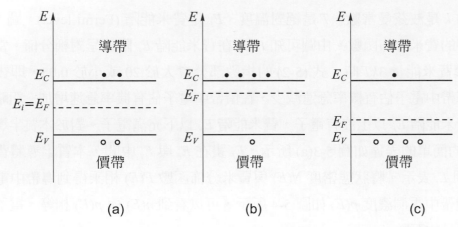

▲圖 5-3   (a) 本質，(b)n 型，與 (c)p 型半導體 E_F 在能隙中的位置

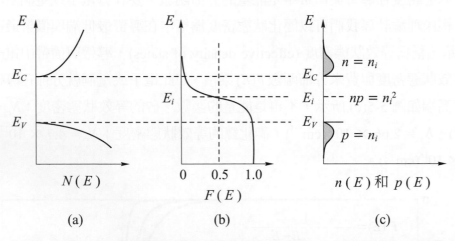

▲圖 5-4   本質半導體 (a) 狀態密度 $N(E)$ 與 (b) 費米分佈函數 $F(E)$ 相乘得到 (c) 導帶中電子濃度 $n(E)$ 與價帶中電洞濃度 $p(E)$

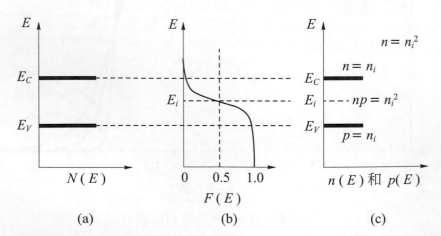

▲圖 5-5   本質半導體 (a) 狀態密度 $N(E)$ 與 (b) 費米分佈函數 $F(E)$ 相乘得到 (c) 導帶中電子濃度 $n(E)$ 與價帶中電洞濃度 $p(E)$

5-3　摻雜半導體費米分布函數
(Fermi Distribution Function of Doped Semiconductors)

　　在某一溫度下，n 型半導體導帶中有由摻雜質游離來的電子 (假設電子佔有率 10%) 與因溫度由價帶而來的電子 (假設電子佔有率 10%)，電子在價帶佔有率剩 90%，於是在能隙中央電子佔有機率為 [(10%+10%)+90%)]/2 = 0.55，超過 1/2，於是電子佔有機率為 1/2 的費米能階 E_F 在能隙的上半部，如圖 5-3(b) 所示，且隨 n 型摻雜質增加，E_F 向上移動。將狀態密度 $N(E)$ 與費米分佈函數 $F(E)$ 相乘得到導帶中電子濃度 $n(E)$ 與價帶中電洞濃度 $p(E)$ 如圖 5-6 所示。

　　相反的，p 型半導體導在能隙中央電子佔有的機率低於 1/2，於是電子佔有機率為 1/2 的費米能階 E_F 在能隙的下半部，如圖 5-3(c) 所示，且隨 p 型摻雜質增加，E_F 向下移動。將狀態密度 $N_c(E)$ 與費米分佈函數 $F(E)$ 相乘得到導帶中電子濃度 $n(E)$ 與價帶中電洞濃度 $p(E)$，與圖 5-6(c) 上下顛倒。

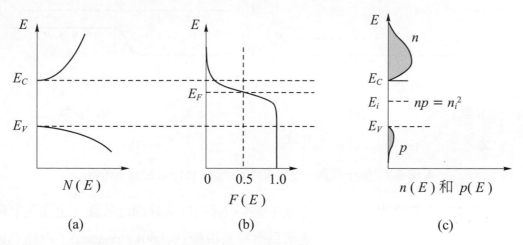

(a)　　　　　　　　　(b)　　　　　　　　　(c)

▲ 圖 5-6　n 型半導體 (a) 狀態密度 $N(E)$ 與 (b) 費米分佈函數 $F(E)$ 相乘得到 (c) 導帶中電子濃度 $n(E)$ 與價帶中電洞濃度 $p(E)$

5-4 接面能帶圖與費米能階
(Junction Band Diagram and Fermi Level)

　　p 型半導體與 n 型半導體能帶圖分別如圖 5-7(a) 所示，n 型半導體的費米能階 E_F 高於 p 型半導體，代表 n 型半導體電子的平均能量高於 p 型半導體。當相接形成 p-n 接面時，n 型半導體的電子向 p 型半導體流動，使 p 型半導體電子位能上升，直到兩邊電子位能相等，即兩邊費米能階相等達到平衡如圖 5-7(b) 所示。此時，p 型半導體導帶高於 n 型半導體，阻擋 n 型半導體的電子向 p 型半導體流動；n 型半導體價帶 (電洞能量) 高於 p 型半導體，阻擋 p 型半導體的電洞向 n 型半導體流動。能帶圖中間傾斜部分代表空乏區，空乏區內左半部有 n 型摻雜質游離而來的正離子，空乏區內右半部有 p 型摻雜質游離而來的負離子。

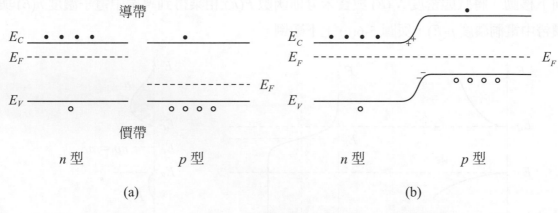

▲圖 5-7　(a) p 型與 n 型半導體能帶圖；(b) p-n 接面能帶圖

　　再舉金屬與半導體相接為例，討論其基本物理特性並建構能帶圖。金屬與半導體相接有兩種結果，一種具有整流效應稱為蕭特基接觸 (Schottky contact)，一種不具有整流效應稱為歐姆接觸 (ohmic contact)。

　　對於 n 型半導體與金屬相接，若 $\varphi_m > \varphi_s$ 則為蕭特基接觸，能帶圖分別如圖 5-8(a) 所示，圖中 φ_m 為金屬功函數 (work function)、φ_s 為半導體功函數、χ 為半導體電子親和力、V_{bi} 為內建電位 (built-in potential)、E_F 為費米能階。功函數是將電子由費米能階提升到真空能階 (簡單的說是半導體外) 的能量，電子親和力是將電子由導帶提升到眞空能階的能量。n 型半導體的費米能階 E_F 高於金屬 (金屬 $E_F = q\varphi_m$)，代表 n 型半導體電子的平均能量高於金屬，當相接形成金屬－ n 型半導體接面時，n 型半導體的電子向金屬流動，使金屬電子位能上升，直到兩邊電子位能相等，即兩邊費米能階相等達到平衡如圖 5-8(b) 所示。此時，n 型半導體在接面附近因電子流失而缺少電子，形成空乏區，因缺少電子費米能階 E_F 離開導帶，使導帶與價帶向上彎曲，阻擋 n 型半導體的電子繼續向金屬流動。對於 p 型半導體與金屬相接，若 $\varphi_m < \varphi_s$ 則爲蕭特基接觸，可以用相同原則繪製能帶圖。歐姆接觸與蕭特基接觸的條件相反，n 型半導體與金屬相接，若 $\varphi_m < \varphi_s$ 爲歐姆接觸，p 型半導體與金屬相接，$\varphi_m > \varphi_s$ 爲歐姆接觸，眞實的歐姆接觸比這複雜。

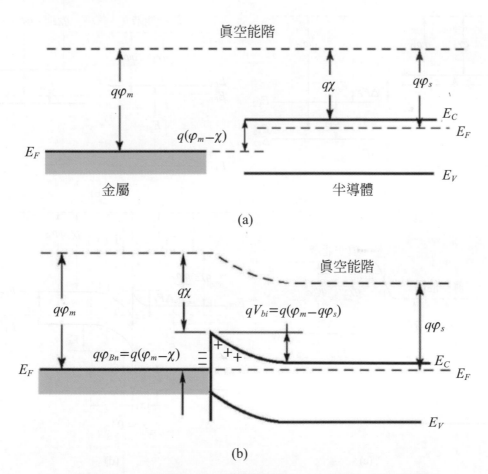

▲ 圖 5-8 (a) 金屬與 n 型半導體能帶圖；(b) 金屬 -n 接面能帶圖

概念與上相同，將任意兩種半導體相接建構能帶圖的基本原則 (稱爲 Anderson 法則) 敘述如下：以圖 5-9(a) 所示 p 型與 n 型兩種半導體相接爲例：(1) 熱平衡下，接面兩端的費米能階必須相等如圖 5-9(b) 所示，(2) 真空能階必須連續相接，且 (3) 導帶與價帶平行於連續的真空能階如圖 5-9(c)，(4) 將接面能帶不連續處用直線接起來。相接完的能帶圖如圖 5-9(d) 所示。在圖 5-9(d) 中，導帶與價帶有一個高度爲 ΔE_C 與 ΔE_V 的不連續處，請注意在接面處 E_F 在 E_C 上方，表示 p 型半導體表面出現一分佈非常窄濃度非常高的 n 型區，對高速電晶體的發展十分重要，將在之後會討論到。

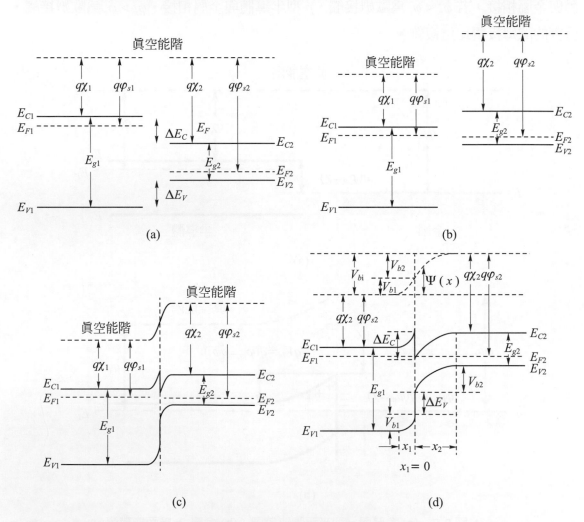

▲ 圖 5-9 (a) p 型與 n 型半導體能帶圖；(b) 兩端的費米能階必須相等；(c) 導帶與價帶平行於連續的真空能階；(d) p-n 接面能帶圖

　　p 型、n 型與 p 型三種同質半導體相接如圖 5-10(a) 所示，因為同質故電子親和力相同，真空能階就不需要表達了，用相同原則建構的能帶圖如圖 5-10(b) 所示，這就是 p-n-p 雙載子電晶體。同理可以推導三種異質半導體相接建構的能帶圖。由以上各例，可以得知費米能階對於構建各類接面的能帶圖，及分析各類元件特性是一個非常有用的利器。

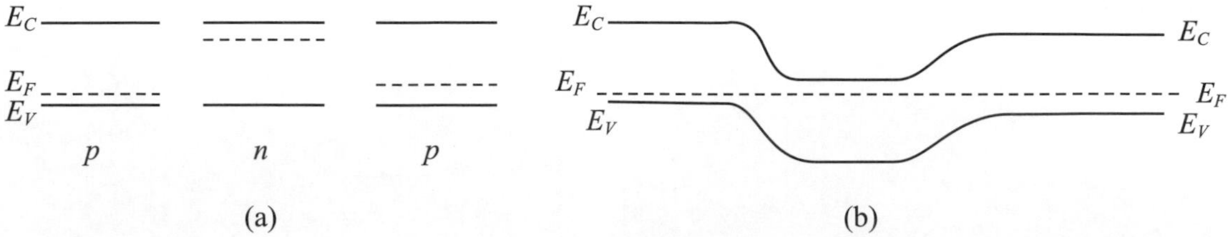

▲ 圖 5-10　(a) 同質 p 型、n 型與 p 型半導體的能帶圖；(b) 構建成 p-n-p 接面能帶圖

CH 6 積體電路製程與佈局

將電晶體、二極體、電阻、電容等半導體元件縮小，緊密放置在矽晶圓上，就是積體電路。

　　積體電路要平面化才符合量產之需求，所謂平面化就是將所有元件及金屬接線都安排在晶圓的正表面。在本章中介紹兩種最重要的元件，雙載子電晶體及金氧半場效電晶體之平面化製程。關於如何將電子電路轉換成積體電路、積體電路設計時依據之設計規則等有各式各類不同的方法，在這只介紹最基本的概念，先進的技術與設計都是依此發展的。

6-1 雙載子電晶體製程技術
(Bipolar Transistor Fabrication Technology)

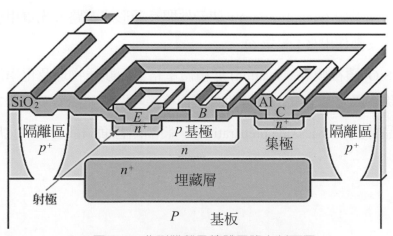

▲ 圖 6-1　典型雙載子積體電路之剖面圖

　　平面化積體電路製作時，晶圓內部經由擴散或離子佈植將特定區域摻雜成 n 型或 p 型產生許多層次，晶圓表面經由蝕刻與金屬化會有不同圖案，這些都必須經由微影蝕刻技術完成。例如一 p 型層上特定區域需要用離子佈植摻雜成 n 型區，則在該區外需要用二氧化矽層遮擋以防止 n 型離子摻雜，該二氧化矽遮擋圖案形成如下：1. 晶圓生長一層二氧化矽；2. 塗上對光敏感的光阻；3. 蓋上光罩，其上有透光與不透光區形成的遮擋圖案；4. 經由紫外光曝光，將光罩上的圖案移轉至光阻，經顯影液將曝光區溶解後曝露出二氧化矽；5. 用氫氟酸蝕刻二氧化矽，將光罩上的圖案移轉至二氧化矽後，去除光阻；6. 進行 n 型離子佈植，該區域就摻雜成 n 型區。完成一個平面化積體電路，期間需要經過非常多道的微影蝕刻，需要非常多道的光罩，也就是每一道圖案需要一個光罩。詳細介紹請見微影與蝕刻兩章。

　　典型雙載子 n-p-n 電晶體之橫剖面如圖 6-1 所示。其製程如圖 6-2 所示，包括七道光罩步驟。雙載子電晶體之基本製程是：

步驟 1 製作埋藏層 (buried layer) 於 p 型基板特定區域的高摻雜 n^+ 層 [光罩 1]，在元件核心部分正下方，主要功能是減少電流傳輸路徑之電阻。

步驟 2 生長 n 型磊晶層，元件其它部分如基極、集極 (Collector) 等在其內形成。

步驟 3 擴散 p^+ 隔離區 (isolation) 於 n 型磊晶層 [光罩 2]，利用 p-n 接面，使相鄰區域間有電性隔離。

步驟 4 擴散 p 型基極區 (base)[光罩 3]，作為 npn 電晶體的基極和大部份電阻之主體。

步驟 5 擴散 n^+ 射極區 (emitter)[光罩 4]，形成 npn 電晶體之射極。

步驟 6 製作各電極開口之接觸區 (contact)[光罩 5]，使元件能與外界有電性連接。

步驟 7 製作金屬導線 (metallization)，使元件間互通形成電路。光罩用於將導電之金屬線圖案製作出來 [光罩 6]。

步驟 8 沉積 SiO_2 覆被膜 (passivation) 於積體電路表面賦予物理及化學保護。光罩用於移除金屬墊區上方 SiO_2 膜供外接鋁線接觸做信號傳輸 [光罩 7]。

步驟 9 進行晶背清理 (backside preparation) 一將晶圓背面擴散層及氧化層除去，以便封裝。

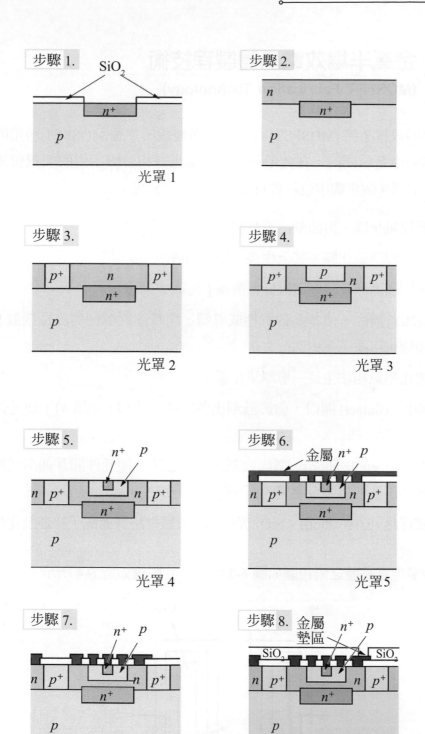

▲圖 6-2　典型雙載子電晶體製程

6-2　金氧半場效電晶體製程技術
(MOSFET Fabrication Technology)

　　金氧半場效電晶體 (MOSFET) 技術有許多變化，不論 MOSFET 所用的特殊製程為何，基本考慮是相同的。在此所列製程步驟也許和實際所用的製程與光罩數目不同，例如在下列 8 個步驟中也許會有更多道的光罩製程。

步驟 1　生長厚氧化膜，再蝕刻出電晶體之區域 [光罩 1]。

步驟 2　生長閘極薄氧化膜，其上生長一層多晶矽。

步驟 3　訂出閘極區域及源極與汲極擴散區 [光罩 2]。

步驟 4　P 型雜質擴散，使多晶矽閘極成導體，同時進行源極與汲極擴散 [光罩 3]。此步驟可用離子佈植進行之。

步驟 5　再用化學氣相法生長一層厚氧化膜。

步驟 6　接觸區 (contact) 開口，微影蝕刻出各電極之開口 [光罩 4]，使元件能與外界有電性連接。

步驟 7　金屬化 (metallization)，微影蝕刻出導電通路，使元件間互通形成電路。光罩用於將不需要導電金屬膜的區域除去 [光罩 5]。

步驟 8　覆被保護 (passivation)。SiO_2 沉積膜於積體電路表面賦予物理及化學保護。

　　典型金氧半電晶體之俯視圖如圖 6-3 所示。其製程如圖 6-4 所示。

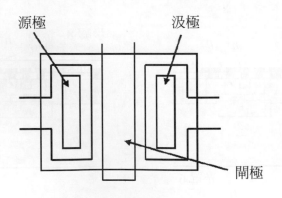

▲ 圖 6-3　MOS 電晶體之俯視圖

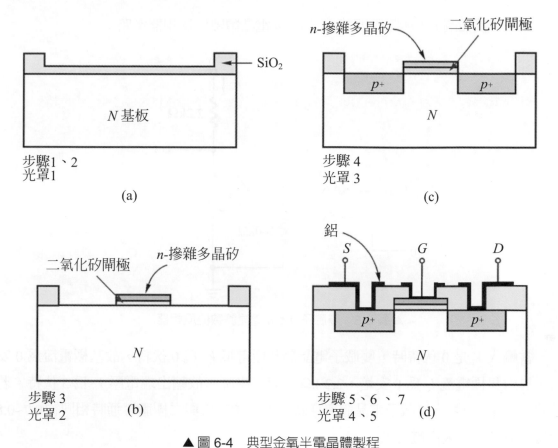

▲ 圖 6-4　典型金氧半電晶體製程

6-3　電路與積體電路 (Circuit and Integrated Circuit)

　　將電晶體、二極體、電阻、電容、電感等元件組合在一起產生一個有特定功能的結合，就是電路 (circuit)。將電路中組合元件插在印刷電路板上就是實用的電路。若將電路中組合元件縮小做在一半導體單晶矽晶圓上，就是積體電路 (Integrated Circuit)。所謂做在矽晶圓上，實際應說成做在矽晶圓表面下較為適當。積體電路上之電路，必須在高倍顯微鏡下才能觀察到。

　　電路與積體電路可分為類比電路與數位電路，類比電路通常處理信號放大，數位電路通常處理 0 與 1 數位信號，數位電路由於有其優點故愈用愈廣，許多類比電路功能也能用數位電路達成，故在此只介紹數位電路。

茲舉一例如圖 6-5 所示說明雙載子 *n-p-n* 電晶體數位反相器電路：

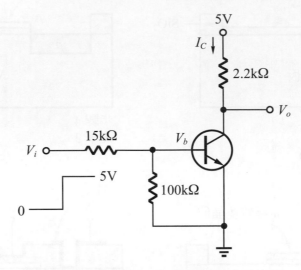

▲圖 6-5　雙載子 *n-p-n* 電晶體數位反相器

當輸入 V_i 是 0 伏特時，雙載子電晶體基極電壓 V_b 為 0 伏特，故基極電流為 0 安培，導致集極電流 I_C 為 0 安培，2.2 kΩ 沒有電壓降，故輸出端電壓 V_o 為 5 伏特。若當輸入 V_i 是 5 伏特，雙載子電晶體導通時，基極電壓 V_b 與二極體導通時相同約 0.7~0.8 伏特，故基極流入高電流，

$$I_b = \frac{5 - 0.8(\text{V})}{15(\text{k}\Omega)} - \frac{0.8(\text{V})}{100(\text{k}\Omega)} = 0.28 \text{ mA} - 0.008 \text{ mA} \cong 0.28\text{mA}$$

導致集極流入高電流，5 伏特幾乎全降在 2.2 kΩ，故輸出端電壓 V_o 為 0 伏特。因此，這電路的功能為：輸入端為低電壓時，輸出端為高電壓；輸入端為高電壓時，輸出端為低電壓；這就是一反相器電路 (反相閘 -NOT gate)。也就是輸入為 0 時，輸出為 1，輸入為 1 時，輸出為 0。

另舉一例如圖 6-6 所示說明金氧半 NMOS 電晶體數位反相器電路：

輸入端為低電壓時，NMOS 之通道感應不出來，NMOS 為斷路，汲極電流為 0 安培，故輸出端電壓 V_o 為 5 伏特。若輸入端為

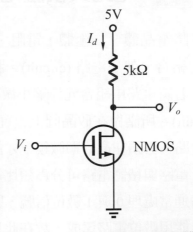

▲圖 6-6　金氧半 NMOS 電晶體數位反相器

高電壓時，NMOS 之通道感應出來，NMOS 為短路，故輸出端電壓 V_o 為 0 伏特，汲極電流約為 5V/5KΩ 安培。這也是一反相器電路 (反相閘)。也就是輸入為 0 時，輸出為 1；輸入為 1 時，輸出為 0。

再舉一例如圖 6-7 所示說明互補金氧半電晶體 (CMOS) 數位反相器電路：

輸入端為低電壓時，NMOS 之通道感應不出來，NMOS 為斷路，PMOS 之通道感應出來，PMOS 為短路，故輸出端電壓 V_o 接至 5 伏特。輸入端為高電壓時，NMOS 之通道感應出來，

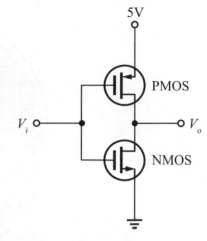

▲ 圖 6-7　互補金氧半單載子電晶體數位反向器

NMOS 為短路，PMOS 之通道感應不出來，PMOS 為斷路，故輸出端電壓 V_o 接至 0 伏特。這也是一反相器電路 (反相閘)，也就是輸入為 0 時，輸出為 1；輸入為 1 時，輸出為 0。

由以上三例，可以了解一個基本數位電路－反相閘如何用電晶體與電阻組合而成。

以下介紹積體電路之設計與佈局規則。

6-4　設計規則 (Design Rules)

一製作完成的矽晶圓如圖 6-8(a) 所示，上面有許多相同的小方塊，這個小方塊就是晶粒 (chip) 或稱晶片，晶片放大如圖 6-8(b)、(c) 所示，上面電路圖案是依設計規則 (design-rule) 產生，設計規則是依 IC 生產技術與製程制訂，雙載子電晶體、MOS 電晶體、CMOS 電晶體各有不同。例如在雙載子電晶體設計規則中要訂出 n^+ 埋藏層區擴散尺寸、隔絕區擴散尺寸、P 型基極區擴散尺寸、n^+ 射極區擴散尺寸、金屬接觸區尺寸、金屬接線區尺寸、保護區尺寸等。在 CMOS 設計規則中要訂出 P 井區尺寸、主動區尺寸、複晶矽區尺寸、p^+ 選擇區尺寸、金屬接觸區尺寸、第一層金屬接線區尺寸、穿孔區尺寸、第二層金屬接線區尺寸、保護區尺寸、第二層金屬與複晶矽接線區尺寸、電極區尺寸等。設計規則隨 IC 生產技術發展進步愈訂愈小愈複雜。

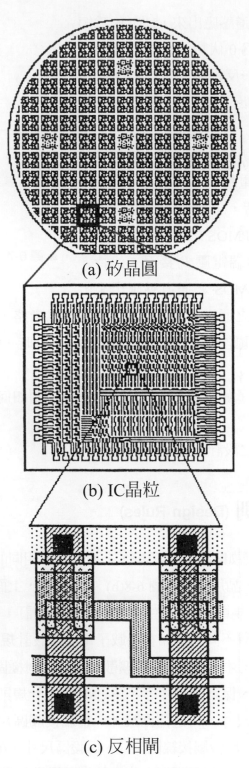

(a) 矽晶圓

(b) IC晶粒

(c) 反相閘

▲ 圖 6-8　積體電路晶圓俯視圖

　　例如以 3 微米 (μm)CMOS 製程爲準，P 井區尺寸寬度 5 微米，間隔 9 微米；主動區尺寸寬度 4 微米，間隔 4 微米；複晶矽區尺寸寬度 3 微米，間隔 3 微米；金屬接觸區尺寸 3 × 3 微米等等。一般所謂 0.25 微米製程、0.18 微米製程、45 奈米製程或 5 奈米製程，就是在 IC 上最小的容許線寬。

6-5　佈局 (Layout)

6-5-1　雙載子電晶體 (Bipolar Transistor)

　　將電路中之電晶體，二極體、電阻、電容，甚至於電感適當的安排在一晶片上，所有尺寸遵守設計規則，並使晶片上面積之利用率達到最大，即爲積體電路佈局規則。

　　以雙載子電晶體電路爲例，如圖 6-9，說明之：

　　其佈局完後之積體電路如圖 6-10 所示。

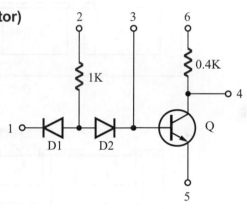

▲ 圖 6-9　雙載子電晶體電路圖

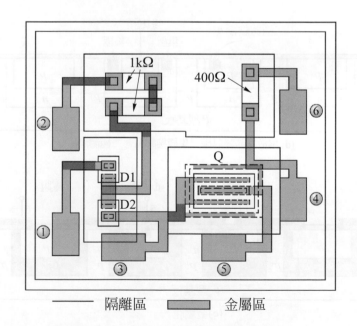

────　隔離區　　▭▭　金屬區

▲ 圖 6-10　雙載子電晶體積體電路佈局圖

其製程步驟如圖 6-11 所示。

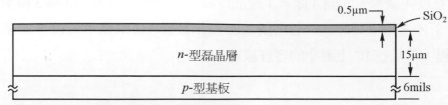

(a)生長磊晶層

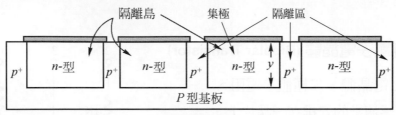

(b)擴散隔離區

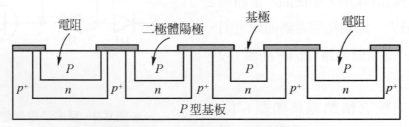

(c)擴散電阻、電晶體基極、二極體陽極

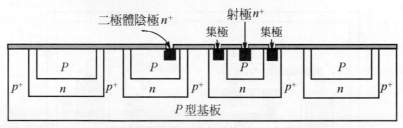

(d) 擴散電晶體射極、集極接觸區、二極體陽極

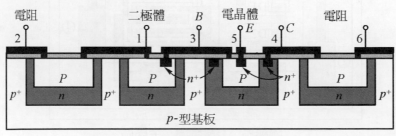

(e)金屬化

▲ 圖 6-11　雙載子電晶體 IC 製程圖步驟

佈局規則有：

1. 隔絕島寬度約為磊晶厚度的兩倍，因擴散隔離區時有側向擴散。

2. 因為隔離擴散佔有很大面積，故隔離島數目盡量減少。

3. 所有電阻放入一個隔離島內。

4. 集極接在一起之所有電晶體放入一個隔離島內。

5. 基板若為 P 型則接至電位最負處，便於電隔離。

6. 依據每一元件功率大小設計相對應之面積大小。對於金屬接線用相同原理。

7. 最佳化之佈局安排是使晶片面積達到最小，並接近正方形。

8. 金屬接線盡量避免彼此上下重疊，並盡量短。

9. 所有尺寸須遵守設計規則

10. 最後加上光罩對準圖案，方便每一道光罩之對準。

〰 6-5-2　金氧半 (MOS) 電晶體 (Metal-Oxide-Semiconductor Field Effec Transistor)

　　用於數位應用中的 MOS 電晶體積體電路佈局基本原則是相同的，由於功率小容忍度高，所以佈局彈性大。經由長時間的演化，建立了豐富的資料庫，所有基本的和許多先進的電路與佈局，在資料庫都可以輕易取得。

　　以 CMOS 構建 NOT 閘為例，如圖 6-12 所示 (a) 電路圖，(b) 結構圖和 (c) 佈局圖，外部連接有電源、接地、輸入、輸出，內部有 PMOS 與 NMOS。圖 6-13 所示為 CMOS 構建 NAND 閘 (a) 電路圖和 (b) 佈局圖。可以看出 MOS 電晶體積體電路佈局是不困難的。

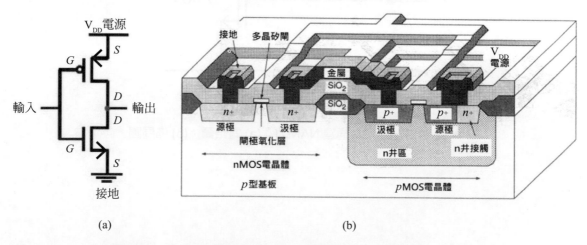

(a)　　　　　　　　　　　　　　　(b)

▲ 圖 6-12　CMOS 構建 NOT 閘 (a) 電路圖；(b) 結構圖；(c) 佈局圖

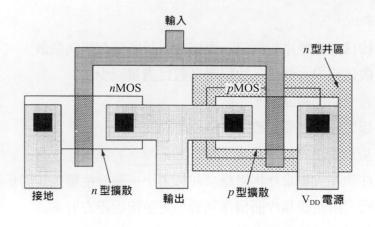

(c)

▲ 圖 6-12　CMOS 構建 NOT 閘 (a) 電路圖；(b) 結構圖；(c) 佈局圖 (續)

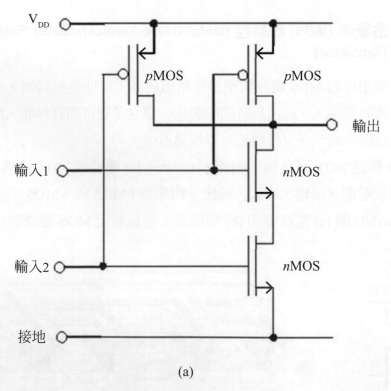

(a)

▲ 圖 6-13　CMOS 構建 NAND 閘 (a) 電路圖；(b) 佈局圖

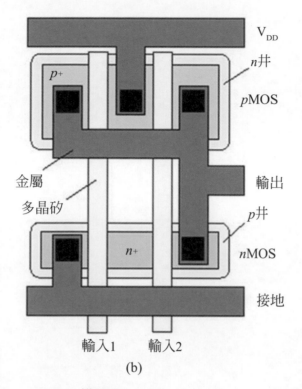

▲圖 6-13　CMOS 構建 NAND 閘 (a) 電路圖；(b) 佈局圖 (續)

CH 7 半導體元件縮小化與先進奈米元件

金氧半場效電晶體不斷縮小演化，發展出性能優異的先進奈米元件後，資料的儲量增加，積體電路運算快速。

　　雙載子電晶體與單載子電晶體之尺寸隨時代的進展一直都在縮小中，目前大半之產品是單載子金氧半場效電晶體 (MOSFET)，由於結構簡單，縮小的幅度特別大，故其尺寸縮小化相關問題特別提出來探討。

7-1 金氧半場效電晶體之縮小化 (Scaling of MOSFET)

　　金氧半場效電晶體尺寸之縮小，是改進電晶體密度與電路速度的一種方法，電路之延遲時間 (Δt) 正比於負載電容 (C) 與信號電位振幅 (ΔV)，反比於平均驅動電流 (I_{av})：

$$\Delta t = \frac{C \times \Delta V}{I_{av}} \tag{7-1}$$

　　故降低負載電容與信號電位振幅，增加驅動電流，就可增加電路速度。其中最容易改進的是降低負載電容。因電容與面積成正比，故將所有元件尺寸縮小，就能降低負載電容。

MOSFET 之結構如圖 7-1 所示，若將元件所有尺寸縮小成 $1/S$ 倍 (包含 MOS 之長 L，寬 W，閘極氧化層厚度 t_{ox}，接面深度 X_j)，則基板濃度 (N_{sub}) 需增成 S 倍 (因接面深度與基板濃度成反比)，電壓 (汲極電壓 V_{DD}，閘極對源極電壓 V_{gs}，電晶體臨界電壓 V_t) 須縮成 $1/S$ 倍 (因氧化層厚度縮小成 $1/S$ 倍，電壓必須縮成 $1/S$ 倍，才能保持固定電場強度，不至崩潰)。

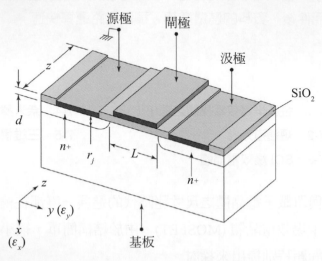

▲ 圖 7-1　MOS 電晶體結構圖

在上述尺寸縮小原則下，單位面積閘極電容增為 S 倍 (因 $C_{gox} = \varepsilon_{ox}/t_{gox}$，$\varepsilon_{ox}$ 為一常數，t_{gox} 縮小成 $1/S$ 倍，C_{gox} 增為 S 倍)，元件其它參數之變化推演如下：

元件電流	$I_{DS} = \mu C_{gox} \dfrac{W}{L} \dfrac{(V_{gs} - Vt)^2}{2}$	$\propto 1 \times S \times \dfrac{1/S}{1/S} \times (\dfrac{1}{S})^2 = \dfrac{1}{S}$
閘極電容	$C_g = WLC_{gox}$	$\propto \dfrac{1}{S} \times \dfrac{1}{S} \times S = \dfrac{1}{S}$
閘極延遲時間	$\tau = \dfrac{C_g \Delta V}{I_{av}}$	$\propto \dfrac{1/S \times 1/S}{1/S} = \dfrac{1}{S}$
功率消耗	$P = IV$	$\propto \dfrac{1}{S} \times \dfrac{1}{S} = \dfrac{1}{S^2}$
功率 - 延遲時間乘積	$P \times \tau$	$\propto \dfrac{1}{S^2} \times \dfrac{1}{S} = \dfrac{1}{S^3}$
封裝 (電晶體) 密度		$\propto \dfrac{1}{A} \propto \dfrac{1}{WL} \propto S^2$
功率消耗密度		$\propto \dfrac{1}{A} = \dfrac{P}{A} \propto \dfrac{1/S^2}{1/S^2} = 1$

故 MOS 電晶體之特性大為改進，IC 封裝 (電晶體) 密度大為提高。

7-2　短通道效應 (Short-Channel Effects)

　　元件尺寸縮小中的一個重要參數是縮短通道尺寸。縮短元件通道尺寸，會對元件帶來一些負面的影響，使元件特性衰退，稱為短通道效應。短通道效應計有：速度飽和效應 (velocity saturation)、通道長度調變效應 (channel-length modulation)、次臨界電流效應 (subthreshold current)、擊穿效應 (punch through)、CMOS 栓啓效應 (latch-up) 等，分別討論之。

7-2-1　速度飽和效應 (Velocity Saturation)

　　MOS 電晶體之電流推導如下：

$$I_x = Qv_x \tag{7-2}$$

(I_x：在通道方向之電流；Q：通道內電荷量；v_x：通道方向之載子速度)

$$Q = CV = WLC_{gox}(V_{gs} - V_{th}) \tag{7-3}$$

(W：通道寬度，L：通道長度，C_{gox}：閘極單位面積電容量，V_{gs}：閘極對源極之偏壓，V_{th}：NMOS 電晶體啓動臨界電壓，$V_{gs} - V_{th}$：MOS 電晶體啓動後之閘極電壓降)

故 MOS 電晶體之電流

$$I_{ds} = WLC_{gox}(V_{gs} - V_{th})v_x \tag{7-4}$$

假設通道長度定為單位長度，以 $L = 1$ 代入，

$$I_{ds} = WC_{gox}(V_{gs} - V_{th})v_x \tag{7-5}$$

長通道 MOS 電晶體平行通道方向之載子速度

$$v_x = \mu \mathcal{E}_x \tag{7-6}$$

(μ：載子移動率，$\mathcal{E}_x$：平行通道方向之電場強度)

　　MOS 電晶體操作在飽和區時，在閘極近汲極端通道在夾止狀態 (pinch-off)，故 $V_{ds} = V_{gs} - V_{th}$，平行通道方向之平均電場強度

$$\mathcal{E}_x = V_{ds}/2L = (V_{gs} - V_{th})/2L \tag{7-7}$$

MOS 電晶體之電流為

$$I_{ds} = \mu WC_{gox}(V_{gs} - V_{th}) \times (V_{gs} - V_{th})/2L = \mu WC_{gox}(V_{gs} - V_{th})^2/2L \tag{7-8}$$

故，長通道 MOS 電晶體電流是 $V_{gs} - V_{th}$ 的平方關係。

載子速度與電場強度之關係如圖 7-2 所示，電場強度小時，載子速度與電場強度成正比關係，電場強度大至某一程度時，載子速度達到飽和。假設 MOS 電晶體 V_{ds} 電壓不變，MOS 電晶體通道縮短，平行通道方向之電場強度變大，可使載子速度達到飽和速度。

$$v_x = v_{max} \tag{7-9}$$

$$I_{ds} = WC_{gox}(V_{gs} - V_{th})\, v_{max} \tag{7-10}$$

故，短通道 MOS 電晶體中電流是 $V_{gs} - V_{th}$ 的線性關係。

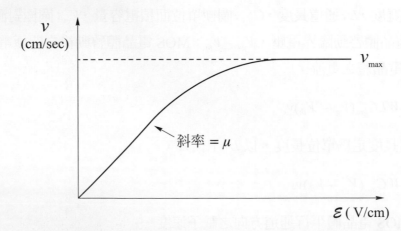

▲ 圖 7-2　載子速度與電場強度的關係 (線性區之斜率為載子之遷移率)

如圖 7-3 中虛線所示，長通道 MOS 電晶體閘極電壓增加一倍，引發電流平方倍的增加。而短通道 MOS 電晶體中閘極電壓增加一倍，則引發電流等量的增加，如圖 7-3 中實線所示。

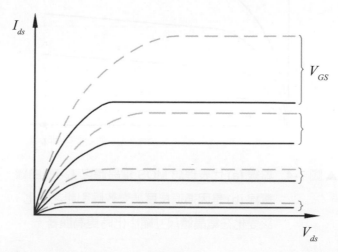

▲ 圖 7-3　虛線為長通道 MOS 電晶體 I_{ds}-V_{ds} 關係曲線，I_{ds} 正比於 $(V_{gs}$-$V_{th})^2$。實線為短通道 MOS 電晶體 I_{ds}-V_{ds} 關係曲線，由於載子速度飽和，I_{ds} 正比於 V_{gs}-V_{th}。

7-2-2　通道長度調變效應 (Channel-Length Modulation)

理論上，MOS 電晶體之電流達到飽和時，V_{ds} 增加，I_{ds} 維持一定之值，如圖 7-4 中曲線 (a) 所示。實際上，當 V_{ds} 超過飽和值時，在汲極端之空乏區隨 V_{ds} 增加向源極端延伸，也就是通道長度隨 V_{ds} 增加而縮短如圖 7-5 所示由 L 縮短至 L'，故 V_{ds} 增加，通道內電場強度變大，電子速度變快，故 I_{ds} 也隨之增加，如圖 7-4 中曲線 (b) 所示。短通道 MOS 電晶體通道長度尺寸縮短時，V_{ds} 等量增加引起通道長度縮短百分比較長通道大，效應特別顯著。因此，短通道 MOS 電晶體在達到飽和時有一輸出電導 ($g_m = dI_{ds}/dV_{ds}$)，移轉曲線 (transfer curve) 之陡度退化，雜訊容忍度降低。

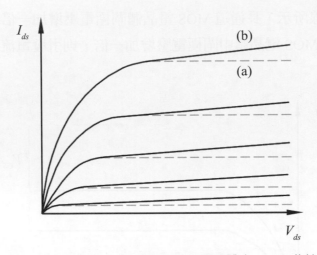

▲ 圖 7-4 虛線 (a) 代表理想 MOS 電晶體之 I_{ds}-V_{ds} 曲線。
實線 (b) 是因通道長度調變效應引起之變化。
該變化在電晶體尺寸縮小化時更為顯著。

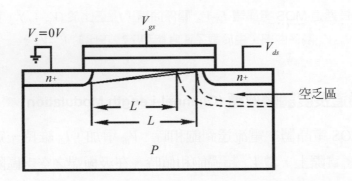

▲ 圖 7-5 通道長度調變效應 - 當汲極電位增加使通道有效長度減少。

7-2-3 次臨界電流效應 (Subthreshold Current)

MOS 電晶體中,當 $V_{gs}<V_{th}$ 時,I_{ds} 並不會劇降為零,而是成指數逐漸下降。舉 NMOS 電晶體為例,當 $V_{gs}<V_{th}$ 時,雖然 MOS 電晶體中通道並未出現,但是由於源極與汲極是 N 型區,源極與汲極間是 P 型區,可視為 N-P-N 雙載子電晶體,如圖 7-5 所示,故有電流在其中橫向流動,通道愈短,相當於 N-P-N 雙載子電晶體之基極愈窄,雙載子電晶體之增益愈高,橫向流動電流愈大,即漏電流愈大,如圖 7-6 所示。其影響為隨 MOS 電晶體尺寸縮小,漏電流變大,如用於隨機記憶體 (DRAM) 中,MOS 漏電流變大,再充電時間 (refresh) 變頻繁。

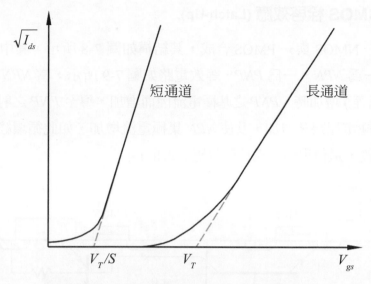

▲ 圖 7-6　長通道與短通道 MOS 之臨界特性。

〰 7-2-4　擊穿效應 (Punch Through)

由於源極與汲極是 N 型區，源極與汲極間是 P 型區，此兩個 P-N 接面產生空乏區，若源極與汲極之空乏區長度之和大於通道長度，源極與汲極空乏區就相接，相當於 N-P-N 雙載子電晶體之集極之空乏區貫穿基極與射極相接，降低源極區 p-n 接面電位障，產生大量電流，稱為擊穿，如圖 7-7 所示。

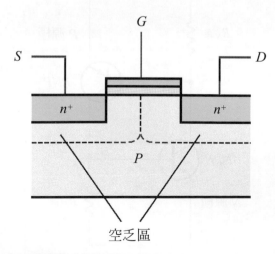

▲ 圖 7-7　MOS 電晶體中源極與汲極區空乏區相接觸，產生擊穿現象。

7-2-5　CMOS 栓啓效應 (Latch-Up)

　　CMOS 由一 NMOS 與一 PMOS 合成，其結構如圖 7-8 所示，其中有兩個寄生雙載子電晶體，一為 NPN，一為 PNP，等效電路如圖 7-9 所示，當 NPN 集極電流因某些因素 (如雜訊等) 增加時，PNP 之基極電流因而增加，導至 PNP 之射極電流增加，使流入 NPN 基極電流跟著增加，及使 NPN 集極電流增加，如此循環終使電流過大，導致 CMOS 損毀，這種現象稱為栓啓效應 (latch-up)。

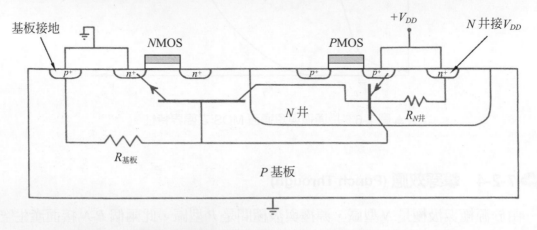

▲ 圖 7-8　CMOS 電晶體中有兩個寄生雙載子電晶體，形成栓啓效應。

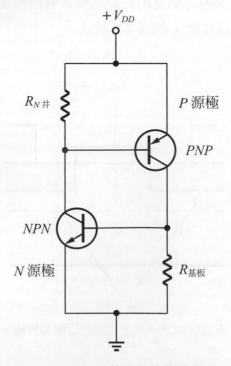

▲ 圖 7-9　CMOS 栓啓效應等效電路。

　　防止 CMOS 栓啓效應最簡單的方法就是將其中 NMOS 與 PMOS 元件間距離拉開，使寄生雙載子電晶體之基極區加寬，降低雙載子電晶體之增益，減小正回授，不過這違反縮小化原則，故實際使用的方法有：

1. 加上一層低電阻之磊晶層，降低 R 基板電阻，使 NPN 雙載子電晶體之基極偏壓減小，減小正回授。

2. 使用保護區 (guard ring) 或區域氧化 (local oxidation) 環繞每一元件，將 NMOS 與 PMOS 元件隔離，去除寄生雙載子電晶體。

3. 基板中摻入金，減低載子壽命，以降低雙載子電晶體增益。

7-3　SOI 場效電晶體 (SOI-MOSFET)

　　CMOS 電晶體之尺寸隨時代微縮至奈米級，奈米電晶體由於要解決短通道效應，創造了一些新的結構。

　　如前所述，傳統平面式 MOSFET 中，閘極下的空乏區與源極、汲極的空乏區重疊如圖 7-10(a) 電荷共享模型所示，當閘極長度愈來愈短縮小至奈米級時，源極、汲極的空乏區與閘極下的空乏區重疊部分的比例隨閘極長度縮短而增加。閘極上的電壓是要產生空乏區繼而達到強反轉，由於要對應的空乏區的體積減小，因此閘極電壓降低，也就是臨界電壓降低 (threshold voltage roll-off)；另，汲極空乏區 (在正常操作時加上正偏壓，空乏區變寬) 會隨閘極長度縮短而與源極空乏區重疊，進而降低源極電位，增加電子流由源極進入通道的量，並直接流至汲極，不易被閘極控制而關閉，因此漏電流增加 (DIBL-drain induced barrier lowing)，這些問題通稱短通道效應 (short channel effect)，短通道效應不只有這兩類，詳見前述。如果能夠減小源極、汲極的空乏區與閘極下的空乏區重疊部分就可以減低短通道效應如圖 7-10(b) 中白虛線所示，因此，減小通道厚度就是一個有效方法。SOI-MOSFET 場效電晶體，及鰭式場效電晶體 (FinFET) 因應而生。

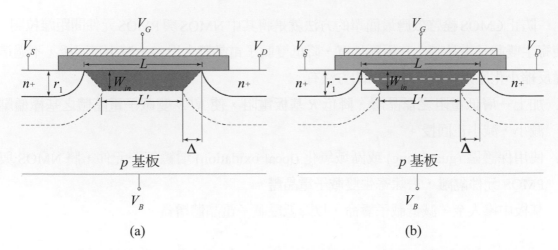

(a)   (b)

▲ 圖 7-10 (a) 電荷共享模型 (charge sharing model)，(b)SOI MOS 結構中半導體在紅線以下用絕緣體取代，減小通道厚度，源極、汲極的空乏區與閘極下的空乏區重疊部分的比例隨之縮小。

　　SOI(silicon on insulator) 是指一單晶矽薄層生長在一絕緣層 (一般是 SiO_2) 上，SOI-MOSFET 是指金氧半電晶體製作在 SOI 上，而 SOI-CMOS 是指互補型金氧半電晶體製作在 SOI 上，如圖 7-11 所示。SOI-CMOS 結構主要有三個優點：

(1) 非常低的寄生接面電容：在 CMOS 結構中，n 通道 MOSFET 製作在 p 型基板上，p 通道 MOSFET 製作在 n 型基板上，源極 / 汲極的 p-n 接面產生寄生電容。為配合 n 通道與 p 通道 MOSFET 的不同基板，需要 p 井或 n 井或 pn 雙井結構，例如：在 n 型基板上可以製作 p 通道 MOSFET，同時必須形成一個 p 井供製作 n 通道 MOSFET，同理在 p 型基板中就須形成 n 井，分別供 n 通道 MOSFET 與 p 通道 MOSFET 使用。因此，井區形成大面積 p-n 接面，即具有大的寄生電容。SOI 絕緣結構中不需 p 井或 n 井結構，源極 / 汲極 p-n 接面面積較小，大量降低寄生電容，因寄生電容小，CMOS 速度快；又因不須製作井，電晶體面積小。所以，高速及高密度積體電路可在 SOI 晶圓上發展。

(2) 低的體效應 (body effect)：由於矽的體積小，輻射能產生的電子 - 電洞量小，因此基底電位產生的體效應低，抗輻射能力強。

(3) 沒有栓啓效應：由於氧化物層，沒有寄生的 p-n-p 或 n-p-n 雙載子電晶體，因此沒有栓啓效應。

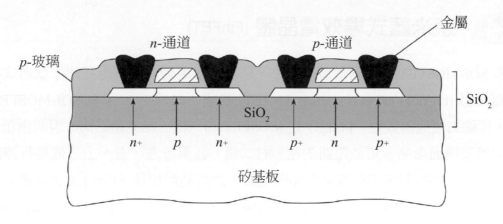

▲ 圖 7-11　SOI-CMOS 結構

　　SOI-MOSFET 分為部分空乏 (partially depleted, PD) 及完全空乏 (fully depleted, FD) 兩型，依矽通道層厚度而定。部分空乏型使用較厚的矽通道層，在平衡狀態時通道層厚度大於 MOS 閘極電容空乏層厚度，閘極下因有中性區域，在閘極加上正偏壓且大於臨界電壓，源極 / 汲極加正偏壓時，PD-SOI MOSFET 通道導通，行為相當於一個傳統的 MOSFET。當元件操作時，通道靠近汲極 (drain) 區由於汲極偏壓產生的高電場會因載子衝擊發生離子化 (impact ionization)，所產生的載子一部分會存放在未接地的中性基板 (floating body) 上，改變臨界電壓，該效應稱為浮動體效應，電路設計時必須極為小心彌補這項缺點。完全空乏型使用較薄的矽通道層，在平衡狀態時矽通道層厚度低於 MOS 閘極電容空乏層厚度，元件可以操作在較低電壓。閘極下因沒有中性區域，在閘極未加偏壓，源極 / 汲極加偏壓時，矽通道無法導通，相當於一個常閉型 MOSFET。也因沒有中性基板，因而沒有浮動體效應，同時完全空乏型較為省電，較為積體電路所需。又因沒有中性區域，沒有寄生的雙載子電晶體，次臨界漏電流小。有關 SOI 晶圓生長備製在第 19 章中討論。

7-4　奈米鰭式場效電晶體 (FinFET)

將 SOI-MOSFET 通道薄層豎立起來，閘極環繞著豎立的薄層通道，就形成鰭式場效電晶體 (fin field-effect transistor, FinFET) 如圖 7-12 所示，保有 SOI-MOSFET 的好處，即除去短通道效應。FinFET 是 MOSFET 的一種三維立體結構，因閘極類似魚鰭的立體架構而命名，可於電路的左、右二側，甚至於左、右、上三側進行控制通道，由於有多側控制通道的導通與關閉，與平面電晶體相比，FinFET 能夠更妥善地控制電流，降低漏電流、獲得較高的驅動電流 (I_d)、較佳的次臨界搖擺 (subthreshold swing)、短通道效應和動態功耗。若驅動電流不足可以增加 Fin 的數目，電流成倍數增加。

鰭式場效電晶體為目前 20 奈米以下量產所採用的電晶體結構。20 奈米標準製程中閘極氧化層之厚度低於 3 奈米，傳統二氧化矽厚度低於 3 奈米時，電子產生穿隧效應，閘極有大漏電流，為降低漏電流，自 28 奈米以下製程就引入了高介電係數 (high-k) 材料加入閘極氧化層中，可以維持閘極氧化層之物理厚度 3 奈米，避免電子產生穿隧效應，而其等效厚度 (equivalent oxide thickness, EOT) 可遠低於 3 奈米，使電晶體有更佳之控制度。原子層沉積技術是目前 high-k 材料最佳之生長方法。

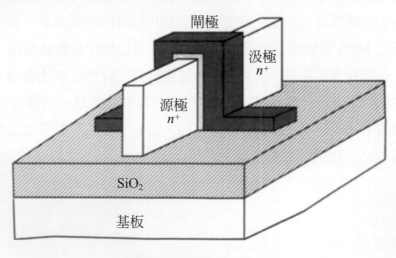

▲ 圖 7-12　鰭式場效電晶體

7-5 三維積體電路 (3 Dimensional IC)

隨著時代，發展多功能與體積小的 IC 才能符合電子市場的需求，單晶片系統 (system on a chip, SoC) 與單封裝系統 (system in a package, SiP) 是兩個重要方向。

單晶片系統就是將邏輯，記憶體，輸入輸出，射頻，感測器等整個系統組件放置於單一晶片上，二維晶片基本上是同質的，所有組件使用同一材料製作，由於組件最佳化所需的製程與材料不盡相同，要製作於一顆晶片上難度很高。單石三維積體電路 (monolithic 3D IC) 可將異質晶片 (heterogeneous chips) 組合，設計分成層狀，每層獨立設計、獨立製程及獨立運作 (operation)，但是又緊密連結成一體，可以減少佈線 (通常減少 10%～ 15%) 得以節能 (減少功耗 10 ～ 100 倍)，增加積體度 (integration) 增進 IC 運作能力。

製作進行方式有兩類，一類使用磊晶技術生長各層磊晶及進行各層 IC 製作，各層間使用矽穿孔技術 (through-silicon via, TSV) 在垂直方向進行電連結。另一類獨立製作各層 IC，使用晶圓黏貼技術 (wafer bonding) 進行剝離移轉至初始晶片上完成單石 3D IC。然而單晶片系統發展至今，由於技術瓶頸高、生產良率低，不同製程整合所需的研發時間長，成本高等因素，單晶片系統仍處於研發階段中。

單封裝系統成本較低，製程較易，其中的三維堆疊封裝 (3D stacking package)，組合了異質晶片，每層選用有最佳設計、製程、功能，且最低價格的晶片，晶片與晶片間有電連接傳遞訊號，這種垂直整合將在封裝一章中介紹。

兩類 3D IC 都因有額外的製造步驟，將增加良率上的風險；因有多層晶片堆疊，相較於 2D，散熱面積減少散熱不佳，溫度容易偏高；因需 3D 整合，設計技術複雜等等，3D IC 有許多障礙需要克服。

CH 8 高速與高功率元件

相較於矽，三五族化合物半導體具有較寬能隙，較高電子飽和速度，在高速與高功率元件擔任了關鍵性的角色。

8-1 砷化鎵金半場效電晶體	8-3 氮化鎵高電子遷移率電晶體
8-2 砷化鎵高電子遷移率電晶體	8-4 碳化矽金氧半場效電晶體

矽元件因材料的電子遷移率不夠高，導致電晶體導通電阻較大，工作頻率較低，電能損耗較大。砷化鎵 (GaAs) 是最成熟的化合物半導體，相對於矽，有較寬的能隙與較高的電子飽和速度等優異的物理特性如表 8-1 所示，因此電晶體導通電阻較小，操作於高頻高功率，在通訊領域廣用於手機、無線區域網路、光纖通訊、雷達等。

相較砷化鎵，氮化鎵 (GaN) 具有更寬能隙與更高電子飽和速度，因此有更好的頻率特性、更高輸出功率、及更低導通損耗。另外還有較佳的散熱性，元件可容忍的工作溫度高，因此能操作於更高頻率且更高功率，是最具發展潛力的化合物半導體。例如在電動汽車中，因應高電壓快充需求 (電壓可以高至～ 700V)，採用高頻開關式電源供應器 (switching power supply)(頻率可以高至～ 4MHz) 進行交直流電轉換及電壓調整，高頻可以降低被動元件體積減輕重量，GaN 的高頻高功率特性非常適用車用電子。

碳化矽 (SiC) 具有較氮化鎵更高崩潰電場強度與散熱性，元件工作電壓、電流、工作溫度較氮化鎵更大，可顯著減少電力損耗和散熱負載，能達到減少模組、系統周邊的元件及冷卻系統的體積。不過電子飽和速度較氮化鎵稍低，相較氮化鎵，應用於較低頻率與較高功率元件。矽、砷化鎵、氮化鎵、碳化矽四種材料特性因特性差異，在功率與頻率應用上著重範圍不同如圖 8-1 所示。

本章之目的在介紹砷化鎵、氮化鎵與碳化矽元件的基本結構與特性。

▼ 表 8-1　矽、砷化鎵、氮化鎵與碳化矽電子與熱導特性

材料	Si	GaAs	GaN	SiC(4H)
能隙 (eV)	1.1	1.4	3.4	3.2
崩潰電場強度 (MV/cm)	0.3	0.4	2	2.2
電子飽和速度 ($\times 10^7$cm/s)	1	1.5	2.5	2
熱導係數 (W/cm-K)	1.3	0.4	1.5	4

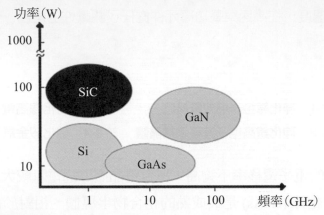

▲ 圖 8-1　半導體矽、砷化鎵、氮化鎵、碳化矽功率與頻率應用範圍

8-1　砷化鎵金半場效電晶體
(GaAs Metal-Semiconductor Field Effect Transistor)

　　與矽相比，砷化鎵 (GaAs)IC 速度快，主要原因有三：(1) 較高的電子遷移率，使得元件有較低的串聯電阻，較高的操作頻率；(2) 在充分高的電場下有高出矽約 20% 電子漂移速度，在相同的設計下，砷化鎵 IC 的速度可高出矽 IC 20%；(3) 能生長半絕緣晶圓，使得砷化鎵 IC 寄生電容小速度更快。然而，砷化鎵也有三個缺點：(1) 少數載子壽命非常短，無法製作雙載子電晶體；(2) 缺少穩定的原生氧化層，無法製作金氧半場效電晶體 (MOSFET)；(3) 晶體缺陷比矽高好幾個數量級，元件電特性較不穩定。因此，砷化鎵 IC 技術的發展是建構在金半場效電晶體 (metal-semiconductor field-effect transistor-MESFET) 上。

　　MESFET 結構如圖 8-2 所示，主要參數包含閘長 L，閘寬 Z 以及磊晶層 (epitaxial layer) 厚度 a。通常以閘極尺寸來描述一個 MESFET，如果一個 MESFET 的閘長為 0.5 μm，閘寬為 300 μm，那麼稱之為 0.5 μm × 300 μm 的元件。

　　大部分砷化鎵 MESFET 是基於電子遷移率較高的 n 型半導體製成，稱為 n 通道 MESFET(n - MESFET)，可以減小串聯電阻，並且具有高的飽和速度，所以截止頻率較高。

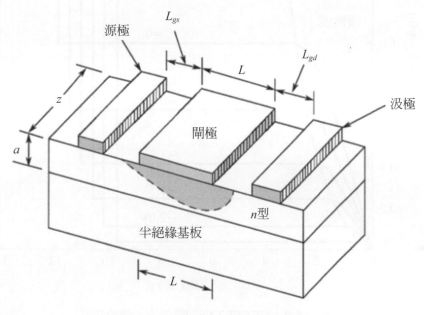

▲ 圖 8-2　GaAs MESFET 結構圖

　　金屬－半導體接觸可以產生兩種行為，一是歐姆型接觸，其特性像一個電阻一樣沒有整流效應，另一是肖特基型接觸，其特性像一個二極體一樣有整流效應。n-MESFET 結構中源極與汲極金屬－半導體接觸是歐姆型接觸，閘極的金屬－半導體接觸是肖特基型接觸，肖特基型接觸的特性類似 p^+-n 接面，負閘極偏壓 V_G 和正汲極偏壓 V_D(對於 n 型通道就是反向偏壓)共同控制空乏區的寬窄，閘極負電壓 V_G 使整個閘極下方空乏區增大，正電壓 V_D 沿著通道由汲極端降至接地的源極端，使閘極下方在汲極端的空乏區較大，在源極端較小。

　　當 V_D 加上固定正電壓，隨 V_G 負電壓增大，空乏區 W 隨之增大，電流流過通道的平均截面積減小，通道電阻 R 增大，使得汲極電流 I_D 隨 V_G 負電壓增大而減小。當 V_G 加上固定電壓，電流 I_D 隨 V_D 增大而增大，同時靠近汲極端的空乏區 W 也隨 V_D 增大而增大，通道的截面積減小，使得電流 I_D 增大的程度變緩，當 V_D 大到使汲極端空乏區 W 等於磊晶層厚度 a 時，在汲極端通道截面積為零，稱為夾止 (pinch off)，這時的 V_D 電壓稱為夾止電壓 V_p(pinch-off voltage)，汲極電流就達到最大值不再增加，稱為飽和電流 I_{Dsat}(saturation current)，V_p 隨負電壓 V_G 電壓增大而減少，電流－電壓曲線如圖 8-3 所示。

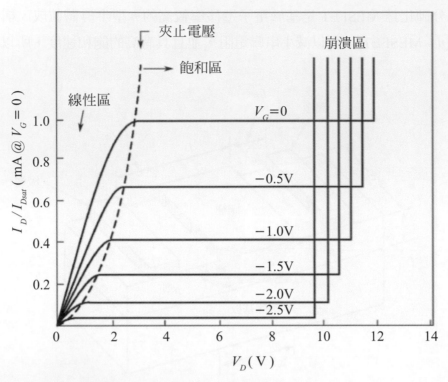

▲ 圖 8-3 MESFET 的理想電流－電壓特性

8-2 砷化鎵高電子遷移率電晶體
(GaAs High Electron Mobility Transistor)

高電子遷移率電晶體 (high electron mobility transistor-HEMT)，是利用異質接面結構工作的元件，在高速電路中，HEMT 已逐漸取代 MESFET。它還有一些常用的名稱，如調變摻雜場效電晶體 (modulation doped field effect transistor，MODFET) 等。

MESFET 為了得到適度的電流，n 型半導體通道需要摻雜至適當的高濃度 (約 5×10^{16} cm^{-3})，因庫倫散射效應，摻雜濃度愈高電子遷移率就愈低，也就降低了 MESFET 的速度。如果能夠不加摻雜質且能得到適當的電子濃度，就可以得到電子遷移率更高速度更快的電晶體，HEMT(high electron mobility transistor) 就是這樣的電晶體。

　　HEMT 電晶體結構類似 MESFET 如圖 8-4 所示，有閘極、源極與汲極，與 MESFET 不同處在於閘極結構，它由 n-AlGaAs/u-GaAs(u：undoped，代表不摻雜) 異質接面構成，在熱平衡下，n-AlGaAs 中的高能量電子會移轉至 u-GaAs 中，n-AlGaAs 靠近接面處就缺乏電子產生空乏區，u-GaAs 靠近接面處就得到許多電子形成 n 通道，由於電子侷限於一薄層內濃度就很高，稱為二維電子氣 (two-dimensional electron gas)，為了進一步減少 n-AlGaAs 空乏區正離子的庫倫吸引力，n-AlGaAs 與二維電子氣間加入一層稱為隔離層 (spacer) 的 u-AlGaAs，隔離庫倫吸引力。該異質接面的行為也可以直接引用之前提過的圖重複如圖 8-5 的能帶圖來了解，在 n-AlGaAs/u-GaAs 異質接面處，u-GaAs 導帶在費米能階之下，也就是有一很薄且高濃度的電子層在界面處，由於 u-GaAs 不加摻雜質且具有高電子濃度，所以 HEMT 電子遷移率高速度快，可以具有低導通電阻、高開關速度的優良特性。

　　閘極電壓可以稱控制二維電子氣的濃度，進而控制工作電流。若閘極電壓為 0 時二維電子氣就存在，稱為空乏型 HEMT，反之則為增強型 HEMT(即閘極電壓為 0 時，肖特基空乏區即進入到 i-GaAs 層內部)。

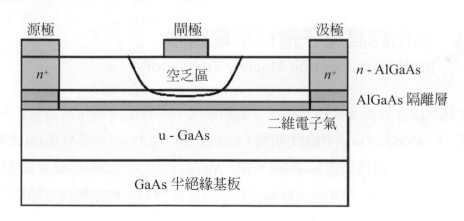

▲ 圖 8-4　n-AlGaAs/u-GaAs HEMT 結構圖

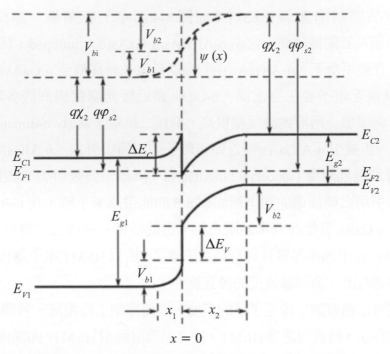

▲ 圖 8-5 *n*-AlGaAs/ 不摻雜 -GaAs 異質接面能帶圖

8-3 氮化鎵高電子遷移率電晶體
(GaN High Electron Mobility Transistor)

氮化鎵 (GaN) 具有寬能隙與高電子飽和速度，同時滿足高頻高功率元件應用的最佳選擇，與 AlGaAs/GaAs HEMT 類似，AlGaN(3.62~4.35 eV，視 Al 與 Ga 比例而異)/GaN(3.4 eV) HEMT 結構如圖 8-6 所示，由於 AlGaN 能隙太大不易形成金屬歐姆接觸，加一層能隙較小的 GaN 輔助形成歐姆接觸。目前藍寶石與矽是較便宜通用的基板，若採用晶格較匹配、散熱性較高的 SiC 更佳。

極化是 GaN HEMT 二維電子氣產生的主要機制，極化效應有兩種，自發極化與壓電極化。在第一章介紹過，化合物半導體共價鍵中是帶著離子性的，也就是具有極性，在氮化鎵材料中，沿著 C 軸氮是負離子，金屬是正離子，且由 GaN 到 AlN 極性逐漸變強，也就是 AlGaN 極性較 GaN 強，當 AlGaN 與 GaN 相接，由於接面處極性強度突然改變就引發 GaN 面電荷 (二維電子) 來平衡，這就是自發極化 (spontaneous polarization)。

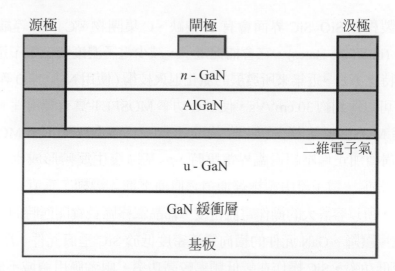

源極　　　　　　　閘極　　　　　　　汲極

n - GaN

AlGaN

二維電子氣

u - GaN

GaN 緩衝層

基板

▲ 圖 8-6　AlGaN/ 不摻雜 -GaN HEMT 結構圖

　　AlGaN/GaN 中 GaN 晶格較大，AlGaN 受到張力 (tensile strain) 拉大 AlGaN 中氮負離子與 Al、Ga 正離子的距離，極性強度變小，就得引發面電荷來平衡，這就是壓電極化 (piezoelectric polarization)。壓電係數也隨著由 GaN 到 AlN 逐漸變強，兩種極化效應共同作用下在異質接面處產生了極化電荷，形成了二維電子氣。由於極化效應是 GaN HEMT 二維電子氣產生的主控機制，AlGaN 不需要 n- 型摻雜，所以不會有摻雜質正離子的庫倫吸引力產生的散射效應，也不需要隔離層 (spacer)，電子遷移率高達約 2000 cm²/V·s。

8-4　碳化矽金氧半場效電晶體
(SiC Metal Oxide Semiconductor Field Effect Transistor)

　　碳化矽 (SiC) 能隙 3.26 eV 遠高於矽 1.1 eV，崩潰電場 2.2 MV/cm 遠高於矽的 0.3 MV/cm，在 500°C 時，矽的本質載子濃度由室溫的 10^{10} cm^{-3} 升到 10^{15} cm^{-3}，碳化矽的本質載子濃度則由室溫的 10^{-5} cm^{-3} 升到 10^{10} cm^{-3}，可以看出碳化矽在高功率操作下的穩定性 (通常 Si 的工作溫度不高於 85°C，而 SiC 晶片卻可以在 250°C 仍維持一樣的效能)。此外，碳化矽是化合物半導體中唯一可以經由熱氧化生長出原生氧化層的材料，因此 SiC 高功率 MOSFET(SiC metal oxide semiconductor field effect transistor-MOSFET) 的發展特別受到重視。SiC 熱氧化方程式為：

$$2SiC + 3O_2 = 2SiO_2 + 2CO$$

SiC 氧化製程在 SiO$_2$/SiC 界面會有 Si 空缺、C 集團物、C 間隙等缺陷，形成高濃度界面狀態 (interface states)，它會捕捉電子，減少電子濃度降低電子遷移率，造成 SiC MOSFET 特性不良。近年來所發展的氮化退火技術 (使用 NO，N$_2$O 等氣體退火)，使電子遷移率可以達到約 30 cm^2/Vs，使 SiC 功率 MOSFET 具有實用性。

　　SiC 功率 MOSFET 結構類似矽的 DMOSFET(double-diffused MOSFET) 如圖 8-7 所示，當閘極加正偏壓超過臨界電壓時，p- 基區發生反轉形成水平 n 型通道，MOSFET 達到開態，電子流由源極經通道垂直而下進入汲極，垂直式結構有大的體積供電流流過，所以容許大的操作電流密度，磊晶飄移區負責開態時的垂直電流和關態時的垂直電場壓降。GaN 元件的橫向電流密度低於 SiC 垂直元件，所以 GaN 操作在較高頻率較低功率，SiC 操作在較低頻率較高功率，兩者應用領域不同如圖 8-1 所示。由於 SiC 有高的崩潰電場強度及耐壓，磊晶飄移區可以薄些，濃度可以高些，因此開態時的電阻可以小些，同樣功率下面積也可以小些。

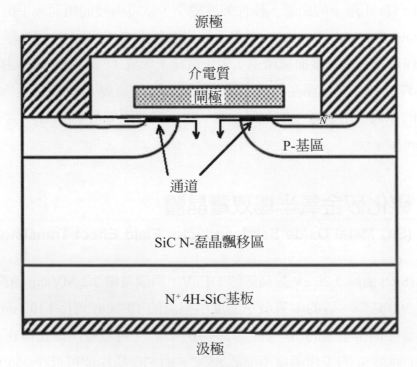

▲ 圖 8-7　SiC 垂直 DMOSFET 結構圖。

半導體光電元件

光有最快的傳輸速度，如果將光運用於積體電路中可以有最快的運作速度，光電積體電路就是結合各種光電元件與矽元件於一塊晶片上。

積體電路以矽為主，載子負責信號的傳導，電子速度的極限是 10^5 m/s，而光速為 3×10^8 m/s，如果積體電路以光子來傳導信號，將可以有最快的運算速度，這是光電積體電路（optoelectronics integration circuit, OEIC）發展的重要性。OEIC 晶片上有將電信號轉換成光信號的元件如發光二極體與雷射二極體，有傳輸光的元件如光纖、光波導、光柵，有處理光的元件如光調變器、濾波器，有將光信號轉換成電信號的元件如光感測器、光放大器，還需要有將光轉換成電後處理電信號的矽元件，所以包含各種複雜的材料元件系統和製造技術。光電積體電路可以應用在光纖通信，生物醫學和光子計算等領域中。

　　本章之目的在介紹用於光電積體電路中三種最重要的光電元件發光二極體、雷射二極體、光感測器，另外再介紹第四種光電元件太陽電池的基本理論。

9-1　發光二極體 (Light Emitting Diode)

　　發光二極體 (light emitting diode, LED) 的基本結構就是一個 *p-n* 接面，如圖 9-1(a) 所示，與矽的 *p-n* 接面一樣，在正向偏壓下，電子由 *n* 側，電洞由 *p* 側注入接面空乏區，但是矽中電子與電洞在空乏區中相遇後單位時間的結合率及轉換成光的效率極低，電轉換成光的比例稱為量子效率 η (quantum efficiency)，這種材料稱為間接能隙半導體 (indirect bandgap semiconductor)。用於 LED 發光元件必須是電子與電洞結合率及轉換成光的效率很高的材料，也就是量子效率很高的直接能隙半導體 (direct bandgap semiconductor)。

　　電子與電洞進入空乏區會結合發光，也就是電子由導帶躍遷至價帶中產生接近半導體能隙能量的光子，即 $hv = E_g$ 如圖 9-1(b) 所示。在空乏區未結合完的電子與電洞穿過空乏區後，與多數載子結合發光，平均要流經一個擴散長度才結合完畢，所以 LED 的發光區域是空乏區寬度加上一個電子與電洞的擴散長度。如此，電子與電洞就分佈於較寬的區域，載子濃度就會較低，電子與電洞結合率正比於濃度，於是發光率就較低。

　　提升結合率的一個方法就是使用雙異質接面如圖 9-1(c) 所示，一邊是 p 型半導體供應電洞，一邊是 n 型半導體供應電子，中間夾了能隙較小寬度較窄的不摻雜半導體，電子與電洞進入中間半導體層並被約束於兩側能隙較高的半導體間，電子與電洞濃度就升高，於是結合率與發光率也就升高，發出的光子能量或波長由中間半導體層能隙決定 ($\lambda = 1.24/E_g$，λ 是波長 (μm)，E_g 是能隙 (eV))。

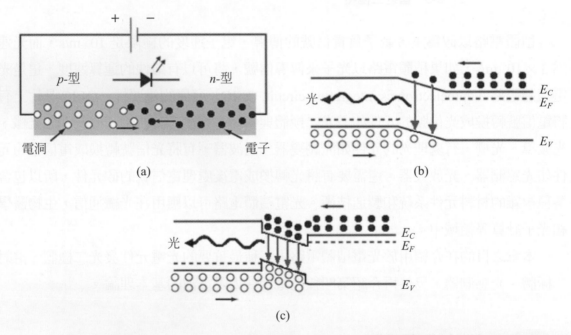

(a)

(b)

(c)

▲ 圖 9-1　(a) 正向偏壓下，從 n 側注入的電子與從 p 側注入的電洞結合於接面附近區域；(b) 電子由導帶躍遷至價帶中，產生接近於能隙能量的光子；(c) 更高濃度的載子被約束於雙異質接面中

　　在此舉目前應用最廣的藍光 LED 為例，結構如圖 9-2(a) 所示，生長於藍寶石基板上的雙異質接面氮化物 LED 結構中，能隙較小的 $In_xGa_{1-x}N$ 層被夾於兩側能隙較大的 p 型的 $Al_xGa_{1-x}N$ 層與 n 型的 GaN 層之間，發光的光子能量由中間半導體層 $In_xGa_{1-x}N$ 的能隙決定。

使用絕緣性藍寶石基板是因爲目前沒有適用的導電性 GaN 基板，所以 p 型與 n 型的歐姆接觸都必須形成於上表面。圖 9-2(b) 所示爲多重 $In_xGa_{1-x}N/GaN$ 量子井 LED 結構，多重量子井就是幾個中間半導體層厚度很薄的雙異質接面串接在一起，促進電子與電洞的結合與發光量子效率。

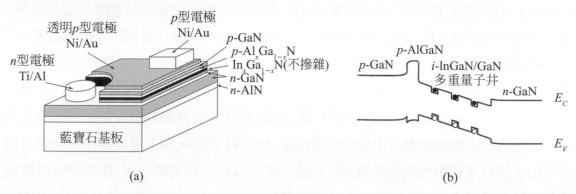

▲ 圖 9-2　(a) 生長於藍寶石基板上的 III-V 族氮化物 LED；(b) 藍光產生於 $Ga_xIn_{1-x}N/GaN$ 多重量子井區，該區域被夾在 p 型 $Al_xGa_{1-x}N$ 層與 n 型 GaN 層之間

9-2　有機發光二極體

有機發光二極體 (OLED-organic light emitting diode) 具有輕薄、可彎曲、大面積、低功耗、良好發光效能和寬視角等特性，在全彩色顯示器具備優勢。

有機發光二極體有兩類，分子質量小的稱爲小分子有機發光二極體 (OLED)，一般使用眞空蒸鍍技術製作，分子質量大的稱爲聚合物有機發光二極體 (PLED-polymer LED)，一般使用旋轉塗布 (spin-coating) 技術製作。由於第一個高效有機發光二極體是由小分子製成，所以兩類有機發光二極體通稱 OLED。

有機化合物主要是含碳的化合物，碳有兩種基本的結構，一種是四面體共價鍵 sp^3 混成結構，電子被緊緊束縛成爲絕緣體，如金剛石和飽和聚合物 (如乙烷 C_2H_6)。另一種結構是平面六角形共價鍵 sp^2 混成結構，相鄰碳原子間由單鍵和雙鍵交替連接，如石墨和共軛聚合物 (如乙烯 C_2H_4)，電子束縛力弱易於游離，因此具有半導體或金屬的特性。苯環 (C_6H_6) 在 OLED 中是一個重要的基礎，分子 sp^2 混成結構如圖 9-3(a) 所示，六個碳原子組成平面環，通過交替的單鍵和雙鍵負責分子內的電子傳輸，分子間的電荷傳輸主要依靠跳躍過程 (hopping process)。

　　高性能的 OLED 具有多層結構，圖 9-3(b) 所示為雙層結構中的兩種分子結構，一個是三 8- 羥基喹啉鋁 AlQ₃(Q：quinolin-8-olato)，它有六個苯環連接至中心鋁原子，鋁原子能夠強烈吸引電子，導致苯環形成缺電子態，電子可在其上傳輸，即為電子傳輸層 (ETL-electron transport layer) 或稱為 n 型有機層；另一個是芳香二胺 (aromatic diamine)，同樣有六個苯環，結構中的氮有一個孤電子對，它很容易游離並接受電洞，電洞可在其上傳輸，即為電洞傳輸層 (HTL-hole transport layer) 或稱為 p 型有機層。

　　圖 9-3(c) 為基本的 OLED 結構圖，基本上是一個 AlQ₃ 與芳香二胺間形成的異質接面，加上透明導電陽極 (如 ITO-indium tin oxide) 及陰極接觸層 (如含有 10% 銀的鎂合金)。圖 9-3(d) 為 OLED 能帶圖，電子由陰極注入並向異質接面移動，同時電洞由陽極注入也向接面移動，由於存在電位障 ΔE_C 與 ΔE_V，載子濃度會在接面處堆積而增加，提升了輻射性結合的機會。由於 $\Delta E_V < \Delta E_C$，較高的 ΔE_C 能夠有效阻擋電子並堆積在接面處，相對較低的 ΔE_V 使電洞能注入到 AlQ₃ 中與電子結合發光，因此，電子傳輸層 AlQ₃ 也是發光層 (EML-Emission layer)。

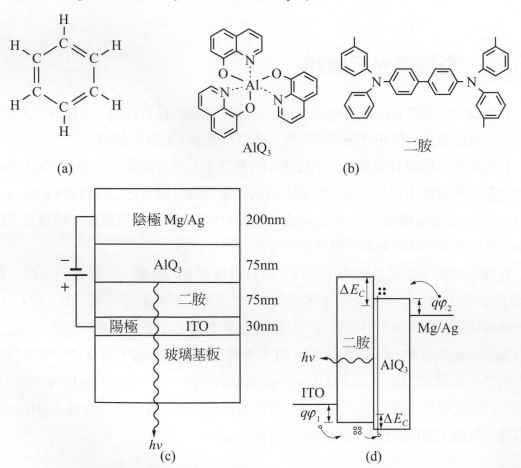

▲ 圖 9-3　(a) 苯環結構；(b) 兩種有機半導體分子結構；(c)OLED 結構圖；(d)OLED 能帶圖

　　圖 9-4(a)(b) 所示爲三層結構 OLED 及能帶圖，在電洞傳輸層和電子傳輸層之間加入具有適當能隙薄的發光層 (ITO/HTL/EML/ETL/Metal)，電子和電洞都能流進發光層提升發光層中的載子濃度，因此提升發光效率。另，可以在 ITO 和 HTL 之間插入一層薄的電洞注入層 (HIL-hole injection layer) 以降低位障高度 $q\varphi_1$，提升電洞注入效率，在金屬陰極和 ETL 之間插入一層薄的電子注入層 (EIL-electron injection layer) 以降低位障高度 $q\varphi_2$，提升電子注入效率，形成五層結構 OLED (ITO/HIL/HTL/EML/ETL/EIL/Metal)，進一步降低驅動電壓，增進發光效率，還能提高器件的耐用性。另外，還可以再加入電子阻擋層 (EBL-electron barrier layer)、電洞阻擋層 (HBL-hole barrier layer)，更能提升發光層電子電洞濃度及發光效率。

　　可靠度是 OLED 最大的問題，由於有機材料易與水氣或氧氣作用在光照環境中發生氧化反應產生羰基族化合物，形成載子複合中心 (carrier recombination center)，電子 - 電洞經複合中心結合不會發光而產生暗點 (Dark spot)，因此元件製作流程必須於無水氣及氧氣之環境下進行，更需要精密封裝，防止空氣中的氧氣和水汽通過陰極的微針孔、裂紋或者晶粒間界擴散進入，並防止低功函數陰極鹼土金屬或鹼金屬，與氧發生電化學反應腐蝕陰極，降低可靠度。

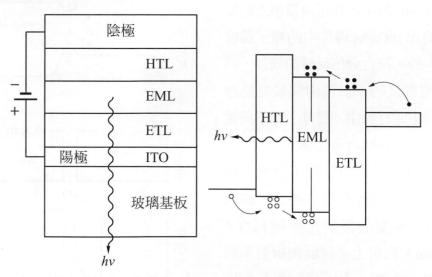

▲ 圖 9-4　(a) 三層結構 OLED；(b) 能帶圖

9-3 雷射二極體 (Laser Diode)

雷射二極體是激發輻射 (stimulated emission) 不同於發光二極體的自發輻射 (spontaneous emission)，所謂自發輻射就是電子由導帶自然躍遷至價帶，與電洞結合發光，所謂激發輻射就是價帶電子受能量為 $hv = E_g$ 的光子照射時躍遷到導帶，再受一個能量相同的光子照射，將導帶電子躍遷至價帶放出一個與入射光子同相位、同能量的光子 hv，所以等同於發出兩個光子，光子是有增益的。導帶的電子濃度愈高，照射的光場能量密度愈高，激發輻射就愈強。雷射二極體要有很高的激發輻射及光子增益，導帶的電子濃度必須多於價帶的，這個條件稱為分佈反轉 (population inversion)，與熱平衡條件下的情況恰好相反。

舉 GaAs 雷射二極體為例，為了達到分佈反轉，使用 n^+-AlGaAs/p-GaAs/p^+-AlGaAs 雙異質接面結構如圖 9-5(a) 所示，兩邊的 AlGaAs 摻雜成高濃度退化型半導體，中間夾了一層輕摻雜 p 型 GaAs，能帶圖如圖 9-5(b) 所示，在正向偏壓下的能帶圖可以看出 p-GaAs 導帶中的電子濃度高於價帶中的，符合分佈反轉的條件，同時電子與電洞被約束於被兩側較寬能隙材料包圍的中間材料中，提升了電子與電洞濃度，因而提升結合發光率。

為了提高光場能量密度，雷射二極體中使用光學共振腔結構來達到，如圖 9-6(a) 所示，典型的雷射光學腔長度 L 約為 300 μm，利用上下與前後折射率的差異來形成共振腔，上下折射率是利用 AlGaAs 折射率小於 GaAs 折射率的差異 (差 5%) 如圖 9-5(c) 所示，約束雷射光在發光層如圖 9-5(d) 所示，前後折射率是利用切出雷射長度方向的 (110) 易劈面

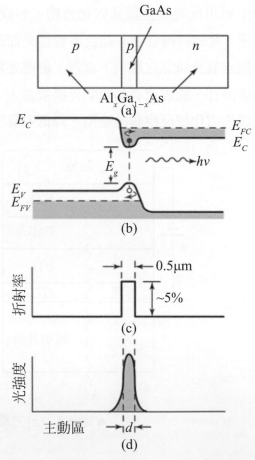

▲ 圖 9-5　雙異質接面 (DH) 雷射二極體 (a) 結構圖，(b) 正向偏壓下的能帶圖，(c) 折射率變化，(d) 光的約束情形

(cleavage plane) 切出光滑的鏡面，藉 GaAs 折射率大於空氣，將雷射光約束在發光層如圖 9-6(a) 所示。同時，射出鏡面鍍上部分反射膜，另一鏡面鍍上全反射膜，一方面更能增加光的約束，另一方面雷射光只由射出鏡面發出。二極體的另外左右兩面則作糙化處理，以消除這兩側可能發生的共振腔，這種結構稱爲法布裡 - 珀羅 (Fabry-Perot cavity) 共振腔。 雷射二極體發出雷射所需的最小電流稱爲臨界電流，臨界電流的大小受很多因素影響，爲了減小臨界電流，將共振腔面積減小如圖 9-6(b) 所示，稱爲條狀雷射 (stripe laser)，它除了長條狀歐姆金屬接觸區域外，都被氧化層隔離，所以雷射發射被限制於長條狀歐姆金屬接觸下方狹窄的區域內，典型的條寬 s 約爲 5 ～ 30 μm，雷射射出截面積細小，臨界電流大爲減小，是目前用途最廣的雷射結構。

雷射共振腔內波長滿足條件 $m(\lambda/2) = L$，(m 是整數，λ 是波長) 的共振波都會產生如圖 9-7(a) 所示，但是電子在導帶內及電洞在價帶內的能量分佈很窄，如圖 9-7(b) 所示，致使共振波中能得到電子與電洞結合放出能量是有限的如圖 9-7(c) 所示，所以雷射二極體發出的雷射光的頻率分佈非常窄如圖 9-7(d) 所示，常說雷射光是單頻光就是這個原理 (實際上單頻光雷射光需要特殊結構如分佈式布拉格反射雷射才能做到，本書不加以討論)。

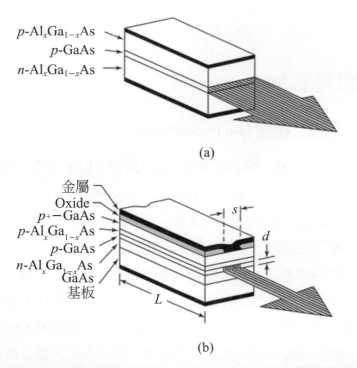

(a)

(b)

▲ 圖 9-6 (a) 法布裡 - 珀羅 (Fabry-Perot cavity) 共振腔的半導體雷射結構 ;(b) 條狀雷射

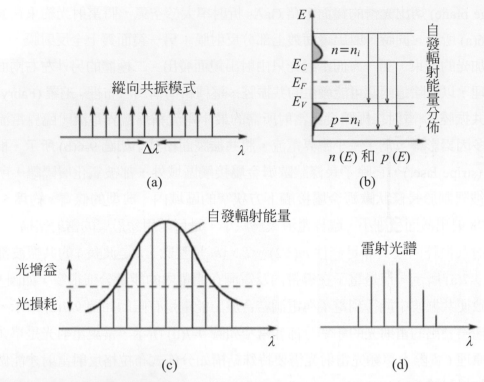

縱向共振模式

自發輻射能量分佈

自發輻射能量

光增益

光損耗

雷射光譜

(a)　(b)

(c)　(d)

▲圖 9-7　(a) 共振腔的縱向共振模式；(b) 自發輻射能量分佈；(c) 自發輻射能量分佈與共振模式；
(d) 雷射光譜

9-4　光感測器 (Photodetector)

9-4-1　p-n 光電二極體 (p-n Photodiode)

　　$p\text{-}n$ 光電二極體基本上是一個 $p\text{-}n$ 接面，當光信號入射至光電二極體的空乏區時，空乏區中的電場使光產生的電子電洞對 (electron-hole pair, EHP) 分離，產生光電流 I_p 流至外部負載如圖 9-8(a) 所示，光電流隨光強度增加而增加如圖 9-8(b) 所示。當光信號入射至光電二極體空乏區外一個電子與電洞擴散長度以內時，光產生的載子也會擴散進入空乏區，並漂移穿過空乏區到達另一側產生光電流。光電流的大小取決於光產生的電子電洞對的數目和載子的漂移速度。為了能在高頻下工作，元件空乏區必須足夠薄，以縮短渡越空乏區時間。若 $p\text{-}n$ 光電二極體加上反向偏壓，提高空乏區的電場強度，增加載子的漂移速度也可以提高工作頻率。另一方面，為了提高量子效率，元件空乏區又必須足夠厚，以增加入射光吸收量。因此，在頻率響應與量子效率之間必須有所取捨。注意，光感測器的量子效率 η (quantum efficiency) 是入射光子所能產生的電子電洞對數目，而發光二極體的量子效率為電轉換成光的比例。

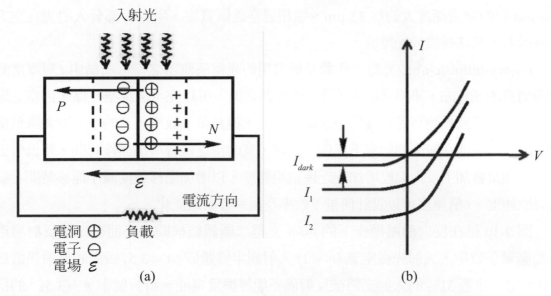

▲ 圖 9-8　光入射至 *p-n* 接面時，(a) 空乏區中的電場使光產生的電子與電洞流至外部負載，(b) 光電流隨光強度增加而增加

　　光電感測器的量子效率與波長的關係如圖 9-9 所示，η 隨著波長變短先增加再減小。當入射光波長長於截止波長 λ_c (對應半導體能隙的波長，例如鍺為 1.8 μm，矽為 1.1 μm)，半導體不吸收光，量子效率為零。當波長小於 λ_c 時吸收係數 α 值逐漸增加，同時入射光穿透深度逐漸變淺，光逐漸在表面附近被吸收，導致光產生的載子逐漸無法進入空乏區被分開，對光電流作貢獻逐漸減小，量子效率 η 隨波長變短而下降。

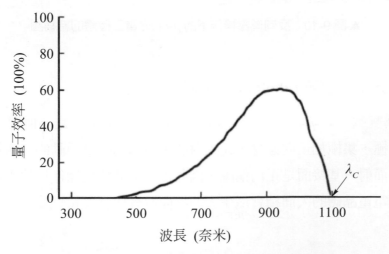

▲ 圖 9-9　光電二極體量子效率與波長的關係

9-4-2　p-i-n 光電二極體 (p-i-n Photodiode)

p-n 光電二極體在一般摻雜濃度下，空乏區寬度通常小於 1 μm，當入射光波長為 900 μm 時的穿透深度大約為 33 μm，遠超過空乏區寬度，所以大部分入射光在空乏區外吸收，無法轉換成光電流。

p-i-n(p-intrinsic-n) 矽光電二極體是最常用的光電感測器之一，結構中 *i* 層厚度的典型值為 5~50 μm，不摻雜的 *i* 層載子濃度非常低，可以完全成為空乏區，因空乏層足夠寬，在長波長也有足夠寬的空乏區吸收光，提升量子效率。寬的空乏區會降低接面電容，因而能在較高的頻率下工作。同時，寬的空乏區會增加漂移時間，降低響應速度，通常會加上反向偏壓增加空乏區電場強度，以增加漂移速度減小漂移時間，提高響應速度。*i* 層厚度可以設計使量子效率及頻率響應最佳化。

圖 9-10 是在反向偏壓操作下的 *p-i-n* 光電二極體結構圖，表面有一抗反射層用以提高量子效率，入射光從空氣 (*n* = 1) 入射到半導體矽 (*n* = 3.5) 表面的反射係數為 0.31，這意味著 31% 的入射光將被反射而不能轉換為電能，將折射率 *n* =(3.5)$^{1/2}$ 的抗反射層覆蓋於元件表面，可以使總反射達最小化，*n* = 1.9 的 Si$_3$N$_4$ 是一個不錯的選擇。

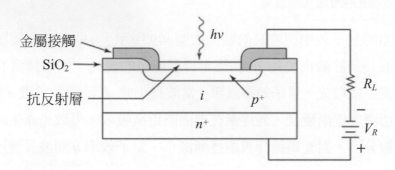

▲ 圖 9-10　反向偏壓操作下的 *p-i-n* 光電二極體的結構圖

9-4-3　光電電晶體 (Phototransistor)

圖 9-11 為雙載子 *n⁺-p-n* 光電電晶體的結構圖，基本上就是一個雙載子電晶體結構，相對於射極，集極加正向偏壓，光入射於大面積基極是浮動的，所以集－基接面是反向偏壓，而射－基接面是正向偏壓，因此光電電晶體是操作在放大模式下具有很高的增益，光電電晶體的大面積會產生大的接面電容使高頻特性變差。

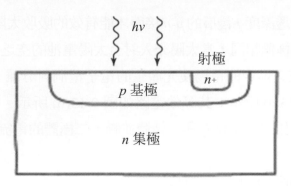

▲ 圖 9-11　n^+-p-n 光電電晶體的結構圖

入射光由反向偏壓大面積的基－集接面空乏區吸收，產生的電洞會流入 p 型基極，累積帶正電荷的電洞使基極電位升高 (電子位能降低)，增進 n 型射極電子的注入，使大量電流可以從射極經基極流入集極，這是光電電晶體的主要增益機制。

下面介紹一下與光電積體電路相關較不緊密的太陽電池。

9-5　太陽電池 (Solar Cell)

太陽電池種類非常多，應用非常廣泛，可以為人造衛星提供長期的電力，也是地球能源的一個重要選擇。太陽電池結構與光電二極體非常類似，與光電二極體不同之處在於它是大面積元件，且涵蓋的光譜 (太陽輻射) 範圍很寬，重視輸出功率而不須注意頻率響應。

這裡介紹最基本的 p-n 接面太陽電池如圖 9-12 所示，它有一個淺層的 p-n 接面，一個條狀連接指叉狀的正面歐姆接觸、整個背面的歐姆接觸，以及正面的抗反射層。

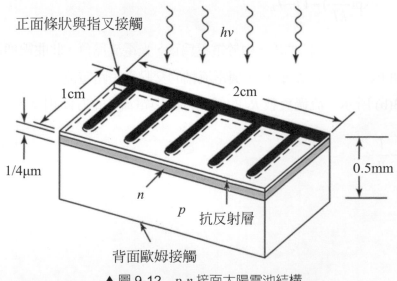

▲ 圖 9-12　p-n 接面太陽電池結構

　　受限於有限的穿透深度，淺層的 *p-n* 接面才能有效的吸收太陽光。輸出電位由 *p-n* 能帶決定。與光電二極體相同，當太陽光入射至太陽電池的空乏區內及空乏區外一個擴散長度以內時，空乏區中的電場使光產生的電子電洞對分離，產生光電流 I_p 流至外部負載 R_L 如圖 9-13(a) 所示，其等效電路如圖 9-13(b) 所示。太陽照射下的 *p-n* 二極體會產生光電流有如一恒流源 I_L 與二極體並聯，二極體的電流電壓方程式是

$$I_D = I_s \left[\exp(\frac{qV}{kT}) - 1 \right] \tag{9-1}$$

其中 I_s 是二極體的飽和電流，V 是二極體的電壓。

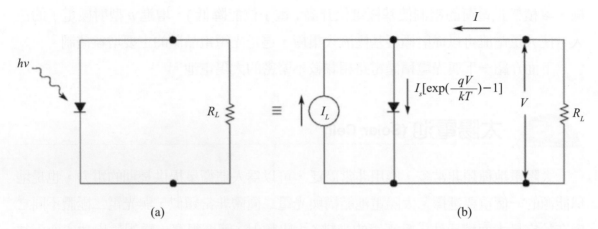

▲ 圖 9-13　(a)*p-n* 接面太陽電池在太陽照射下的電路圖；(b) 太陽電池理想化的等效電路

由圖 9-13(b) 得知

$$I = I_s \left[\exp(\frac{qV}{kT}) - 1 \right] - I_L \tag{9-2}$$

　　圖 9-14 所示為式 (9-2) 的曲線，由於電壓為正，光電流為負，此曲線通過第四象限，曲線與電壓軸的交點為開路電壓 V_{oc}，與電流軸的交點為短路電流 I_{sc}。

　　由圖 9-13(b) 所示，流過負載 R_L 的電流方向與電流 I 的方向相反。因此，

$$I = -\frac{V}{R_L} \tag{9-3}$$

斜率為 $-1/R_L$ 的負載線如圖 9-14 所示，式 (9-2) 和式 (9-3) 兩曲線的交叉點就是工作點，在該點處，負載與太陽電池具有相同的電流和電壓，選擇適當的負載，我們可以得到接近 $I_{sc}V_{oc}$ 乘積的 80%。圖 9-14 中陰影面積就是最大功率輸出 $P_m(= I_m \times V_m)$。$I_mV_m/I_{sc}V_{oc}$ 稱為填充因數 FF (fill factor)，

$$FF = \frac{I_mV_m}{I_{sc}V_{oc}} \tag{9-4}$$

就是最大功率矩形與 $I_{SC} \times V_{OC}$ 矩形面積之比，是太陽電池品質的重要指標，一個好的太陽電池填充因數在 0.8 左右。太陽電池另一個重要指標就是功率轉換效率 (η)

$$\eta = \frac{I_mV_m}{P_{in}} = \frac{FF \cdot I_{sc}V_{oc}}{P_{in}} \tag{9-5}$$

其中 P_{in} 為入射功率，其中 FF 為填充因數 (fill factor)。

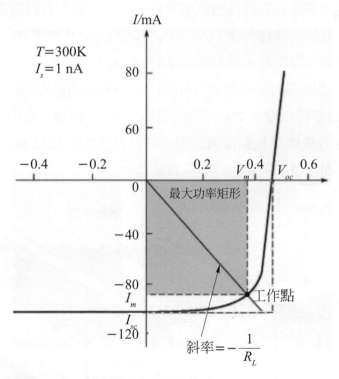

▲ 圖 9-14　太陽電池在光照射下的電流－電壓特性

為了提升矽太陽電池效率，有許多提升效率的結構發展出來，以光電轉換效率達 24.7% 的矽鈍化發射極背部局域擴散 (passivated emitter rear locally diffused-PERL) 電池為例如圖 9-15 所示，頂部形成倒金字塔結構，將垂直入射光以傾斜角度折射進入

電池內部，減少頂部表面的反射，可以降低短路電流損耗。用一層薄的熱氧化層來
"鈍化"矽頂部表面，減少表面複合，同時作為折射率 $n = 1.46$ 的抗反射層，可以
提高開路電壓。此外，背部金屬接觸與矽之間加一層氧化層具有比單一鋁層有更好的
背面光反射。目前，PERL 電池展現了高達 24.7% 的最高轉換效率。

　　串級太陽電池提升效率是另一重要發展結構，一個太陽電池無法吸收整個太陽光
光譜，不同的半導體能隙可以對應不同的光譜波段，串級幾個分別對應不同光譜波段
的太陽電池，短波段光會被上層能隙較大的電池吸收，而長波段光會被下層能隙較小
的電池吸收，可以增加太陽光光譜的吸收提升效率。目前串級太陽電池 (tandem solar
cell) 的效率可以達到 40%。

　　另一方面，為了降低傳統矽太陽電池的成本，非晶 (amorphous) 矽太陽電池使用
沉積非晶矽在大面積的玻璃基板上，非晶矽中需要摻雜氫原子填滿懸鍵 (a-Si:H) 才能
工作，量子效率較低為 6% 但有最低的製造成本。串級太陽電池提升效率的概念也用
於非晶太陽電池，非晶矽在較高溫沉積可以在非晶架構中有微型單晶體 μc-Si：H (E_g
= 1 eV)，能隙接近單晶矽 (E_g = 1.1 eV)，與非晶矽 a-Si：H 能隙 (E_g =1.7 eV) 差別很大，
兩者組合成串級型太陽電池，效率可以達到 14.5%。

　　利用鏡子與透鏡將太陽光聚光 (optical concentration)，也可以增加效率，聚光度
每增大 10 倍，效率可以增大 2%，若採用適當的抗反射層，在 1000 太陽下，效率可
增加 30%。聚光方法能以相對廉價的聚光材料及相關的跟蹤及散熱系統，取代昂貴
的太陽電池，從而使整個系統的成本降到最低。

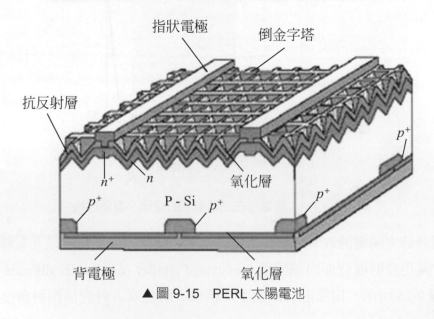

▲ 圖 9-15　PERL 太陽電池

第三篇　積體電路製程與設備

矽晶棒之生長

由矽砂提煉成純矽，用長晶法生長出矽晶棒，在長晶時摻雜質均勻分佈十分不易，晶棒缺陷影響晶圓特性。

10-1　原料配製 (Starting Materials)

　　在半導體積體電路及元件製造中所用的矽晶圓需使用非常純的矽，其外觀是平滑如鏡且呈圓形的薄片，一般稱為晶圓 (wafer)。晶圓尺寸大小由 2 吋、3 吋、5 吋、6 吋、8 吋及 12 吋，每一片矽晶圓都是單晶。除積體電路及元件製程相當複雜外，晶棒生長也是一相當複雜的製程。

　　在地球表面上矽是一含量豐富的材料。然而矽都是以化合物的形態存在，必須和其它元素分開才能供半導體使用。砂 (sand) 就是製造矽晶圓的原始材料，但雜質含量低於 1% 的矽礦才有使用價值，矽礦就是砂，也就是二氧化矽 (SiO_2)。下面就是半導體晶棒所用超純度矽材料的精製步驟。

步驟 1 二氧化矽 (砂) 和焦碳混合，在高溫下反應形成矽和二氧化碳。

$$SiO_2 + C \rightarrow Si + CO_2 \tag{10-1}$$

反應產生固體矽和容易排除的 CO_2 氣體副產品，此反應所產生的矽純度為 99%；與積體電路製程所要求的品質還差得遠，還需幾個步驟去掉不要的雜質。

<u>步驟 2</u> 矽和氯化氫反應形成

$$Si + 3HCl \rightarrow SiHCl_3 + H_2 \tag{10-2}$$

產品三氯氫化矽在室溫下是液體 (沸點 32°C)，因沸點低，故可用蒸餾法很容易去掉雜質純化之，產生高純度三氯氫化矽，供半導體晶圓製程使用。

<u>步驟 3</u> 三氯氫化矽在反應室中用適量氫氣還原產生超純度矽。

$$SiHCl_3 + H_2 \rightarrow Si + 3HCl \tag{10-3}$$

並沉積在一用電流加熱之矽晶棒上，產生超純度之多晶矽，如圖 10-1 所示。產生之多晶矽 (矽中包含許多不同方位的晶體)，一般稱為電子級矽 (electronic-grade silicon, EGS)，就可用做生長單晶棒製程中的原料了。

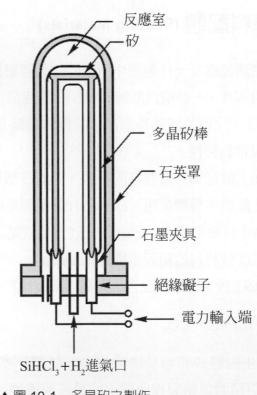

反應室
矽
多晶矽棒
石英罩
石墨夾具
絕緣礙子
電力輸入端
SiHCl$_3$+H$_2$進氣口

▲ 圖 10-1 多晶矽之製作

10-2　矽晶棒生長 (Silicon Ingot Growth)

　　有兩種方法用於單晶矽晶棒 (ingot) 生長，這兩種方法分別稱為柴可拉斯基法 (Czochralski) 和浮動區域法 (float zone)，常縮寫為 CZ 和 FZ。柴可拉斯基晶體生長法使用上節中所得的多晶矽放入石墨外罩的石英坩堝中加熱至熔點 1415°C(圖 10-2)，並由感應 (RF) 法或熱阻法加熱。坩堝在生長過程中須轉動以利溫度之均勻。在長晶棒時，晶體生長反應器 (puller) 中需通入氬氣，以防止熔融矽被污染。當矽之溫度穩定後，一拉桿下端夾著一長條狀矽柱 (長寬高尺寸約 1×1×10 公分) 慢慢降下直到接觸熔融矽的表面，這枝矽柱稱為晶種 (seed crystal)，是生長單晶矽晶棒的起始材料，拉桿與坩堝以相反方向旋轉。

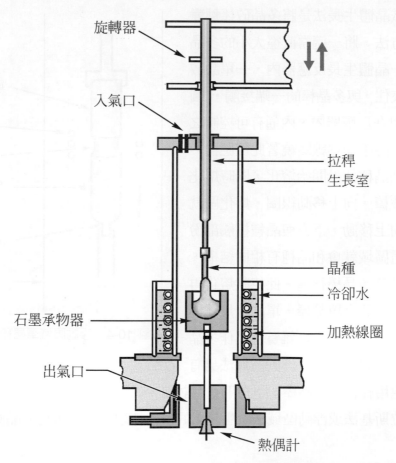

旋轉器

入氣口

拉桿
生長室

晶種
冷卻水

石墨承物器

加熱線圈

出氣口

熱偶計

▲ 圖 10-2　柴可拉斯基單晶矽晶棒生長系統

當晶種之底部開始熔入熔融矽中時，拉桿開始向上移動。當晶種慢慢抽出熔液，附著在晶種上之熔融矽就凝結固化，並以晶種的晶體結構生長。拉桿繼續向上移動，就形成一定尺寸的晶體。當坩堝中的熔融矽用完，晶棒生長就結束。精確控制坩堝溫度和坩堝與拉桿的旋轉速度，可精確控制晶棒的直徑大小。所需的摻雜質濃度可在晶棒生長前將摻雜質加入熔液中得到。坩堝中正在生長矽晶棒的狀況如圖 10-3 所示。

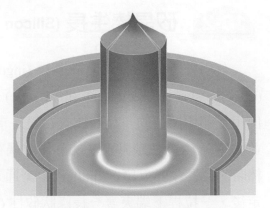

▲圖 10-3　正在生長之矽晶棒

浮動區域晶體生長法是將多晶矽棒轉變為單晶矽的方法，將一適當直徑大小的多晶矽棒固定於一晶體生長反應器內，一單晶矽晶種在下方夾住，與多晶棒的一端接觸，(圖 10-4)，此棒封在反應器內，內通有可控制之鈍氣，並有一感應加熱線圈繞著此反應器，此線圈從單晶晶種部份開始熔化，同時熔化一小段多晶矽棒。向上移動線圈，熔化區就沿此棒慢慢向上移動，下方與晶種接觸部份逐漸凝固，這區域就會和晶種有相同結構，當此熔融區沿著多晶棒行進，此棒就熔化再凝固，最後成為矽之單晶棒，單晶棒尺寸與多晶棒大約相同，所需之摻雜質由製作多晶矽時加入適當摻雜質而得。浮動區域法另有一最重要的應用在純化單晶棒，這在下章中討論。

由柴可拉斯基法或浮動區域法所生長出的單晶棒現在可用來切成晶圓了。

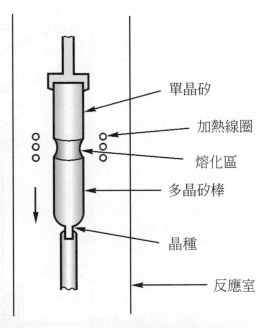

單晶矽

加熱線圈

熔化區

多晶矽棒

晶種

反應室

▲圖 10-4　浮動區域單晶矽晶棒生長系統

10-3 晶體生長時摻雜質之分佈
(Dopants Distribution in Crystal Growth)

用浮動區域法或柴可拉斯基法生長晶體，沿著晶體生長方向摻雜質之濃度分佈由所用的摻雜質材料和原有背景濃度 (background concentration) 而定。有一名詞 " 分離係數 "(segregation coefficient)k，可決定摻雜質在固相中濃度對在液相中濃度比：

$$k = \frac{C_s}{C_l} = \frac{\text{固相中摻雜質濃度}}{\text{液相中摻雜質濃度}} \qquad (10\text{-}4)$$

常用 n 型和 p 型摻雜質之分離係數如表 10-1 所示。

▼ 表 10-1　矽中摻雜質之分離係數

摻雜質	分離係數	摻雜質種類
磷 (P)	0.35	n 型
砷 (As)	0.3	n 型
銻 (Sb)	0.023	n 型
硼 (B)	0.8	p 型
鋁 (Al)	2.8×10^{-3}	p 型
鎵 (Ga)	8×10^{-3}	p 型
銦 (In)	3.6×10^{-4}	p 型

在柴可拉斯基法晶體生長中，由上表得知摻雜質分離係數小於 1，例如某一摻雜質 $k = 0.04$，若熔融液最初摻雜質濃度是 $10^{16}/\text{cm}^3$ 原子，所以晶體剛成長時之摻雜質濃度是 $0.04 \times 10^{16}/\text{cm}^3$ 原子，熔融液中的摻雜質濃度會隨晶體成長逐漸提高。$k = 0.04$ 時沿著晶體摻雜質濃度分布函數如圖 10-5 所示。一枝矽晶棒成長出來，其中的摻雜質濃度分佈是很難均勻的。由浮動區域法所生長的矽大略相同，熔融區由晶體一端行進至另一端時，在 $k < 1$ 時，摻雜質也就由一端趕至另一端，若該動作重複若干次，矽晶棒中雜質就會不斷的趕至另一端，矽晶棒就被純化。

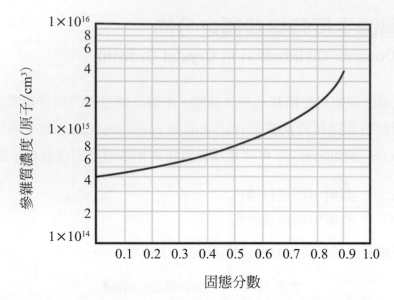

▲圖 10-5 柴可拉斯基法生長晶體摻雜質之分佈，熔融液中最初摻雜質濃度是 $10^{16}/cm^3$ 原子
　　　　 ($k = 0.04$)

10-4　晶體缺陷 (Crystal Defects)

　　矽和其它半導體所生長的晶棒 (ingot) 中都有許多晶體缺陷。這些缺陷會影響到晶圓製作，繼而影響到積體電路與元件製作的品質。晶體缺陷經常遇到的有：

1. 點缺陷：不同種類的原子進入晶格，或取代 (substitution) 矽原子，或介於 (interstitial) 矽原子間。矽原子自晶格消失形成空缺 (vacancy)。矽原子自晶格位置移入鄰近晶格間的位置形成法蘭克缺陷 (Frankel Defect)，如圖 10-6 所示。

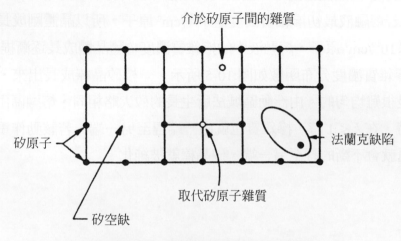

▲圖 10-6　簡單晶格中點缺陷之種類

2. 平面滑動 (slip)：由於晶體中一部份相對於它部份受到剪應力 (shear)，造成一部份相對於它部份永久變形，如圖 10-7 所示。

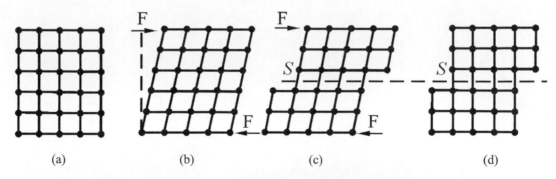

(a)   (b)   (c)   (d)

▲ 圖 10-7 受剪應力產生平面滑移之過程

3. 晶體差排 (dislocation)：晶體中一部份由於不平衡加熱或冷卻，晶體中局部區域產生平面滑動，在晶體結構上造成局部性缺陷，如圖 10-8 所示。

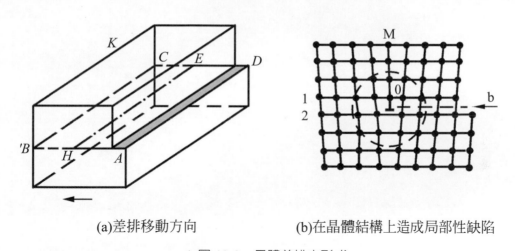

(a)差排移動方向   (b)在晶體結構上造成局部性缺陷

▲ 圖 10-8 晶體差排之形成

　　這三種缺陷和其它不常遇到的缺陷都可用特殊蝕刻液蝕刻顯示出。這種蝕刻液會沿著缺陷邊緣蝕刻，顯出缺陷的特性與程度。

　　由浮動區域法或柴可拉斯基法生長之矽，其中之缺陷幾乎可消除。然而，在爾後處理中常由於疏忽會再介入，例如晶圓在任何高溫處理步驟中不適當的加熱或冷卻，差排，滑移和其它缺陷都會介入，故其研究特別重要。

CH 11 矽晶圓之製作

矽晶棒經由切割、拋光成矽晶圓，矽晶圓有不同的方向，大面積晶圓可帶來更高的效益。

11-1 晶體方向 (Crystal Orientation)

在 IC 製造過程中矽晶圓的晶面 (plane) 方向是一很重要的參數。用來描述晶面方向的方法是用密勒指數 (Miller indices)。密勒指數是由晶面與 x、y 和 z 軸之交點決定。由下列步驟可由交點決定一晶面的密勒指數：

1. 找到晶面在 x 軸、y 軸、z 軸之交點 (即截距)，在三軸上是以晶格長度 a 定為單位長度。

2. 取三交點 (截距) 之倒數，再取其最小整數比，得到 h、k、l。

3. 用小括號括住 h、k、l，成為 (hkl)，即為晶面之密勒指數。

　　例如我們考慮圖 11-1 中晶面與 x 軸，y 軸，z 軸三軸相交，我們即可決定此晶面之密勒指數，此平面與軸交在 $x = 1$，$y = 1$ 和 $z = 1$，由上述之步驟求密勒指數為

1. 交點 1，1，1。
2. 倒數 1/1，1/1，1/1，即 1，1，1。取最小整數比為 1，1，1。
3. (111) 即為該晶面之密勒指數。

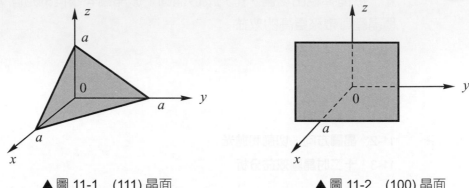

▲ 圖 11-1　(111) 晶面　　　　　　▲ 圖 11-2　(100) 晶面

　　平行此晶面之所有平面都是 (111) 面。(111) 面和晶體軸相交，其交叉部份構成一三角形，當在 (111) 晶圓表面蝕刻 (etch) 時會顯出三角形的坑 (pit)，或當晶圓摔碎時會成為三角形碎片。

　　假如我們考慮另一晶面交 x 軸在 $x=1$，與 y 或 z 軸不相交，如圖 11-2 所示，此晶面之密勒指數如下：

1. 交點 1，∞，∞。(基於數學理由，一平面與軸不相交可視為交此軸在無窮遠處 ∞)
2. 倒數 1/1，1/∞，1/∞，即 1，0，0，取其最小整數比 1，0，0。
3. (100) 即為該晶面之密勒指數。

　　晶面用密勒指數表達，由上例得知可除去∞，使面與面之間的數學運算得以進行，例如計算兩個晶面的夾角等，這也就是密勒指數表達法的優點。

　　(100) 面交晶體軸形成一四邊形，當蝕刻 (100) 晶面的晶圓表面時可形成四邊形的蝕刻坑，當打碎時 (100) 晶圓會成四邊形的碎片。

　　目前半導體元件及積體電路製造上都用 (100) 或 (111) 矽晶圓，所以其它方向不太重要。

　　再舉一例，假如一晶面交 x 軸在 $x = -1$，與 y 或 z 軸不相交，此晶面之密勒指數如下：

1. 交點 −1，∞，∞。
2. 倒數 −1/1，1/∞，1/∞，即 −1，0，0，取其最小整數比 −1，0，0。

3. ($\bar{1}$00) 即爲該晶面之密勒指數 (負號放在數字上方)。

　　若在圖 11-2 中，將 *XYZ* 軸向右旋轉 90 度，則 *X* 軸變爲 *Y* 軸，*Y* 軸變 *Z* 軸，*Z* 軸變爲 *X* 軸，(100) 平面變爲 (010) 平面。矽是立方結構，故六個面實際上是相同的，(100)、(010)、(001)、($\bar{1}$00)、(0$\bar{1}$0)、(00$\bar{1}$) 可用 {100} 表達之。

　　方向 (direction) 則定義爲與晶面垂直即法線方向，[100] 是與 (100) 垂直的方向，同樣的，在矽晶體中 [100]、[010]、[001]、[$\bar{1}$00]、[0$\bar{1}$0]、[00$\bar{1}$]，可用＜ 100 ＞表達之。矽晶體中一些主要的晶面與方向如圖 11-3(a)(b) 所示。

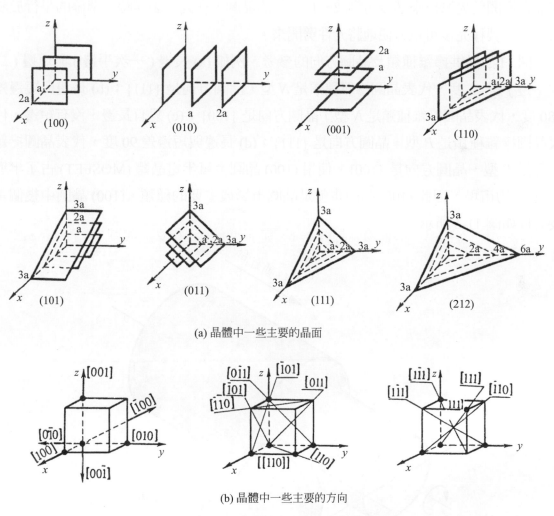

(a) 晶體中一些主要的晶面

(b) 晶體中一些主要的方向

▲ 圖 11-3　晶體中主要的晶面與方向

11-2　晶圓方向、切割和拋光

(Orientation、Sawing and Polishing)

　　矽單晶棒先磨成圓柱棒，如圖 11-4 所示。晶種已經決定了晶圓表面的晶體方向，X 光繞射法提供找出晶體各方向一個快速準確的方法。易劈面 (cleavage plane) 是晶圓上一個重要的參考，易劈面就是最容易劈開的晶面，[110] 面為矽之易劈面，因 [110] 晶面上原子密度最大所以晶面間原子密度相對最小，結合力最低容易劈開。易劈面是在晶棒鋸開前先磨出來然後再鋸成一片一片的晶圓，在元件製作時，準確的平行於易劈面上，製程完後可以方便地將元件劈開來。

　　圖 11-5 提供摻雜種類及晶圓方向的參考，例如 (a) 長邊 (一次平邊) 與短邊 (二次平邊) 差 45 度，代表晶圓摻雜種類是 N 型，晶圓方向是 {111}；(b) 長邊與短邊差 180 度，代表晶圓摻雜種類是 N 型，晶圓方向是 {100}；(c) 只有長邊，沒有短邊，代表晶圓摻雜種類是 P 型，晶圓方向是 {111}；(d) 長邊與短邊差 90 度，代表晶圓摻雜種類是 P 型，晶圓方向是 {100}。使用 (100) 晶圓金氧半電晶體 (MOSFET) 占了半導體 95% 的市場，因此 (100) 晶圓也就是晶圓市場最主要的種類，(100) 晶圓中幾個重要方向如圖 11-6 所示。

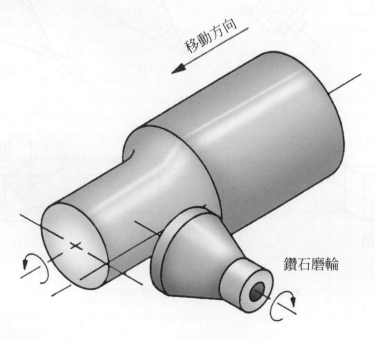

移動方向

鑽石磨輪

▲ 圖 11-4　單晶矽棒磨成圓柱形

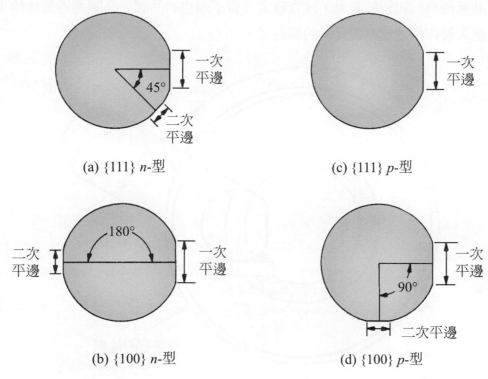

(a) {111} *n*-型   (c) {111} *p*-型

(b) {100} *n*-型   (d) {100} *p*-型

▲圖 11-5　各類形狀的矽晶圓

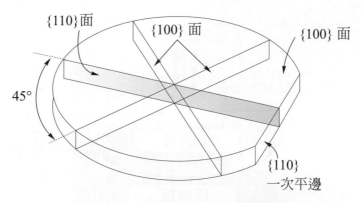

▲圖 11-6　100 晶圓中的幾個重要方向

　　矽單晶棒使用環狀鋸刀鋸成晶圓如圖 11-7 所示，該鋸刀口鑲著鑽石粉使其易於切開堅硬的矽材，鋸時要小心儘量減少損失。鋸開後必須磨除晶圓兩面產生的鋸痕，晶圓放在一研磨板 (polish) 上，用蠟或真空固定住，研磨板再放在拋光機上將晶圓一面磨成像鏡子一樣光滑，如圖 11-8 所示，要小心除去在鋸開過程中引起的任何損傷，否則製造積體電路將難以成功。拋光過程中同時使用化學蝕刻劑與機械拋光，拋光墊子必須堅韌耐用,當晶圓達到適當厚度和表面品質時,研磨板取下,移下晶圓,再徹底清理晶圓使無污物留於其上,檢查確定沒有不理想的晶圓。晶圓通過最後檢查,就可開始進入製作積體電路與元件的製程了。

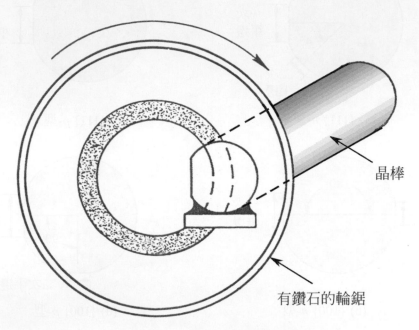

晶棒

有鑽石的輪鋸

▲圖 11-7　鑲鑽石粉之環狀鋸刀

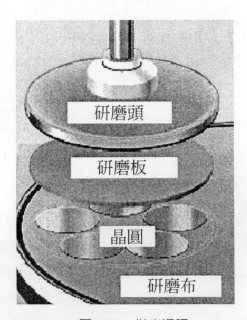

研磨頭

研磨板

晶圓

研磨布

▲圖 11-8　拋光過程

11-3　十二吋晶圓效益分析 (Benefit Analysis of 12 Inch wafer)

　　晶圓由 2 吋、4 吋、5 吋、6 吋一路發展變大，今天為什麼要使用十二吋晶圓取代八吋晶圓呢？從晶圓面積大小而言，十二吋 (或 300 mm) 晶圓的面積是八吋 (或 200 mm) 晶圓的 2.25 倍，相同的產品在產能一樣的條件下，十二吋廠的晶粒 (chip 或 die) 產能是八吋廠的 2.25 倍。若扣除晶圓邊緣 5 mm 的面積，並考慮晶粒大小與佈圖安排，則其比例可高達 2.4 倍左右。這是因晶圓面積大小直接帶來的效益。

　　同樣產能的十二吋廠和八吋廠，二者的運轉成本比例又如何呢？積體電路的生產成本大致可分為：機器設備、材料、人事、水電等。其中機器設備所占的比例可達成本的 30% 到 50%，材料占 10% 到 20%，其它占 30% 到 50%，實際比例會因產品及製程不同而有所變化。同一類型的機器成本，十二吋約是八吋的 1.5 倍，材料的消耗約 2 倍，其餘沒有多大差異。故運轉成本十二吋約是八吋的 1.5×50% + 2×20% + 1×30% = 1.45 倍。

　　也就是說在相同產品，相同晶圓產能下，十二吋廠投資約高於八吋 45%，但晶粒 (chip) 產量可增加 140%，也就是利潤約高 100%。若考慮另一種情形：因為十二吋設備比較先進，所以通常十二吋廠所生產的產品比八吋廠還要先進，自然產品的單價也較高，也就是利潤更高。當然製程的複雜度及製造的困難度也比較高、成本的增加是可預期的，可預期的是未來晶圓尺寸會更大。

CH 12 化合物半導體晶棒生長

化合物半導體由兩個以上元素組成，種類繁多，每個元素的蒸氣壓大不相同，造成生長晶棒的困難。不同的化合物半導體晶棒有不同的生長方式與條件，有與矽單晶棒類似的，也有差異甚大的。

半導體經歷了三代的發展階段：第一代以矽 (Si)、鍺 (Ge) 為主；第二代以砷化鎵 (GaAs)、磷化銦 (InP) 等化合物為主；第三代以氮化鎵 (GaN)、碳化矽 (SiC) 等寬能隙半導體為主。

GaAs 具有直接能隙與高電子遷移率，除用於光電元件外，在高頻領域有優異的性能，廣泛應用於手機、無線區域網路等。GaN 具有直接能隙、高電子飽和速度及寬能隙，除用於藍光發光元件外，廣用於高頻與高功率元件。SiC 具有寬能隙與高散熱性，可以應用至更高電壓功率元件，大幅減少晶片面積，簡化周邊電路設計。本章的目的在於介紹 GaAs、GaN 與 SiC 半導體晶棒的生長。

12-1 砷化鎵晶棒生長 (Gallium Arsenide Ingot Growth)

有兩種技術可以生長砷化鎵：柴可拉斯基法 (Czochralski) 與布理基曼技術 (Bridgeman technique)。早期大部分的砷化鎵是以布理基曼技術生長的，隨著柴可拉斯基法的成熟及大尺寸的砷化鎵晶圓的需求，佔據了大半的市場。

和單一元素矽不同，砷化鎵是由砷及鎵兩種元素組成的，組合行為可以用 "相圖 (phase diagram)" 來描述。相是一種物質可能存在的狀態 (如固相、液相或氣相)。相圖表示不同溫度下兩個構成元素間 (砷和鎵) 的關係。圖 12-1 是砷化鎵系統的相圖，縱坐標表示溫度，橫坐標表示兩個構成元素的組成比，下刻度為原子百分比，上刻度為質量百分比。溫度在液相線 (liquidus line) 以上，任何組成均為熔融態。溫度在液相線以下，開始有砷與鎵原子比為 1：1(即圖中間垂直的固相線) 的砷化鎵固態析出。左半部鎵多，可以視為砷溶在鎵中，砷為溶質鎵為溶劑，右半部砷多，可以視為鎵溶在砷中，鎵為溶質砷為溶劑。例如在右半部有一初始組成比為 x 的熔融態 (圖 12-1 中砷原子 85%)，當溫度下降時，它的組成維持固定一直到達液相線。在 $(T_1，x)$ 點，砷原子百分比為 50% 的材料 (即砷化鎵) 將開始凝固析出。

在圖 12-1 左半部由高溫熔融態降溫行為是相同的。考慮一初始組成比為 C_m(質量百分比) 的熔融態，從溫度 T_a(在液態線上) 冷卻到 T_b，有多少比例的熔融體將被凝固？

在 T_b，M_l 是液體的質量，M_s 是固體的質量 (即砷化鎵)，C_l 和 C_s 分別是液體和固體中砷的濃度。因此，砷在液態和固態的質量分別是 $M_l C_l$ 和 $M_s C_s$。在液相線以上因為砷的總質量為 $(M_l + M_s)C_m$，我們可以得到

$$M_l C_l + M_s C_s = (M_l + M_s)\,C_m \text{ 或 } M_s\,(C_s - C_m) = M_l\,(C_m - C_l)$$

$$\frac{M_s}{M_l} = \frac{T_b \text{時 GaAs 的質量}}{T_b \text{時液體的質量}} = \frac{C_m - C_l}{C_s - C_m} = \frac{s}{l}$$

其中 s 和 l 分別是 C_m 到液相線和固相線的長度。由圖 12-1 可知，約 10% 的熔融體將凝固。溫度繼續下降，l 不變，s 逐漸變大，愈多的砷化鎵生長出來。

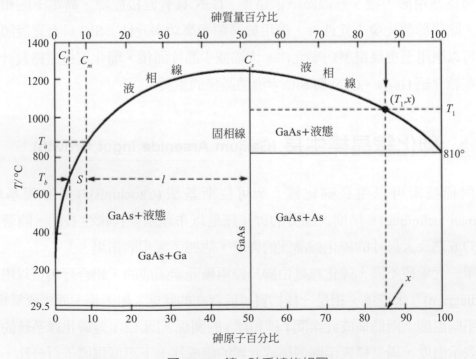

▲ 圖 12-1　鎵 - 砷系統的相圖

柴可拉斯基法生長砷化鎵，基本的長晶設備和矽相同，矽在熔點時有相對較低的蒸氣壓 (在 1412°C 時約為 10^{-6} atm)，砷在砷化鎵的熔點 (1240°C) 有超過 5 個數量級的蒸氣壓。為了防止砷化鎵在長晶過程中砷自熔融體逸失，採用液體密封法，利用約 1cm 厚的液態氧化硼 (B_2O_3) 將熔融體表面密封起來，防止砷自熔融體逸失。因為氧化硼會溶解二氧化矽，所以須使用石墨坩堝來取代石英坩堝。生長砷化鎵晶體時，鎘和鋅用作 p 型摻雜材料，而硒、矽和銻則用作 n 型摻雜材料。對於半絕緣性砷化鎵，生長時是不摻雜的。

　　圖 12-2 是用來生長單晶砷化鎵的雙溫區爐管的布理基曼系統。石英材料爐管是密封的，砷置於石英管的左邊，溫度保持在約 610°C 來維持石英管中所需砷的過壓狀態，防止砷化鎵分解。而右溫區溫度保持略高於砷化鎵的熔點 (1240°C)。舟由石墨做成，石墨舟裝載多晶砷化鎵原料。在舟的左端放置種晶，以利於單晶生長及建立特定的生長晶向。

　　當爐管往右移動時，砷化鎵熔融液的一端逐步冷卻 (凝固)，使得單晶開始在固液界面沿著種晶生長，直到單晶砷化鎵生長完成。生長速率由爐管移動的速率決定。由於砷化鎵熔融液表面是水平的，所以布理基曼法生長的砷化鎵晶棒非圓柱形，切出的晶圓也非圓型，在製作積體電路時，不適合量產設備。

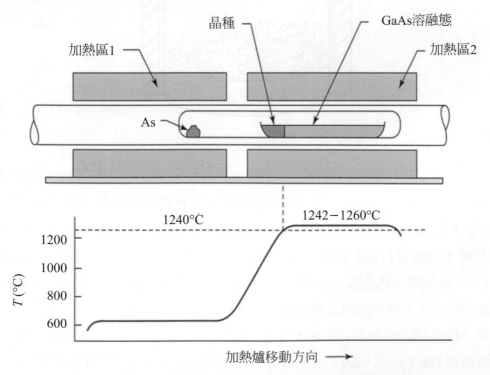

▲ 圖 12-2　生長單晶砷化鎵的布理基曼技術和爐管的溫度分佈

12-2   氮化鎵晶棒生長 (Gallium Nitride Ingot Growth)

目前生長氮化鎵晶棒 (ingot) 技術十分不成熟，在此介紹最具潛力的熱氨法 (ammonothermal)。熱氨法生長系統如圖 12-3 所示，使用一個封閉高壓鍋 (autoclave)，外部加熱器分為兩個區域，其內懸掛有 GaN 晶種，用氨水作為溶劑，在高溫 (400~600°C) 高壓 (100~400 MPa) 下將 Ga 或多晶 GaN 溶質溶解於氨水中，下半部維持在較高溫度，將溶質經由對流傳輸至晶種區，在適當的較低溫及壓力下溶質在晶種區達到過飽和，在 GaN 晶種上結晶長成晶棒。熱氨法在封閉系統溶液中生長，雜質與缺陷是問題，目前尚在開發階段。

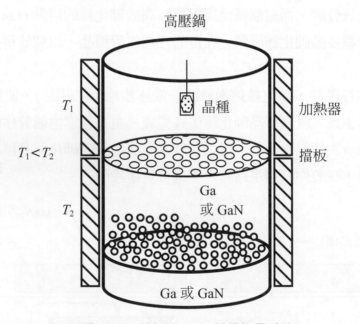

▲ 圖 12-3　熱氨法 GaN 單晶生長系統

由於氮化鎵晶棒生長技術尚在開發階段，目前氮化鎵晶圓是使用氫化物氣相磊晶法 (hidride vapor phase epitaxy, HVPE) 來製備的，先在藍寶石基板上使用成熟的有機金屬化學氣相沉積法 (metal-organic chemical vapor deposition, MOCVD) 上生長高品質 GaN 磊晶膜，由藍寶石基板剝離 GaN 磊晶膜作為晶種，再使用生長快速的 HVPE 生長厚的 GaN 磊晶膜作為晶圓，HVPE 生長速度高達 100 μm/hr，是量產 GaN 晶圓 (非晶棒) 最好的方法，其缺點是在排氣系統會有氯化物沉積物不易處理，生長系統如圖 12-4 所示。HCl 通入後與 Ga 熔融液形成 GaCl，反應溫度保持在約 850°C，NH_3 直接進入下游區與 GaCl 形成 GaN，反應溫度保持在約 1100°C，反應方程式如下：

$$Ga + HCl \rightarrow GaCl + 1/2H_2 \qquad\qquad (12\text{-}1)$$

$$GaCl + NH_3 \rightarrow GaN + H_2 + HCl \qquad\qquad (12\text{-}2)$$

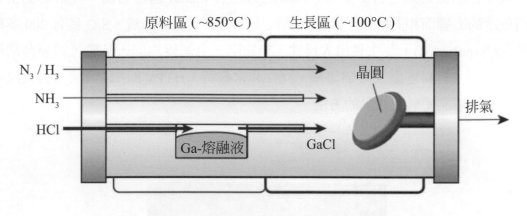

▲圖 12-4　HVPE 生長系統

12-3　碳化矽晶棒生長 (Silicon Carbide Ingot Growth)

SiC 長晶技術包含高溫物理氣相沉積法 (high temperature physical vapor transportation，HTPVT)，與高溫化學氣相沉積法 (high temperature chemical vapor deposition，HTCVD) 兩種。

12-3-1 高溫物理氣相沉積法 (HTPVD)

SiC 高溫物理氣相沉積法也稱為昇華 (sublimation) 生長法，是使用物理氣相傳輸 (physical vapor transportation，PVT) 的昇華技術，如圖 12-5 所示。在高溫低壓及保護氣氛下於石墨坩堝中，SiC 原料以碳化矽粉末作為固態蒸發源，以射頻感應加熱線圈 (RF coil) 加熱石墨蒸發室，其溫度約為 2400°C，由蒸發室將 SiC 原料昇華成 Si_2C、SiC_2 和 Si 揮發性分子等蒸氣如方程式 (12-3)(12-4)(12-5)，經由質量傳輸，成長於 SiC 晶種表面形成碳化矽晶錠，碳化矽晶體成長溫度約為 2200°C，成長速率可以達到約 0.1 ～ 2 mm/hr，遠低於矽，價格昂貴。

$$SiC(s) \rightarrow Si(g)+C(s) \qquad\qquad (12\text{-}3)$$

$$2SiC(s) \rightarrow SiC_2(g)+Si(g) \tag{12-4}$$

$$2SiC(s) \rightarrow C(s)+Si_2C(g) \tag{12-5}$$

　　碳化矽晶體是以平行 c 平面 (1000) 之方位 (c-plane) 進行切割，後續的加工製程因為硬度的影響而相對困難，因此其產能十分有限，價格昂貴。SiC 具有 200 多種相近的晶態 (polytype)，要生長出大尺寸、無缺陷、全區皆為同一晶態，需要非常精確的熱場控制、材料匹配及經驗累積，條件非常嚴苛。HTPVT 法為目前生長大尺寸、高品質 SiC 單晶體最為成熟的方法。

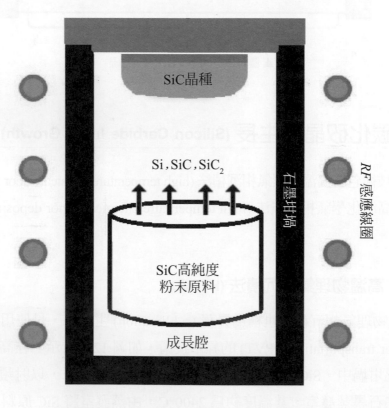

▲ 圖 12-5　SiC 單晶生長高溫物理氣相沉積法

12-3-2 高溫化學氣相沉積法 (HTCVD)

　　HTCVD 法如圖 12-6 所示，在攝氏 1500 至 2500 度的高溫下，導入高純度的矽烷 (silane；SiH_4) 作為矽的原料，乙烷 (ethane) 或丙烷 (propane) 作為炭的原料，或氫氣 (H_2) 等稀釋氣體，在生長腔內進行反應，先在高溫區形成碳化矽前驅物 Si_xC_y，再經由氣體帶入低溫區的晶種沉積形成單晶，生長速率可以達到 0.3 ～ 0.6 mm/hr，高純度的原料及摻雜質原料可以連續供應生長是 HTCVD 技術的優點。然而，HTCVD 技術必須精準的控制各區的溫度、各種氣體的流量、以及生長腔內的壓力，才有辦法得到品質精純的晶體，因此在產量與品質上仍待突破。

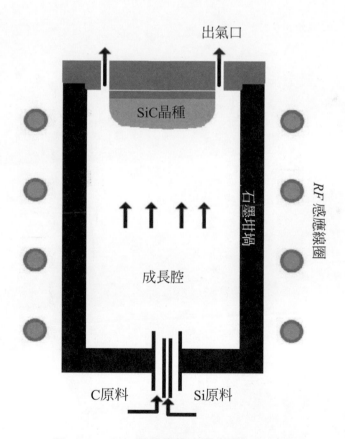

▲ 圖 12-6　SiC 單晶生長高溫化學氣相沉積法

12-3-2 高溫化學氣相沉積法 (HTCVD)

矽磊晶生長

高效能元件結構中需要磊晶膜，矽磊晶膜生長機制與晶棒生長十分不同，控制參數繁多影響磊晶膜品質至鉅。

13-1 磊晶膜

13-2 矽磊晶生長

13-3 矽磊晶膜生長程序

13-1 磊晶膜 (Epitaxial Layer)

磊晶成長 (epitaxial growth) 就是在單晶基板 (substrate) 上長上一層單晶膜 (single crystal layer)，這層單晶膜稱為磊晶膜 (epilayer)。此基板經常但不一定與生長之磊晶膜有相同材質及組成。磊晶膜與基板是相同材質時稱為同質磊晶生長 (homoepitaxial growth)，磊晶膜與基板是不同材質時稱為異質磊晶生長 (heteroepitaxial growth)。因此，磊晶膜的晶體結構是基板晶體結構的延伸。

在製造矽二極體和電晶體中，使用磊晶成長可使元件有較高的速度，崩潰電壓，或電流處理能力，說明如下：在獨立 (discrete) 元件二極體製程中，使用高摻雜濃度矽基板做為起始材料，對電流而言有較低的串聯電阻，但高濃度會產生較低的反向接面崩潰電壓 (PN 接面崩潰電壓與摻雜質濃度成反比)，故在實際製造接面時在高摻雜濃度基板上生長一層同樣導電型含摻雜質較少的磊晶層，一方面可以有較低的串聯電阻，一方面可以有較高的崩潰電壓，達到較佳功效。以這種方法製作的二極體之橫剖面如圖 13-1 所示。符號 n^+ 代表摻雜濃度很高的 n 型區，濃度約在 $10^{19} \sim 10^{20}$ cm^{-3}。符號 n 代表摻雜濃度中等的 n 型區，濃度約在 $10^{16} \sim 10^{18}$ cm^{-3}。另外常用符號 n^- 代表摻雜濃度很低的 n 型區，濃度約在 $10^{14} \sim 10^{15}$ cm^{-3}。p^+、p、p^- 符號對 p 型區有同樣的表達意義。

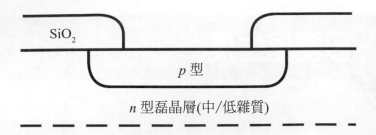

▲ 圖 13-1 用磊晶矽製造之二極體橫剖面圖

　　獨立元件雙載子電晶體可以用類似的方法製造，用磊晶層做為需摻雜質較低的集極區，使集極與基極之 *P-N* 接面可以得到較高的崩潰電壓，再用擴散法製作基極與射極，圖 13-2(a) 所示即為以此法製造的電晶體。磊晶層也可以用於如圖 13-2(b) 所示結構中，此時磊晶層做為電晶體的基極，射極在下一步用高溫擴散形成。

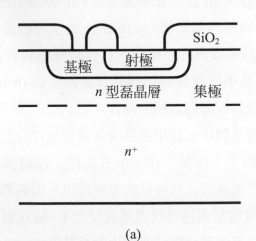

(a)

▲ 圖 13-2 用磊晶矽製作電晶體橫剖面圖

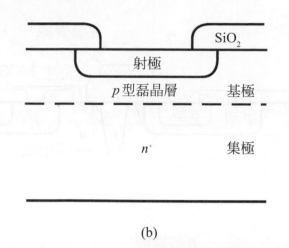

(b)

▲圖 13-2　用磊晶矽製作電晶體橫剖面圖 (續)

　　積體電路中雙載子電晶體之剖面結構如圖 13-3 所示，以雜質濃度低 (通常約 10^{16} cm^{-3}) P 型矽晶圓做為基板，在上面長上一層摻雜濃度低 N 型磊晶膜做為集極。生長相反導電型磊晶膜之目的是以 P-N 接面與基板形成電性隔離。在大部份情況中，磊晶膜生長前，在基板表面先擴散一個與磊晶膜導電型相同且摻雜質濃度很高 (約 10^{18} cm^{-3}) 的 n^+ 區域稱為埋藏層 (buried layer)，其摻雜質導電型與磊晶膜相同，且摻雜質之濃度很高 (約 10^{18} cm^{-3})，形成集極區中的一條低電阻路徑。兩相鄰電晶體間在 N 型磊晶膜中擴散一 P 型區 (稱為隔離區) 形成電性隔離。在此必須注意一點，所有電隔離都是以 P-N 接面逆向偏壓方式處理，其中有寄生之 MOS 電晶體，故積體電路中導線上電壓分佈需要留意，勿使 MOS 電晶體開啟。也因為使用 P-N 接面隔離，故寄生電容大，該種積體電路速度有限制，現代的電性隔離都以二氧化矽絕緣物取代圖 13-3 中之 P 型區為之。若以雜質濃度低 (通常約 10^{16} cm^{-3}) N 型矽晶圓做為基板，則在後續導電型結構相反。

　　矽磊晶成長除用在矽材獨立元件與雙載子積體電路之製程中，目前更廣用於單載子 (unipolar) 金氧半 (MOS) 積體電路之製程中以改進其穩定度，如閂啟 (latch-up) 現象等。磊晶成長的另一重要應用是製造化合物半導體相關的發光二極體 (light-emitting diode)、雷射二極體 (laser diode) 等，其原理與製程在其它章中介紹。

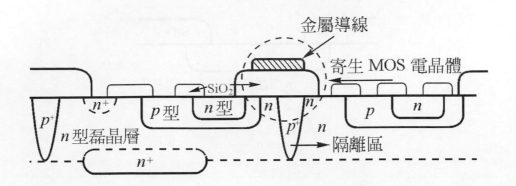

▲ 圖 13-3 雙載子積體電路剖面圖

13-2 矽磊晶生長 (Silicon Epitaxy)

磊晶生長必須滿足兩個條件。第一，在基板表面具有或造成可用的位置以供磊晶原子結合，成為基板晶體結構的延伸，這樣的位置稱為結核位置 (nucleation site)，結核位置是否適當，會強烈影響到磊晶生長的初期速率和品質。第二，磊晶原子必須到達基板表面，並找到一晶格位置填入。此兩條件將分開來便於討論，但實際上此兩條件是不能分的。

13-2-1 結核位置之備製 (Preparation of Nucleation Sites)

基板磊晶前，結核位置可在放入反應器前先備製，或在放入反應器後引發產生。不論何種情況，結核位置備製之成功與否和基板晶面方向有強烈的關係。幾乎在所有的矽磊晶成長中，基板都是偏離主軸 3° ～ 7°，如此可將晶面層次的邊緣相繼曝露出來如圖 13-4 所示，當磊晶原子落在基板晶面，接受熱能移動至台階處，受到下面及旁邊兩個鍵吸引，將磊晶原子鍵結住，磊晶依此模式成長。圖 13-5 是基板晶面方向自 (111) 面偏向角度對矽磊晶之沉積速率之關係。

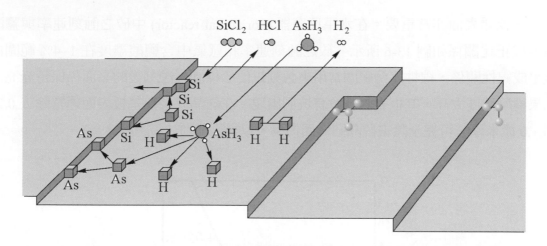

▲ 圖 13-4　基板表面台階供磊晶原子接合

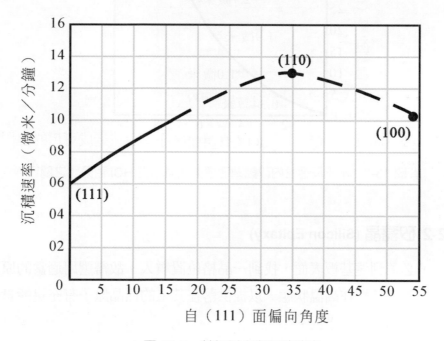

▲ 圖 13-5　基板偏向與沉積速率

　　將基板放入反應器前為增加結核位置，先使用蝕刻液蝕刻矽晶圓。氫氟酸和硝酸混合液是常用的矽蝕刻液。然而，得到適當結核位置最常用的方法是在磊晶成長開始前通入鹽酸 (HCl) 氣體，鹽酸可蝕刻掉矽基板最表面一層，因此可除去晶片表面上存在的任何損傷 (damage)，及氧化物 (矽晶圓清洗乾淨後即刻長出一層二氧化矽，約 50 埃左右，二氧化矽為非晶結構，磊晶成長不易在非晶結構上發生)。除去此層後的表面很適於矽之磊晶成長，在反應器內之蝕刻，稱為現場蝕刻 (in-situ etching)，對晶圓有一乾淨表面非常重要。在水平反應器 (horizontal reactor) 中矽之蝕刻速率與鹽酸濃度成正比關係如圖 13-6 所示。矽之蝕刻速率和氫氣中含鹽酸濃度在 1~4% 範圍內幾乎成線性關係，線性比例範圍常用來蝕刻以便於控制，蝕刻後的晶面仍保持光亮。如果鹽酸濃度太高，基板表面就會有坑洞出現。在磊晶成長前基板表面通常除去 0.25 到 1.0 微米厚，可完全除去矽晶圓表面損傷，以得高品質之磊晶膜。

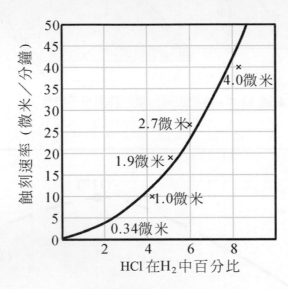

▲ 圖 13-6　水平反應管內矽蝕刻速率對氫氣中含 HCl 百分比之關係

〰 13-2-2 矽磊晶 (Silicon Epitaxy)

磊晶原子必須到達基板表面，找到一晶格位置填入。故需選用適當的原料以產生矽磊晶原子，並使基板在高溫狀態，以提供落在其上的磊晶原子有充足能量移動至結核位置，找到一晶格位置填入。

若使用真空沉積法 (vacuum deposition) 生長磊晶得小心控制沉積條件，其中之濺射 (sputtering) 或蒸著 (evaporation) 技術是可能得到磊晶矽的。然而，低沉積速率和不易得到高品質磊晶膜，使這些技術不能商用化。

氣相生長 (vapor phase growth) 磊晶矽可用四氯化矽 ($SiCl_4$)、矽甲烷 (SiH_4)、三氯氫化矽 ($SiHCl_3$)、二氯二氫化矽 (SiH_2Cl_2)，或其它化合物原料生長出來。然而，只有前兩種原料廣用於工業磊晶成長中，故特別討論它們的特性。

13-2-3 四氯化矽之氫還原 (Hydrogen Reduction of Silicon Tetrachloride)

　　四氯化矽有足夠高純度的原料供商業使用，可生長出高品質低雜質磊晶膜。四氯化矽使用時之溫度要維持在 0°C 左右以液體狀態存在，以氫氣為載氣，氫氣通過時會帶出四氯化矽以供生長用，氫氣中含有四氯化矽之濃度由其氫氣流速和四氯化矽之溫度決定，溫度對四氯化矽蒸汽壓的影響如圖 13-7 所示。

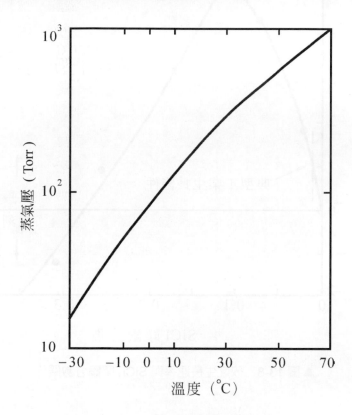

▲ 圖 13-7　SiCl₄ 蒸汽壓與溫度關係

　　使用四氯化矽原料，要得到高品質的磊晶膜，其生長溫度通常在 1150~1300°C，這樣高的溫度會使已存在晶圓中的摻雜區再擴散，必須盡量避免。磊晶成長之化學反應是：

$$SiCl_4(g) + 2H_2(g) = Si(s) + 4HCl(g) \tag{13-1}$$

如果四氯化矽通入過量，則相反的蝕刻反應就會在基板上發生而蝕刻矽：

$$Si(s) + SiCl_4(g) = 2SiCl_2(g) \tag{13-2}$$

這些反應之淨反應結果如圖 13-8 所示。當 $SiCl_4$ 摩爾分數高過 0.27 時，就得不到矽磊晶成長，而開始蝕刻。

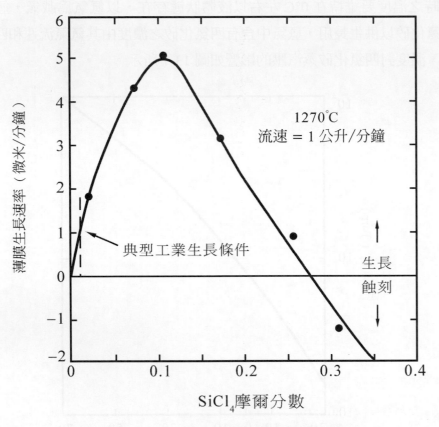

▲ 圖 13-8　矽之生長速率與 $SiCl_4$ 摩爾分數關係

13-2-4 矽甲烷之熱分解 (Pyrolysis of Silane)

矽甲烷與空氣接觸會發生自燃，燃燒後產生二氧化矽粉末，人吸入會阻塞呼吸道，產生窒息，使用時要特別注意安全，通常矽甲烷用氫氣或氮氣稀釋儲存於鋼瓶中。矽甲烷或矽甲烷／氫氣混合物直接通入反應管內在高溫下產生下列反應：

$$SiH_4(g) = Si(s) + 2H_2(g) \tag{13-3}$$

此反應生長速率與溫度之關係如圖 13-9 所示。使用矽甲烷來進行矽之磊晶成長，其操作溫度在 1000~1100°C。這樣的生長溫度比使用四氯化矽的生長溫度低，對已存在晶圓中之高濃度摻雜區所產生的擴散現象也低。在超大型積體電路 (VLSI) 製程中因縮小化對尺寸要求愈來愈小，故磊晶成長偏好較低溫之矽甲烷製程。

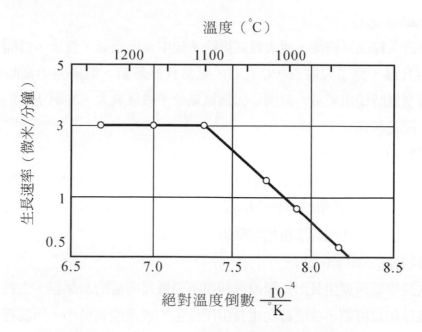

▲ 圖 13-9　使用矽甲烷，矽之成長速率與溫度關係

13-3　矽磊晶膜生長程序 (Growth Process of Si Epitaxial Layer)

磊晶生長的一般程序如下：

1. 晶圓之清洗 (wafer cleaning)

晶圓先用溶劑清洗，包含物理性的擦洗 (scrubbing)，以除去基板表面的油脂、雜質、顆粒；按著一連串酸洗步驟 (H_2SO_4，HNO_3：HCl，和 HF 是常用的酸類)，以除去基板表面的缺陷，如刮傷等，最後用純水除去殘留酸液，再將其乾燥 (drying)，即可送入磊晶反應器。清洗是非常重要的，因任何殘留顆粒、缺陷，將使磊晶膜產生瑕疵 (defects)。

2. 放入晶圓 (wafer loading)

晶圓清洗手續完成以後，特別注意不要再碰到晶圓的正面 (front side)，不要使晶圓離開有過濾乾淨空氣流過之區域，要處理移動晶圓時，使用真空吸棒吸附晶圓的背面是個很好的方法。當要將晶圓放置在晶圓承物器 (holder，susceptor) 上時，勿使承物器上的顆粒跑到晶圓正面，承物器清洗乾淨是十分重要的。

3. 升溫 (heating-up)

　　將晶圓置入磊晶系統後，通入氮氣排除系統中殘留空氣。然後，打開反應管加熱系統，開始升溫，到了大約 500°C 左右，氫氣代換氮氣，準備開始磊晶生長。排除系統中殘留空氣時使用氮氣的原因是因為氮氣分子較氫氣大，沖刷空氣的能力較強，效果較佳，同時較為安全。

4. 鹽酸蝕刻 (HCl etching)

　　升溫過程中，用光學測溫計 (optical pyrometer) 或其它方法檢查溫度是否適當，待至恰當溫度時，先用鹽酸蝕刻一層晶圓，除去晶圓表面的損傷，蝕刻要小心控制，不使其上元件已製作完成的部份如埋藏層等受到影響。

5. 磊晶生長 (epitaxial growth)。

　　磊晶生長步驟是要生長出一層厚度與電阻係數為所需的磊晶膜，生長磊晶膜之厚度由生長條件加以控制，並使每次生長中所產生的誤差達到最小。所需摻雜質濃度由加入少許摻雜質氣體於主氣流中得到，砷摻雜一般用氫化砷 (AsH$_3$) 氣體，磷摻雜一般用氫化磷 (PH$_3$) 氣體，硼摻雜一般用氫化硼 (B$_2$H$_6$)，氣體摻雜原料較液體方便。磊晶膜摻雜質濃度是摻雜質與矽比例之函數。

6. 降溫 (cooling-down)

　　磊晶生長程序完畢後，降低溫度，此時氫氣仍在流通，在 500°C 左右，氣體由氫氣換為氮氣，繼續完成降溫程序。

7. 取出晶圓 (unloading)。

　　取出晶圓與放入晶圓要同樣小心，最佳步驟是立刻將晶圓氧化使其表面免於污染。

矽磊晶系統的設計不僅與量產能力有關，並且與磊晶品質有關。

14-1 矽磊晶系統

14-2 矽磊晶生長系統之評估

14-1 矽磊晶系統 (Si Epitaxy Systems)

　　磊晶成長之系統必須滿足一些嚴格地要求，因為矽是由氣態原料反應並沉積至基板上，故磊晶成長必須在一可控制的環境下進行，才能生長出高品質之磊晶膜。通常磊晶反應在石英 (quartz) 反應室 (reaction chamber) 中進行，反應室須保持在一溫度範圍內使化學反應得以進行，石英可耐高溫且與許多氣體不產生化學反應，石英透明容易加工，這是使用石英製作反應室的原因。系統不可漏氣，否則原料與氧氣可能產生劇烈反應，發生危險，些微的漏氣也會降低磊晶品質，流入反應室內之氣體流量在任何時間都要加以嚴格控制與監視。

　　反應室內之晶圓放在一承物器 (substrate holder，susceptor) 上，承物器之功能除了支撐晶圓外，假如反應室是用射頻 (RF) 加熱的話，還可用做感應加熱熱源，在這種情況下，承物器通常是一塊石墨或碳，外表鍍了一層碳化矽膜 (silicon carbide) 防止晶圓被碳污染。射頻是藉電磁場驅使石墨或碳中電子來回震盪而加熱，晶圓放在承物器上與之接觸故也被加熱。在矽之磊晶過程中，由於該等原料之化學反應是吸熱反應，在反應室中溫度愈高處生長愈快，故在晶圓表面與承物器上生長最快，而在冷的反應室管壁上就長得很慢，這種反應室稱為冷管式反應室 (cold-wall reactor)。反之，若化學反應是放熱反應，則加熱方式相反，使用熱管式，熱源放置在反應室外，反應室管壁上溫度高故沉積很快，在晶圓上沉積就相對很慢。

　　磊晶成長另一種加熱晶圓的方法是使用紅外光能量，可發出大量紅外光輻射的特製燈泡穿透石英透明窗口加熱晶圓，紅外光輻射直接加熱晶圓與支撐晶圓的承物器，所要之溫度用一溫度感應器和控制器得到。

　　磊晶生長系統之評估有三個重要的參數：(1) 穩定性：每一回磊晶生長都有相同之品質；(2) 控制度：高品質磊晶膜之成長速度及厚度精準度可加以控制；(3) 產能：單位時間每一回能生長晶圓的片數。

　　目前在工業生產上使用三種磊晶生長系統，這些系統是：

1.　垂直系統 (圖 14-1)
2.　水平系統 (圖 14-2)
3.　桶狀系統 (圖 14-3)

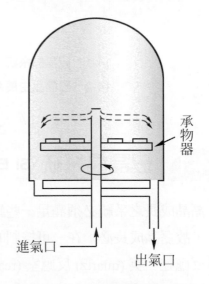

▲ 圖 14-1　垂直磊晶生長系統

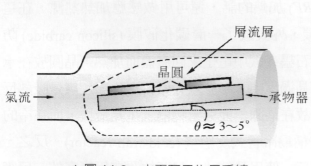

▲ 圖 14-2　水平磊晶生長系統

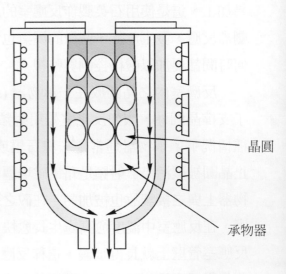

▲ 圖 14-3　桶狀磊晶生長系統

　　在垂直磊晶生長系統中，氣體原料由反應室底部中央進入，在承物器表面放置之晶圓上反應。承物器旋轉，使其上溫度均勻，並使氣體均勻散佈於所有晶圓表面，得到均勻生長，氣體再由反應室底部外側排出。這種反應室又稱為烤餅式 (pancake) 生長系統，其承物器表面如圖 14-4(a) 所示。

　　在水平系統中，氣體原料自反應室一端進入，至另一端排出，晶圓置放在水平長條形承物器上，氣體流過水平承物器，在其上產生一層層流層 (stagnant layer)，由流體力學得知，層流層在承物器前緣較薄，在承物器後緣較厚，故磊晶生長在承物器前緣之晶圓上生長較快，在承物器後緣之晶圓上生長較慢，為彌補這種誤差，承物器後緣向上傾斜一角度 (通常 3~5 度)，使反應室中氣流截面積在承物器前緣較大，氣流速度較慢；在承物器後緣截面積較小，氣流速度較快，可壓薄層流層，使層流層在承物器前後緣厚度相同，以得前後晶圓能均勻成長。

　　桶狀系統是水平與垂直反應系統的合併，晶圓放在能旋轉的桶狀承物器表面如圖 14-4(b) 所示，桶狀承物器有 6 至 8 個面，每一個面相當於水平系統的一個承物器，可放置許多晶圓。這系統的主要優點是產量高。工業界要求量產能力，烤餅式系統與桶狀系統使用較多。

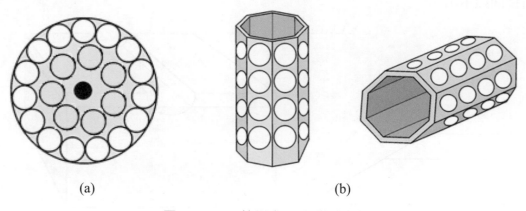

(a)　　　　　　　　　　　　(b)

▲ 圖 14-4　(a) 烤餅式 (b) 桶狀式承物器

14-2　矽磊晶生長系統之評估 (Evaluation of Si Epitaxial Systems)

有三個重要的參數來評估磊晶生長系統之品質：

1. 磊晶膜之厚度：每一回生長中晶圓對晶圓厚度之變化，和每一回對每一回晶圓生長厚度之變化。

2. 摻雜質之濃度：每一回生長晶圓對晶圓摻雜濃度之變化，和每一回對每一回晶圓摻雜濃度之變化。

3. 磊晶膜之缺陷密度與分佈：對磊晶膜而言所有這些參數必須在某一範圍之內，才能滿足高品質元件的需求。

磊晶膜之厚度可有許多方法量測，在此我們敘述其中四種：

1. 磨角與染色 (angle lapping and staining) 或挖槽與染色 (grooving and staining)

若磊晶膜沉積在相反導電型的基板上 (P 在 N 上或 N 在 P 上)，磊晶膜 / 基板磨一斜角如圖 14-5(a) 所示，或在磊晶層上挖一槽穿過其與基板的接面，如圖 14-5(b) 所示，在曝露出的接面上加上染色液，染色液由氫氟酸與硝酸合成，染色液使 p 型變黑而將接面顯示出。

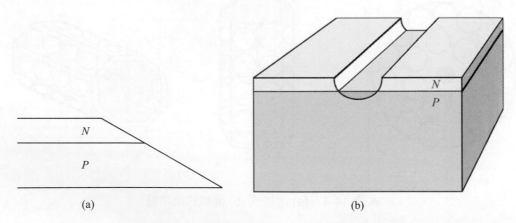

(a)　　　　　　　　　　(b)

▲ 圖 14-5　(a) 磨角與染色；(b) 挖槽與染色法

2. 蝕刻凹坑深度 (etch pit depth)

在基板與磊晶膜接面所存在的缺陷會隨著磊晶生長傳至整個磊晶中，一種特殊蝕刻液會蝕刻出凹坑，磊晶膜厚度與曝露出之蝕刻凹坑有幾何上的關係。對 (111) 矽晶圓，$d = 0.816a$，如圖 14-6 所示 (d 是磊晶膜厚度，a 是凹坑之邊長)。

3. 紅外線干涉 (infrared interference)

基板與磊晶膜之交接面可反射一定波長的光線，由產生干涉的條紋，可決定厚度，如圖 14-7 所示。

4. 橢圓干涉儀 (ellipsometry)

橢圓干涉儀使用雷射光以一角度照射磊晶膜，由磊晶膜表面反射光與由基板與磊晶膜之交接面反射光間，因有路程差，產生相位差，經由相位差之計算可得磊晶膜厚度。這是一種非破壞性且快速的方法，在工業界最為常用。

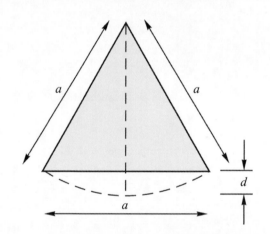

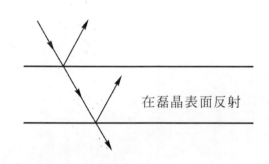

在磊晶表面反射

▲ 圖 14-6　由蝕刻坑決定磊晶層厚度　　　▲ 圖 14-7　用紅外線干涉決定磊晶層厚度

雜質濃度可由許多方法決定。不幸的是，它們都很花時間而且很麻煩。

1. 斷層法 (sectioning)

先用陽極氧化法或蝕刻法除去晶片表面的一層矽，再測量新露出表面的薄片電阻，再處理數據得到雜質濃度。如此循環可得雜質濃度對深度的分佈關係。

2. 反向偏壓電容 - 電壓 (C-V) 技術 (reverse biased C-V technique)

將金屬鍍在磊晶層表面形成蕭氏 (Schottky) 二極體，二極體加上反向偏壓，決定電容與反向偏壓的函數，再用數學處理數據，得雜質濃度。

3. 斜角與分佈探針法 (laping and spreading probe)

　　用斜角技術將要測之平面曝露出，再用精密探針沿露出之平面測出其每點電阻係數如圖 14-8 所示。將數據導出，就得雜質與深度分佈曲線。

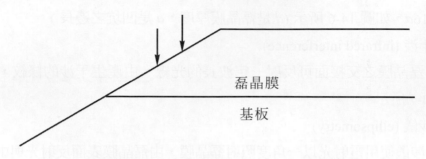

磊晶膜

基板

▲圖 14-8　斜角與分佈探針技術測量雜質濃度

　　磊晶膜之缺陷密度與分佈可用蝕刻技術將晶體結構中缺陷顯露出來評定缺陷的種類，位置和濃度，決定磊晶膜的晶體品質。

化合物半導體磊晶生長

化合物半導體元件中高品質接面的形成都是使用磊晶技術完成，磊晶生長條件與矽大不相同，不同的化合物半導體又有不同的磊晶條件。

化合物半導體由於有特殊的晶格排列，具有與矽大不相同的優異特性，在微波、照明與功率元件領域中有十分重要應用。任何元件結構中都需要高品質的接面，高品質接面的形成都是用磊晶技術完成。

化合物半導體由兩個以上得元素構成，每個元素有不同的蒸氣壓，磊晶生長時如何平衡各元素蒸氣壓是一重要的考慮，與單一元素的矽磊晶大不相同。本章的目的在於介紹 GaAs、GaN 與 SiC 半導體磊晶生長。

15-1 砷化鎵磊晶生長 (Gallium Arsenide Epitaxial Growth)

15-1-1 砷化鎵氫化物氣相磊晶 (GaAs Hydride Vapor Phase Epitaxy-HVPE)

砷化鎵磊晶生長設備的基本構造與矽相似。因為砷化鎵在蒸發時會分解成砷和鎵，所以用砷化鎵作為原料在氣相中直接生長出砷化鎵磊晶膜是不可能的。一個可行方法是用 As_4 作為砷原料，三氯化鎵 $(GaCl_3)$ 作為鎵原料，稱為氫化物氣相磊晶法 (HVPE)，化學反應式為：

$$As_4 + 4GaCl_3 + 6H_2 \rightarrow 4GaAs + 12HCl \qquad (15-1)$$

As_4 由砷烷熱分解形成：

$$4AsH_3 \rightarrow As_4 + 6H_2 \tag{15-2}$$

而三氯化鎵由下列化學反應生成：

$$6HCl + 2Ga \rightarrow 2GaCl_3 + 3H_2 \tag{15-3}$$

反應物由載氣 (如氫氣) 引入反應器中。(15-2) 式在 800°C 下進行，而 (15-1) 式中砷化鎵磊晶生長的溫度低於 750°C，所以磊晶生長需要雙溫區反應腔 (two-zone reactor) 如圖 15-1 所示，兩者都是放熱反應，所以磊晶需要在熱管式反應器中進行。這些反應是接近平衡狀態的，控制相當困難。磊晶期間，砷必須有足夠的的過蒸氣壓 (over pressure)，以防止基板和生長層的熱分解。

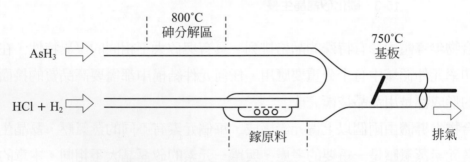

▲ 圖 15-1　氯化物氣相沉積雙溫區反應管

15-1-2 砷化鎵有機金屬化學氣相磊晶 (GaAs Metalorganic Chemical Vapor Deposition－MOCVD)

一些元素無法形成穩定的氫化物或鹵化物，但能形成穩定且具有適當蒸氣壓的有機金屬化合物，有機金屬化學氣相沉積法 (MOCVD) 就是使用有機金屬為原料，以熱分解反應的氣相磊晶法。MOCVD 已經廣用於 III-V 族和 II-VI 族化合物半導體的磊晶生長上。

在生長砷化鎵上，我們可以使用有機金屬化合物如三甲基鎵 [$Ga(CH_3)_3$] 為鎵原料，以氫化砷 (AsH_3) 為砷原料，其化學反應為

$$AsH_3 + Ga(CH_3)_3 \rightarrow 3GaAs + 3CH_4 \tag{15-4}$$

如果要生長鋁合金如砷化鋁鎵 (AlGaAs)，可以額外加入三甲基鋁 [$Al(CH_3)_3$] 為原料形成。

　　p型摻雜通常使用二乙基鋅[diethylzinc，$Zn(C_2H_5)_2$]或二乙基鎘[diethylcadmium, $Cd(C_2H_5)_2$]，n型摻雜通常使用矽烷，硫化氫和硒化氫或四甲基錫 (tetramethyltin)，半絕緣層摻雜使用氯化鉻 (chromyl chloride)。由於這些化合物含有劇毒，而且在空氣中易自燃，所以嚴格的安全預防措施對 MOCVD 製程是非常重要的。圖 15-2 是 MOCVD 反應器的示意圖，由於是吸熱反應，反應器採用冷管系統。

　　在生長砷化鎵時，有機金屬化合物用載氣 (一般用氫) 導入石英反應腔中並與氫化砷混合。使用射頻加熱，將石墨承物器與基板加熱到 $600 \sim 800°C$ 而在基板上引發化學反應，生長砷化鎵磊晶。有機金屬化合物的優點是在適度的低溫下有適當的揮發性，反應腔中沒有難以處理的液態鎵或銦。只有一個熱區和非平衡 (單向) 反應使得 MOCVD 的控制變得容易。

　　現代的 MOCVD 系統裝置有反射非均向性光譜儀或反射率差異光譜儀 (Reflectance anisotropy spectroscopy-RAS or Reflectance difference spectroscopy-RDS)，使用垂直入射光照射正在磊晶生長表面，量測表面相繼兩層生長線性偏振反射量差異的光譜技術，可以現場即時 (in situ) 得知表面生長狀態及生長速率，因為裝置了這個利器使 MOCVD 廣為工業所用，幾乎用於所有的化合物半導體磊晶生長。

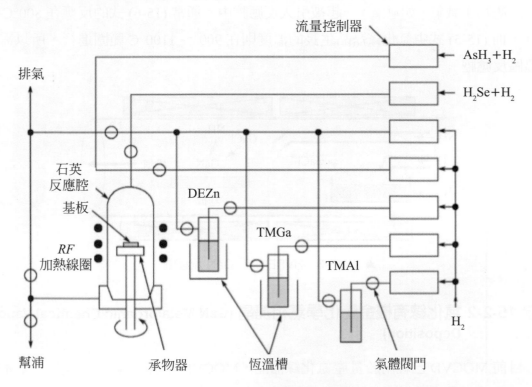

▲ 圖 15-2　MOCVD 系統圖

15-2 氮化鎵磊晶生長 (Gallium Nitride Epitaxial Growth)

由於氮化鎵基板非常昂貴，氮化鎵磊晶一般使用晶格不匹配的藍寶石 (sapphire) 與矽基板，對磊晶品質影響很大，氮化鎵磊晶中含有大量的缺陷如貫穿差排 (threading dislocation)、螺旋差排 (screw dislocation) 等，導致氮化鎵相關的發光二極體的發光亮度及使用壽命均受到很大的挑戰。

15-2-1 氮化鎵氫化物氣相磊晶 (GaN Hydride Vapor Phase Epitaxy-HVPE)

對氮化鎵而言，一個類似砷化鎵氫化物氣相磊晶法，以 NH_3 作為氮原料，氯化鎵 (GaCl) 作為鎵原料，系統如圖 15-3 所示，與圖 15-1 類似，化學反應式為：

$$NH_3 + GaCl \rightarrow GaN + HCl + H_2 \tag{15-5}$$

而氯化鎵由下列化學反應生成：

$$2HCl + 2Ga \rightarrow 2GaCl + H_2 \tag{15-6}$$

反應物由載氣 (如氫氣) 一起被引入反應腔中。通常 (15-6) 式的反應在 800°C 下進行，而 (15-5) 式中氮化鎵磊晶生長的溫度則在 900 ～ 1100°C 範圍進行，所以需要雙溫區反應腔。

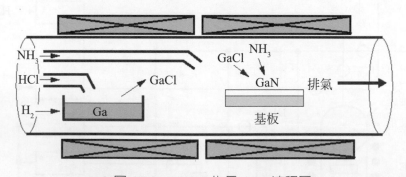

▲ 圖 15-3　HVPE 生長 GaN 流程圖

15-2-2 氮化鎵有機金屬化學氣相磊晶 (GaN Metalorganic Chemical Vapor Deposition)

目前 MOCVD 已經用於量產氮化鎵磊晶，MOCVD 系統與圖 15-2 類似，基本觀念與砷化鎵磊晶幾乎相同，使用三甲基鎵 [$Ga(CH_3)_3$] 為鎵原料，以氨氣 (NH_3) 為氮原料，其化學反應為

$$NH_3 + Ga(CH_3)_3 \rightarrow GaN + 3CH_4 \tag{15-7}$$

　　如果要生長鋁合金如氮化鋁鎵 (AlGaN)，可以加入三甲基鋁 [Al(CH₃)₃] 為原料形成。如果要生長銦合金如氮化銦鎵 (InGaN)，可以加入三甲基銦 [In(CH₃)₃] 為原料形成。p 型摻雜通常使用二乙基鋅 [diethylzinc，Zn(C₂H₅)₂]，n 型摻雜通常使用矽烷。

　　氮化鎵磊晶在藍寶石基板上，為克服晶格不匹配發展出許多種磊晶技術，如低溫緩衝層 (Low Temperature buffer layer, LT-GaN)、橫向生長技術 (Epitaxial Lateral Overgrowth, ELOG) 及圖案化藍寶石基板技術 (Patterned Sapphire Substrate, PSS) 等，用以改善差排等缺陷。使用晶格較匹配的碳化矽基板可以有效抑制缺陷的產生，但價格高，故只應用於高價的光電與高速高功率元件。

　　現在介紹低溫緩衝層法，該技術最關鍵之處為初期生長程序如圖 15-4 所示，先升溫至 1050°C 去除表面氧化物及將 Al₂O₃ 藍寶石基板氮化 (nitridation) 成晶格較接近 GaN 的 AlN，降低溫度至 600°C 左右生長一層約 30 奈米非晶 GaN，再升溫至 1050°C 左右退火結晶為單晶，之後降溫至 1020°C 左右生長單晶 GaN 直到結束。

　　矽基板上生長氮化鎵磊晶在矽的積體電路發展中相當受到重視，非常有潛力取代矽的高頻高功率元件，由於 (111) 方位晶格較為匹配 (失配度 16%)，為目前廣用的基板，緩衝層的生長仍是其中的關鍵技術，有非常多的技術發展中，使用 AlN、AlN/GaN、緩變 AlGaN 等為緩衝層仍是減低晶格不匹配生長高品質 GaN/Si 最佳的方法。

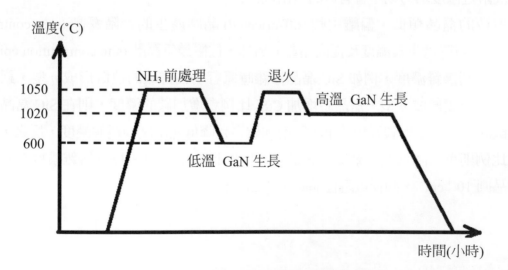

▲ 圖 15-4　MOCVD 生長 GaN 流程圖

15-3　碳化矽磊晶生長 (Silicon Carbide Epitaxial Growth)

　　碳化矽有許多磊晶生長方法，化學氣相沉積法 (chemical vapor deposition-CVD) 是商業化最成熟技術，含碳和矽的氣體化合物作為反應原料，一大氣壓或低壓 CVD 都可使用，由於低壓 CVD 較易於控制結核及雜質，工業生產以低壓 CVD 為主。

　　含矽的主要氣體原料是 SiH_4，其它的有 SiH_2Cl_2、$SiCl_4$ 和 Si_2H_6。C_3H_8 是含碳主要的氣體原料，其它的有 CH_4、C_2H_2 和 CCl_4，以氫氣作為載氣。圖 15-5 所示為以 SiH_4 與 C_3H_8 為原料，SiC 同質磊晶生長溫度對時間的關係。首先以鹽酸在 1200～1300°C 蝕刻基板，使基板表面平滑以減少磊晶膜的缺陷，之後降溫增加氫氣流量，除去反應管中的鹽酸。再升溫到適當磊晶溫度，待溫度與氫氣流量穩定後，通入反應原料開始磊晶，磊晶完畢後關閉反應原料，保持反應管溫度幾分鐘後，用氫氣沖洗反應管開始降溫，這樣的程序可以防止產生不同晶相。

　　SiC 磊晶 CVD 有熱管式與冷管式兩大類，1990 年以前以冷管式為，主因為 III-V 族磊晶都用冷管式，由於垂直晶圓上方溫度急速下降使反應原料分解效率低，導致生長速率低約為 5 μm/hr。目前則改以熱管式為主如圖 15-6 所示，在石英管內有一個石墨承載器用射頻感應加熱，並用熱絕緣體包住保持溫度均勻約 1650°C，生長速率可高達 250 μm/hr，一般保持在約 25 μm/hr 以生長高品質 SiC 磊晶。另由於冷管式垂直方向的溫度梯度，在晶圓上方氣相中產生矽的過飽和，使磊晶成分不均勻，熱管式由於晶圓附近溫度均勻則不會有矽的析出現象。

　　與矽的磊晶類似，偏離主軸 (off-oriented) 晶圓產生的台階磊晶 (step-controlled epitaxy) 可以降低生長溫度及提高品質。另外，位置競爭磊晶 (site competition epitaxy) 則可以控制摻雜濃度，例如 SiC 磊晶摻雜時氮容易佔據碳的位置形成 n 型，鋁容易佔據矽的位置形成 p 型，磊晶時增加 C:Si 比例會增加碳的濃度，則在 SiC 磊晶表面晶格碳的位置有氮與碳互相競爭，因增加碳導致降低氮濃度即電洞濃度，反之，降低 C:Si 比例則可以降低電子濃度，於是可以用控制 C:Si 比例來控制摻雜濃度介於半絕緣性晶圓 10^{14} cm^{-3}，到低電阻性晶圓 10^{20} cm^{-3} 間。

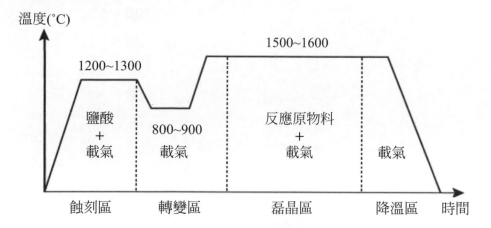

▲圖 15-5　SiC 同質磊晶生長溫度對時間的關係

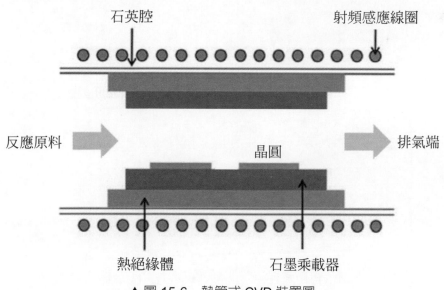

▲圖 15-6　熱管式 CVD 裝置圖

矽氧化膜生長

矽能生長出化性穩定的氧化膜，才有今天的積體電路。

16-1　熱氧化爐 (Thermal Oxidation Furnace)

矽的熱氧化須在可精確控制溫度的爐中進行 (溫度變化限制在 $\pm 1/2°C$)，氧化爐通常由 3 到 4 組加熱線圈組成，每一組有自己的控制器。線圈通電流加熱，電流可加以調整與控制得到所要的溫度及分佈。石英管 (也有用其它材料的管子如矽或碳化矽，但不常見) 置入加熱線圈中，流入石英管的氣體可以選擇控制，供晶圓在控制的環境下進行氧化。典型氧化爐的剖面圖如圖 16-1(a) 所示，晶圓放置在石英材質稱為 " 船 "(boat) 之承物器上，船之形狀如圖 16-1(b) 所示。

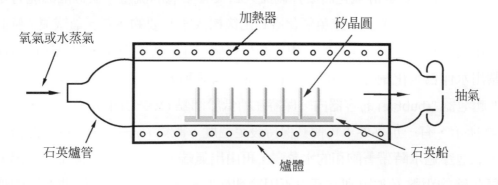

(a)氧化爐剖面圖

▲ 圖 16-1　熱氧化爐

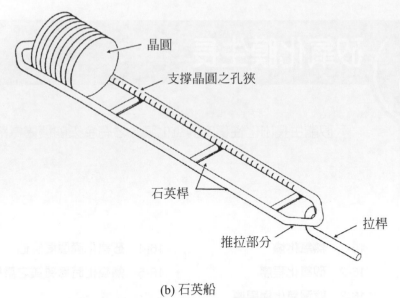

(b) 石英船

▲ 圖 16-1　熱氧化爐 (續)

16-2　矽氧化程序 (Si Oxidation Process)

　　矽之熱氧化製程中，先依清潔程序除去矽晶圓上污染後進行，不可使晶圓與任何污染源接觸，特別是與人的接觸 (人是鈉離子的重要來源，在大部份情況下，元件因漏電而無法正常工作時，大都由於鈉離子表面污染所引起；MOS 電晶體特性不穩定大半亦由氧化層被鈉離子污染所引起)。清潔後的晶圓乾燥後，就放在 " 船 " 上送入氧化爐中準備氧化。

　　用乾氧 (dry oxygen) 氧化時要控制流入石英管中氧的流量，使矽晶圓能有足夠的氧氣可用，氧的純度要高，以免氧化層長出後摻入不必要的雜質。氧或氧 / 氮混合氣體亦可用來生長氧化層，氮氣的使用可減少整個氧化過程的費用，因為氮比氧便宜。

　　當用水作為氧化劑時，稱為濕氧化，通常有三種方法可用來通入水蒸汽。水放在稱作 " 起泡器 "(bubble) 的容器內，保持在稍低於沸點 (100°C) 的定溫器中，起泡器如圖 16-2 所示，有一加熱外罩可使其保持設定溫度。載氣 (carrier gas) 由起泡器進氣端進入，氣泡穿過水時帶著飽和的水蒸汽，再由出氣端流出進入氧化爐中。自出氣端至石英氧化管的距離必須短到水蒸汽不因冷卻而凝結，或者用其它輔助方法如加熱帶 (heating tape) 加熱使不凝結。氮氣或氧氣都可用做載氣，不論用何種氣體都可生長相等厚度的氧化膜。

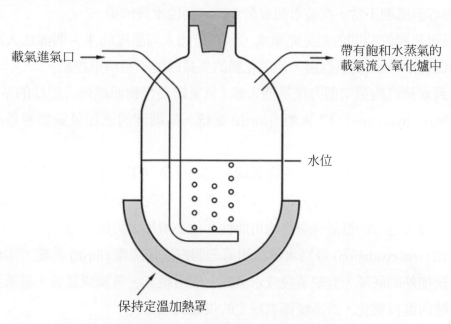

載氣進氣口

帶有飽和水蒸氣的
載氣流入氧化爐中

水位

保持定溫加熱罩

▲ 圖 16-2　濕氧化系統的起泡器

　　起泡器溫度的保持是很重要的，因為水的蒸汽壓隨溫度有很大的變化，如圖 16-3 所示。水溫太接近 100°C，溫度小量改變會引起蒸汽壓大量變化，故水的溫度通常保持稍低於沸點幾度使蒸汽壓易於精確控制。起泡器簡單易用且複製容易，但當水位太低時必須重新充填，因此引起兩個缺點：

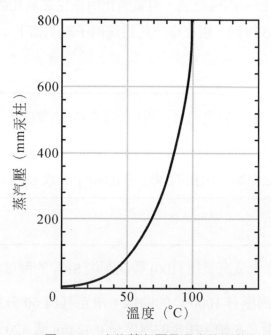

▲ 圖 16-3　水的蒸汽壓是溫度的函數

1. 若起泡容器處理不當，在裝水前或裝水時，易使水被污染。

2. 在生長氧化膜的時間內避免充填水，除非是加入同溫度的水。假如加入冷水，水溫降低就會降低水的蒸汽壓，使氧化膜的生長厚度不易精準控制。

　　要得到水蒸汽的第二個方法是通入氫 / 氧氣體混合物並燃燒，這樣的系統稱為 " 燃燒氫 "(burnt hydrogen) 或 " 火炬 "(torch) 系統，高純度的氫和氧氣體容易備製，故易得高純度的水。

　　當適量的氫和氧通入石英管的進氣端並加熱反應就產生水蒸汽，燃燒所產生的熱會使氧化爐進氣端爐溫度重行分佈，故有必要加上裝置，使整條爐管有一均勻的溫度分佈。由於通入過量的氫氣有爆炸的可能性，故必須加上防爆裝置。

　　濕氧化 (wet oxidation) 得到水蒸汽的第三個方法是閃爍 (flash) 系統，水滴不斷的滴在該系統加熱的底部，立刻蒸發成水蒸汽，使用載氣、氧氣或氮氣，載著蒸發的水蒸汽進入爐內進行氧化，該系統僅需穩定的供應純水即可。

16-3 乾濕氧化與膜厚 (Dry and Wet Oxidation and Thickness)

　　氧氣和水蒸汽都可用來氧化矽晶圓，通常這兩種氧化製程是不可互換的。在同樣溫度與時間，使用水蒸汽氧化之氧化速率較使用氧氣快，(111) 矽晶圓之氧化速率較 (100) 快。(100)、(111) 矽晶圓經乾氧、濕氧氧化所產生之氧化膜厚度與溫度、時間的關係可由圖 16-4 和 16-5 得到。現在舉一些特殊例子說明如下：

例題 1

計算 60 分鐘，1000°C 乾氧氧化 (111) 矽晶圓後 SiO_2 的厚度。

解　使用圖 16-4，找到標有 1000°C 的曲線，決定其與 60 分鐘垂直線交點。從此交點向左交到圖之左軸，所指的厚度是 0.068 μm 或 68 nm。

例題 2

計算 60 分鐘，1000°C 水蒸汽氧化 (100) 矽晶圓後 SiO_2 的厚度。

解　使用圖 16-5，找到標有 1000°C 的曲線，決定其與 60 分鐘垂直線交點。從此交點向左交到此圖之左軸，所指的厚度是 0.42 μm 或 420 nm。

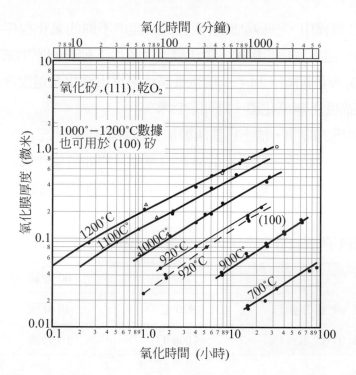

▲ 圖 16-4　乾氧中 (111)，(100) 矽晶圓之氧化厚度與時間之關係

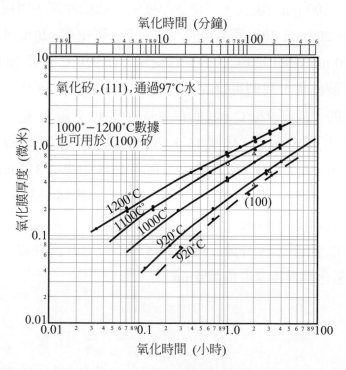

▲ 圖 16-5　濕氧中 (111)，(100) 矽晶圓之氧化厚度與時間之關係

在典型的 IC 製程中，一矽晶圓可能經過一連串不同的氧化程序，溫度與時間都可能不同。經過一連串氧化步驟後，氧化膜厚度可由下列幾個原則來決定：

1. 由已有的 SiO_2 厚度開始，用下一個生長條件來算出要生長這麼厚的氧化膜要多少時間。(如果晶圓上無氧化膜，時間取爲零。)

2. 由步驟 1 所算出的時間，加上目前所要加上的氧化時間。

3. 由步驟 2 所算出的時間得到長出的氧化膜厚度。假如這個步驟是循環的最後一個氧化步驟，則你就得到了總厚度。如果不是，以這個厚度爲起點，再重複步驟 1，2 和 3。

舉一個這種例子，(111) 矽晶圓經下列氧化程序：

1. 乾 O_2	1200°C	60 分鐘
2. 97°C 水蒸汽	920°C	40 分鐘
3. 97°C 水蒸汽	1000°C	10 分鐘

第一個步驟所得氧化膜厚度可直接由圖 16-4 決定，我們由此圖得到經第一個步驟的氧化膜厚度是 200 nm。現在，以這個厚度做爲起始厚度，用第二個氧化步驟的生長條件算出生長 200 nm SiO_2 膜所需的時間。下一氧化在 920°C 水蒸汽中進行，在圖 16-5 中找出 200 nm 線和 920°C 生長曲線交點，在 920°C 生長 200 nm SiO_2 的時間是 42 分鐘。至目前爲止，我們可以說晶圓表面生長 200 nm SiO_2，是在 920°C 水蒸汽中 42 分鐘生長的，故在 920°C，我們在生長時間 40 分鐘上加上 42 分鐘，等於在 920°C 水蒸汽中需生長 82 分鐘，由圖 16-5，在 920°C 水蒸汽中，82 分鐘的生長條件可得到 310 nm SiO_2，再以 310 nm 爲起點，在圖 16-5 中決定 310 nm 線與 1000°C 生長曲線交點，我們可看到在此生長條件下生長 310 nm 需 36 分鐘，以此 36 分鐘作爲起始時間，在第三個步驟 1000°C 水蒸汽中生長時間 10 分鐘加上 36 分鐘，我們得到在水蒸汽中 1000°C 需氧化 46 分鐘。查圖 16-5，1000°C 生長曲線，我們看到交點在 370 nm 線，所以氧化膜最後厚度是 370 nm。

16-4 矽氧化膜厚度評估 (Si Oxide Thickness Evaluation)

SiO_2 氧化膜有兩個重要特性需要評估，就是它的厚度和它的品質。由氧化程序可準確地預測厚度，但常需加以驗證。當用白光垂直照射氧化膜，由於干涉現象，氧化膜表面會觀察到有顏色產生。氧化膜顏色隨其厚度的變化如表 16-1 所示，若顏色均勻就表示 SiO_2 薄膜均勻。並且氧化膜厚度由薄至厚時，所觀察到的顏色會隨厚度重複出現，若由顏色決定氧化膜的厚度，你必須知道所有先前出現過的顏色，這個困難很容易解決，可將氧化膜浸入氫氟酸 (HF) 中慢慢拖出就可蝕刻出一個斜面 (圖 16-6)，觀察此斜面顏色之循環週期即得。

氧化膜厚度也可在其正反兩面加上已知面積的金屬電極，測量其電容得知。或在氧化膜上蝕刻出一台階 (step)，用光學干涉或物理技術測量得知。常用來測階梯高度的一種儀器稱為表面曲線儀 (surface profiler)，用帶有電子信號放大輸出的尖筆 (stylus) 放在欲測的表面上，表面上任何台階的形貌都可測出，就可量得高度。或使用稱做橢圓儀 (elliposometer) 的光學儀器，氧化膜的厚度更可精確地量測，然而，該儀器的精確性並非萬用，只適用在幾種特例中。

▼ 表 16-1　熱氧化法生長 SiO_2 膜顏色表 (在日光燈下垂直觀察)

膜厚 (微米)	級數 (5450 埃)	顏色和註解	膜厚 (微米)	級數 (5450 埃)	顏色和註解
0.050		茶色	0.365	II	黃綠
0.075		褐色	0.375		綠黃
0.100		暗紫至紅紫	0.390		黃
0.125		略帶紅之深藍色	0.412		淡橙黃
0.150		淺藍至金屬藍	0.426		粉紅
0.175	I	金屬至很淡黃－綠	0.443		紫－紅
0.200		淡金或駐－淡金屬色	0.465		紅－紫
0.225		金帶有淡黃橙	0.476		紫
0.250		橙至西瓜色	0.480		藍－紫
0.275		紅紫	0.493		藍
0.300		藍至紫藍	0.502		藍－綠
0.310		藍	0.520		綠
0.325		藍至藍綠	0.540		黃綠
0.345		淡綠	0.560	III	綠黃
0.350		綠至黃綠	0.574		黃至淡黃
0.60		粉紅	0.585		淡橙或黃至粉紅

▼ 表 16-1 熱氧化法生長 SiO$_2$ 膜顏色表 (在日光燈下垂直觀察)

膜厚 (微米)	級數 (5450 埃)	顏色和註解	膜厚 (微米)	級數 (5450 埃)	顏色和註解
0.63		紫 - 紅	1.05		紅 - 紫
0.68		淡藍	1.06		紫
0.72	IV	藍綠到綠	1.07		藍紫
0.77		淡黃	1.10		綠
0.80		橙	1.11		黃 - 綠
0.82		橙紅	1.12	VI	綠
0.85		暗、淡紅－紫	1.18		紫
0.86		紫	1.19		紅－紫
0.87		藍－紫	1.21		紫 - 紅
0.89		藍	1.24		粉紅至橙紅
0.92	V	藍－綠	1.25		橙
0.95		暗黃－綠	1.28		淡黃
0.97		黃到淡黃	1.32	VII	天藍至綠藍
0.99		橙	1.40		橙
1.00		粉紅	1.45		紫
1.02		紫 - 紅	1.46		藍紫
			1.50	VIII	藍
			1.54		暗黃－綠
注意：上表也適用於氣相成長，濺射成長，含磷和含硼之氧化膜，厚度乘 0.75。					

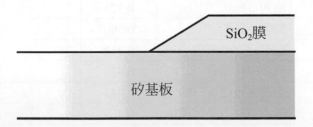

▲ 圖 16-6 楔形厚度氧化膜，用於觀察顏色變化週期

16-5　熱氧化時摻雜質子之重行分佈
(Redistribution of Dopant During Thermal Oxidation)

在氧化過程中，矽基板與二氧化矽層之界面會隨氧化時間向矽基板方向移動，原存在於矽基板中之摻雜質一部分會保留在矽中，一部分會進入二氧化矽中，依它們在矽與二氧化矽中之相對固態溶解度而重行分佈。磷，砷和銻在矽中有較大固態溶解度，在二氧化矽中固態溶解度較小，也就是說，傾向留在矽中，所以矽中大部分摻雜質在移動的 Si-SiO$_2$ 界面會留在矽中，同時向矽內擴散但又不夠快，於是在新界面處堆積起來如圖 16-7(a) 所示。另一方面，硼在二氧化矽中有較大固態溶解度，會堆積在新生成的二氧化矽層界面處，所以矽中之硼在移動的 Si-SiO$_2$ 界面會缺乏如圖 16-7(b) 所示。摻雜質重行分佈這個現象在氧化製程中須特別留意。

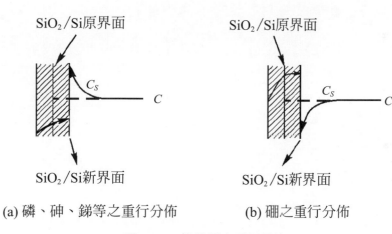

(a) 磷、砷、銻等之重行分佈　　　(b) 硼之重行分佈

▲ 圖 16-7　摻雜質之重行分佈

CH 17 矽氧化膜生長機制

了解矽的氧化機制才能控制氧化膜品質，也才能生長高品質極薄氧化膜。

17-1 二氧化矽與氧化 (Silicon Dioxide and Oxidation)

由於在矽晶圓上能生長出一層化性穩定的二氧化矽膜，保護矽晶圓，才使矽成為最重要的半導體材料。二氧化矽在 IC 製程中用途廣泛，例如用於擴散、離子佈植等製程中作為遮罩層 (mask)；可用於多層金屬導電層間作為絕緣層；可用於 IC 完成後作為保護層 (passivation)；可用於 MOS 電晶體中作為閘極氧化層 (gate oxide) 等等。

IC 製程中，二氧化矽膜在 900~1300℃ 溫度範圍，在含有氧 (O_2) 或水蒸汽 (H_2O) 的氣體中氧化生長，在不含水蒸汽之乾氧中生長稱為乾氧化 (dry oxidation)，在含水蒸汽氣氛中生長稱為濕氧化 (wet oxidation)，化學方程式如下：

$$Si + O_2 \rightarrow SiO_2 \tag{17-1}$$

$$Si + 2H_2O \rightarrow SiO_2 + 2H_2 \tag{17-2}$$

氧化過程之反應機制，如圖 17-1 所示。由於矽晶圓放置於空氣中就會氧化，矽晶圓的表面總有一層 SiO_2，故反應機制可使用表面上已生長了一層二氧化矽的系統研究推導出。

▲ 圖 17-1　矽之表面有一層二氧化矽之氧化反應結構

氧化之反應機制可能有下列幾種：

1. 氧必須由晶圓外擴散通過 SiO_2 膜到達矽與氧化矽之界面處。(圖 17-2(a))。
2. 矽必須由晶圓內擴散通過 SiO_2 膜到達氧化矽膜和氧氣界面處。(圖 17-2(b))。
3. 此兩種反應物在 SiO_2 膜中某處相遇並起反應 (圖 17-2(c))

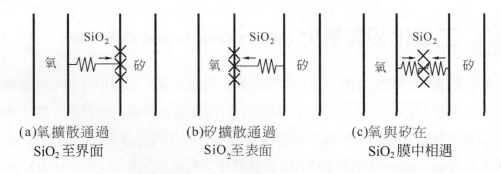

(a)氧擴散通過 SiO_2 至界面　　(b)矽擴散通過 SiO_2 至表面　　(c)氧 與矽在 SiO_2 膜中相遇

▲ 圖 17-2　矽之氧化中可能的反應機制

實驗證實，矽之熱氧化是以第一種程序進行，也就是氧 (O_2 或 H_2O) 擴散通過 SiO_2 膜，在矽與氧化矽之界面處與矽發生氧化反應。這表示在經氧化後，矽與氧化矽有最乾淨的界面，這對 MOS 電晶體之發展非常重要，使 MOS 電晶體中緊鄰通道有最乾淨之氧化膜，使通道之特性良好穩定。

17-2　氧化機制 (Oxidation Mechanism)

要了解氧化中所發生的物理過程，可考慮兩種機制，此兩種機制是：

1. 傳輸限制 (transport-limited) 機制。
2. 反應速率限制 (reaction rate-limited) 機制。

　　要了解這兩種機制，可考慮圖 17-3，當氧化膜已生長在矽晶圓表面上，氧化源 (O_2 或 H_2O) 必須通過此氧化膜達到界面。故氧化生長有下列條件限制：

1. 氧化源穿過 SiO_2 氧化膜達到界面的能力。

2. 在 Si-SiO_2 界面，是否有充份氧化源可用。

3. 氧化源與矽發生化學反應的能力。

　　當氧化膜很厚時，氧化源就不能很快擴散通過氧化膜，因此，氧化反應無法在很快的速率下進行，這種極限情況就是 " 傳輸限制 " 或 " 擴散限制 "，氧化源濃度隨氧化膜厚度快速減少。當氧化膜很薄時，就不會阻擋氧化源擴散至 Si-SiO_2 界面，界面就有充份的氧化源，SiO_2 生長速率就被矽與氧化源的化學反應速率所限制，這種極限情況就是 " 反應速率限制 "，氧化源濃度在氧化層中維持不變。

　　反應速率限制和傳輸限制可由上一章圖 16-4 和 16-5 中看出。在低溫 (化學反應慢) 或短生長時間 (氧化膜薄) 下，氧化膜厚度隨溫度或生長時間變化較大，相當於反應速率限制情況。在高溫 (化學反應快) 或長生長時間 (氧化膜厚) 下，氧化膜厚度隨溫度或生長時間變化較小，相當於傳輸限制情況。

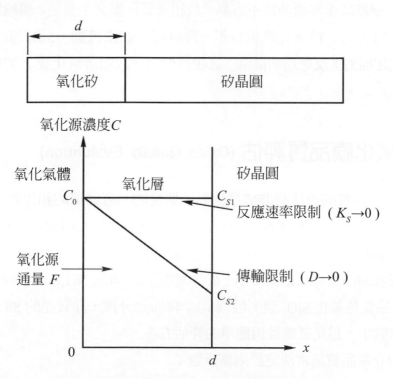

▲ 圖 17-3　兩種氧化限制情況下氧化膜中氧化源之分佈

在傳輸限制機制下導致使用濕氧 (H_2O) 氧化矽晶圓之速率高於使用乾氧 (O_2)，這是由於 H_2O(分子量 16 + 2 = 18) 之分子小於 O_2(分子量 16×2 = 32)，H_2O 在 SiO_2 中傳輸速率高於 O_2 中所致。

在反應速率限制機制下導致使用 (111) 矽晶圓之氧化速率高於使用 (100) 矽晶圓，這是由於 (111) 矽晶圓之表面矽原子密度 ($7.83×10^{14}$ 原子 /cm^2) 高於 (100) 矽晶圓之表面矽原子密度 ($6.78×10^{14}$ 原子 /cm^2) 所致。

17-3　超薄氧化膜 (Ultra-Thin Oxide)

隨著 IC 尺寸之縮小，超薄氧化膜之需求愈來愈重要，現今 MOS 電晶體閘極 SiO_2 膜厚已降至約 3 奈米，由上得知，薄氧化膜之生長應是 " 反應速率限制 " 機制，也就是說，在生長之氧化膜中，氧化源之傳輸是不受限制的。但其實不然，矽晶圓表面初期與氧形成 SiO_2 膜時，表面之矽原子結合了兩個氧原子，因此在 SiO_2 表面上分子非常擁擠，於是 SiO_2 分子有巨大的壓縮力，使 SiO_2 原子間之距離異常狹小，氧要穿過 SiO_2 分子層擴散至界面非常不容易，故超薄氧化膜之生長是 " 傳輸限制 " 機制，氧化速度是非常慢的。待氧化膜生長至一厚度時，經由流動，SiO_2 原子間之距離才會疏解，氧化才回到 " 反應速率限制 " 之生長機制。故超薄氧化膜之生長機制是不同的。

17-4　氧化膜品質評估 (Oxide Quality Evaluation)

評估 SiO_2 膜品質的方法有非破壞性與破壞性的，有簡單的和複雜的。例如高品質熱氧化 SiO_2 膜的折射率為 1.46，由於品質差的 SiO_2 膜中含有缺陷及空隙，組織較為疏鬆，折射率愈低於 1.46，品質愈差，這是非破壞性又簡單的評估方法。使用緩衝氫氟酸蝕刻液 (buffered HF etch(BOE)，6：1 體積比的 40% NH_4F 水溶液與 49% HF 水溶液) 蝕刻高品質熱氧化 SiO_2 膜，蝕刻率為 44 nm/ 分鐘，品質差的 SiO_2 膜蝕刻率可以遠大於這個數字，這是破壞性但簡單的評估方法。

SiO_2 膜的介電品質通常決定於兩個參數：

1. SiO_2 膜之崩潰強度 (breakdown strength)。
2. 存在於 SiO_2 中電荷與陷阱的量。

　　將已知 SiO_2 厚度之 SiO_2/Si MOS 結構加上金屬導電電極，在電極上加上電壓，將電壓增加直到兩電極間有大量電流流通為止，如此可測得崩潰強度。在晶圓上平均放置許多電極，再量測崩潰電壓，SiO_2 膜的介電品質均勻度由崩潰電壓的分佈決定。對 SiO_2 膜而言，6 MV/cm 被認為是可接受的崩潰強度。

　　會漂移之污染物的量 (通常是納離子)，是用電容 - 電壓 (capacitance-voltage, C-V) 技術量測。這種分析技術在已知 SiO_2 厚度之 SiO_2 /Si MOS 結構加上負偏壓量測其電容，再將樣本加上正偏壓放置於高溫中一段時間，然後降溫再量測其電容，此兩次量測電容值之差與會漂移之污染物的量有正比關係。SiO_2 膜中的電荷與陷阱用類似方法可以得到。

17-5　氧化膜品質改進方法 (Improvement of Oxide Quality)

　　近年來之研究顯示，在 SiO_2 膜生長時加入適量氯化物如鹽酸 (HCl)、三氯乙烷 (TCE)，可大量減少會漂移之污染物的量。其原理是氯離子會堆積在 Si-SiO_2 界面附近，與漂移之污染物結合成為不可漂移的原子團。在氧化中它幾乎可束縛住任何它遇到的污染物。

摻雜質之擴散植入

積體電路製程中，擴散就是在特定高溫下，在晶圓上特定區域，用選定之摻雜質，將一定的量注入晶圓中，使其具有特定功能。

18-1　擴散概念 (The Idea of Diffusion)

　　擴散 (diffusion) 這名詞用來描述粒子自高濃度區向低濃度區移動之過程。由一個例子可看出擴散之過程，將一小滴黑墨水滴入一杯靜止透明的水中，最初，墨水在透明的水中呈現一小塊黑區，但逐漸地墨水自此區域散開，黑區和透明區不再界限分明，而是逐漸變色，最後經過很長時間，墨水逐漸變淡均勻地散佈在水中。這種墨水自高濃度區 (最初的墨水滴) 移至低濃度區 (水的其餘部份) 的運動過程就是擴散。另舉一例：烤麵包時，先塗上奶油，再放入烤麵包機中烘烤，奶油就擴散進入麵包中。

　　擴散過程可用圖 18-1 表示，由圖 18-1(a) 起，它表示最初粒子的集中分佈，隨著時間，分佈由中央向兩邊移動如圖 18-1(b) 和 18-1(c) 所示，濃度逐漸降低。最後，經過一段很長時間以後，粒子就均勻分佈如圖 18-1(d) 所示。

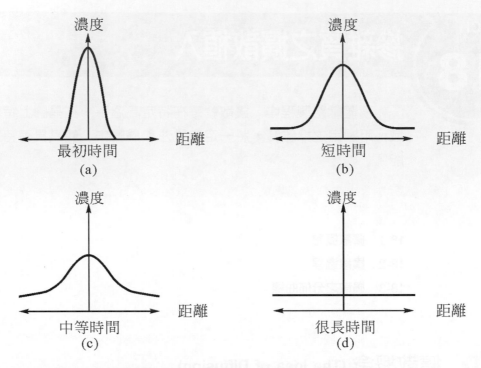

▲ 圖 18-1 粒子隨時間擴散分佈之過程

　　濃度差異愈大，擴散的流量就愈大，擴散通量 F(單位時間單位面積所流過的量) 正比於濃度差，比例常數就是擴散係數。用數學式子表示為：

$$F = -D\frac{dC}{dx} \qquad (18\text{-}1)$$

C：濃度

x：距離

D：擴散係數

　　因擴散自高濃度區移至低濃度區，dC/dx 為負，為補償方向的差異，式子前加一負號。粒子擴散的速率和它們移動的快慢有關，移動速率又與溫度有關，因為溫度愈高粒子能量愈高移動愈快，擴散係數 D(diffusion coefficient) 就含有擴散粒子移動和溫度的關係。

　　擴散物質由高濃度區擴散至低濃度區，使低濃度區濃度隨時間增加，減少濃度差，致使擴散通量隨距離遞減，故

$$\frac{dC}{dt} = -\frac{dF}{dx} = \frac{d}{dx}\left[D\frac{dC}{dx}\right] = D\frac{d^2C}{dx^2} \qquad (18\text{-}2)$$

這就是描述擴散行為的費克擴散方程式 (Fick's diffusion equation)。

18-2　擴散過程 (The Diffusion Process)

　　IC 製程中所用的擴散過程，就是用選定之摻雜質在控制條件下，將一定量摻雜質注入至半導體晶圓特定區域中，例如：在雙載子電晶體中，集極之摻雜質濃度控制在約 $10^{15}/cm^3$，基極之摻雜質濃度控制在約 $10^{16}/cm^3$，射極之摻雜質濃度控制在約 $10^{17}/cm^3$，集極由磊晶生長得到，基極與射極則由摻雜質擴散進入磊晶層中而得。摻雜質是如何由擴散進入至半導體晶圓中，其擴散機制可分為兩類，如圖 18-2 所示：

1. 空缺機制 (vacancy mechanism)：半導體晶圓在高溫時，部份原子劇烈振動脫離晶格，產生空缺，摻雜質由外擴散進入空缺位置，並不斷在晶格缺陷間向晶圓深入，形成擴散區。摻雜質原子半徑較大者多半為此機制，也稱為取代性 (substitutional) 摻雜質，如硼、砷、磷等之擴散，擴散活化能較高。

2. 空隙機制 (interstitial mechanism)：摻雜質直接由晶格間空隙擴散進入半導體晶圓中，摻雜質原子半徑較小者多半為此機制，如鋰、氫等，擴散活化能較低。

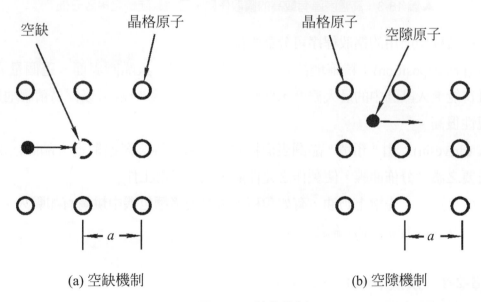

(a) 空缺機制　　　　　　　　　　　　(b) 空隙機制

▲ 圖 18-2　擴散機制

　　在上述之費克擴散方程式中，我們常將擴散係數視為常數，當擴散濃度非常高時，晶圓中會產生大量空缺，由空缺機制得知，其擴散係數因此也會提高，擴散係數則不能視為常數。這種行為對摻雜質擴散分佈曲線有好處，在晶圓表面因摻雜質濃度高，擴散係數因此也高，擴散速度快；在晶圓深處摻雜質濃度低，擴散係數因此小，擴散速度慢，致使擴散分佈曲線陡峭。如圖 18-3 所示。

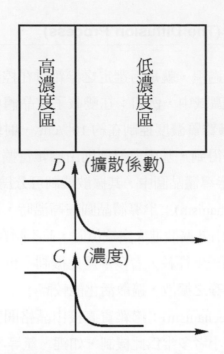

▲ 圖 18-3　高濃度區有較高的擴散係數，可得較陡峭之擴散分佈

　　在 IC 製程中所用的擴散程序可分為兩部份：

1. 預積 (pre-deposition)：精確地控制一定量之摻雜質注入晶圓表面。這個量通常是摻雜質能進入晶圓中的最大濃度，即所謂 "固體溶解度"，故可以輕易精確地控制，再現性很高。

2. 驅入 (drive-in)：由 " 預積 " 晶圓表面摻雜質之量，經高溫擴散進入晶圓內部，得到所要之濃度分佈曲線，使製作之元件能按規格正常工作。

　　這有如烤麵包，先塗上奶油，有如預積；再放入烤麵包機中烘烤有如驅入。

　　這二製程我們將詳細討論之。

～ 18-2-1　預積 (The Predeposition)

　　在預積步驟中，晶圓加熱至精確設定的溫度，然後在晶圓表面上擴散過量的的摻雜質進入晶圓結構中，使晶圓表面摻雜質濃度達到稱做 " 固體溶解度 "(solid solubility) 的最大濃度。一摻雜質在材料中的固體溶解度僅和溫度有關。矽中常用的摻雜質之固體溶解度如圖 18-4 所示。

　　由圖 18-4 得知，硼、砷、磷的固體溶解度最大，可得最高的摻雜濃度，再由空缺機制得知其擴散分佈曲線必是十分陡峭，故硼為最常用的 P 型摻雜質，砷、磷為最常用的 N 型摻雜質。

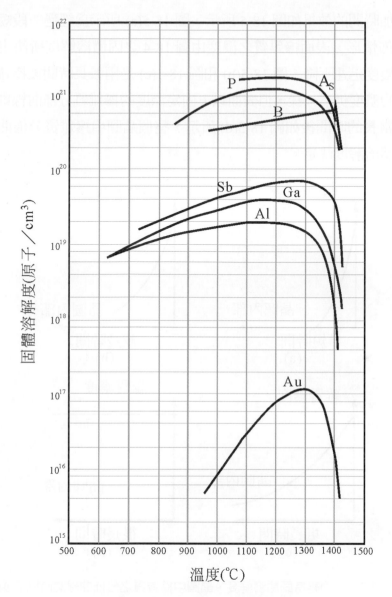

▲ 圖 18-4　矽中雜質之固體溶解度

　　在某溫度時，摻雜質在矽中的固體溶解度是此摻雜質能存在於矽中的最大量。在預積時，在擴散爐中通入過量的摻雜質，就可保證在矽晶圓的表面有高濃度定量的摻雜濃度即固體溶解度。使用圖 18-4 可計算出：

1. 1000°C 時磷在矽中之固體溶解度約 10^{21}cm^{-3}。
2. 1200°C 時硼在矽中之固體溶解度約 4.2×10^{20}cm^{-3}。

　　擴散爐中晶圓的溫度決定了摻雜質的固體溶解度，因此也決定了晶圓表面摻雜質的濃度。預積時間是另一個重要的參數，預積時間決定晶圓表面以下摻雜質之精確分佈曲線，增加時間的效果如圖 18-5 所示，圖 18-5(a) 所示為經過一段短時間摻雜質在晶圓中之分佈情形，表面摻雜質之濃度由圖 18-4 之固體溶解度所決定。離開表面向下，摻雜質濃度迅速下降，圖 18-5(b) 和圖 18-5(c) 是兩較長時間後摻雜質之分佈情形，晶圓表面的濃度仍然一樣，但表面以下固定深度的摻雜質分佈曲線則逐漸上升。最後，經過非常長的時間後如圖 18-5(d) 所示，整個晶圓中摻雜質分佈曲線是平的，此極限值由固體溶解度決定。

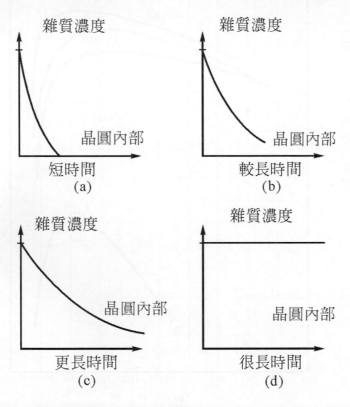

▲ 圖 18-5　表面維持固態溶解度，晶圓中摻雜質之分佈曲線為時間的函數

　　在製造 IC 時，晶圓表面上特定區域需要摻雜質注入，其餘不需摻雜區域則使用二氧化矽膜作為遮罩阻擋，而二氧化矽遮罩必須夠厚才能阻擋住摻雜質擴散注入。對預積中所需二氧化矽膜之遮罩厚度可由實驗決定，圖 18-6(a) 所示為硼擴散時所需二氧化矽遮罩厚度與擴散溫度、時間的關係，圖 18-6(b) 所示為磷擴散時所需二氧化矽遮罩厚度與擴散溫度、時間的關係。

　　預積在擴散爐中進行的步驟和氧化過程類似，先將晶圓清潔乾淨，以除去前一步驟所留的污染物，再將清潔過的晶圓放置石英船上，推入爐中進行預積，擴散爐與氧化爐幾乎一樣，摻雜質由載氣自擴散爐進氣端帶入石英管中，所欲預積摻雜質的量要足夠，使預積在每一片晶圓上的摻雜質的量保證達到固體溶解度。

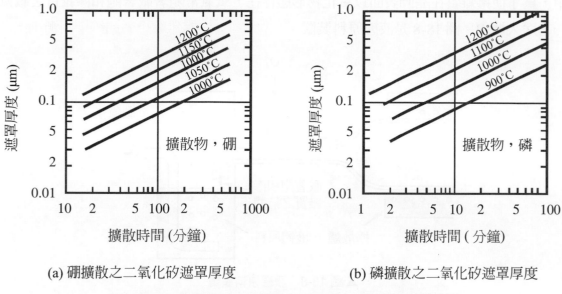

(a) 硼擴散之二氧化矽遮罩厚度　　　　　　(b) 磷擴散之二氧化矽遮罩厚度

▲ 圖 18-6　擴散時摻雜質硼、磷所需二氧化矽遮罩厚度

　　在預積中所用的摻雜質原料可以是固體、液體或氣體型態。固體常製成粉末狀，加熱後，載氣通過其上就將摻雜質帶入爐中。粉末可放置在爐前端加熱，或可在稱為"原料爐"的爐中加熱。使用粉末預積，原料端之安置情形如圖 18-7 所示，在此類預積中所使用的載氣大都使用氮氣。

　　實驗顯示在預積中，使用摻雜質之氧化物可得最佳結果，為保證摻雜質以氧化物形態到達晶圓表面，氧氣隨著摻雜質一起通入爐中。

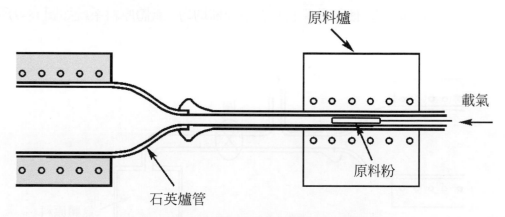

▲ 圖 18-7　使用固態粉末原料爐之預積擴散

　　液態摻雜質原料可使用類似濕氧化起泡器的裝置，含有摻雜質之液態化合物放在設定溫度的起泡器中，載氣(通常是氮氣)通過液體，載著飽和的摻雜質送入擴散爐中，為了使摻雜質在晶圓表面以氧化物形態存在，氧氣常隨著載著飽和摻雜質之載氣一起送入爐內。圖 18-8 是液態原料裝置。

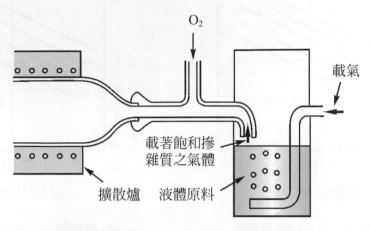

▲ 圖 18-8　液態原料裝置

　　在許多應用中使用氣態擴散原料最為方便，使用氣態原料可簡化摻雜質注入爐中的問題，但仍有許多問題可能發生，一般用來當作摻雜質原料的氣體大都具有某些程度的毒性，必須小心以免發生漏氣。這些氣體化性多不穩定，不當儲存或儲存過久也許會分解，因此，它們不穩定的性質就限制了摻雜質在氣體中的最大濃度，這種限制就意謂著在晶圓表面可能得不到足夠高濃度的摻雜質。摻雜質與某些元素結合形成氣體摻雜質原料，該類元素在化性上必須不會影響預積程序。在大部份情況下，氣流中通入氧氣以保證摻雜質以氧化物形態沉積在晶圓上。載氣和氮氣可用來使管中的氣體流速保持在某特定的流速，使擴散原料在爐中分佈均勻，氣體原料系統如圖 18-9 所示。

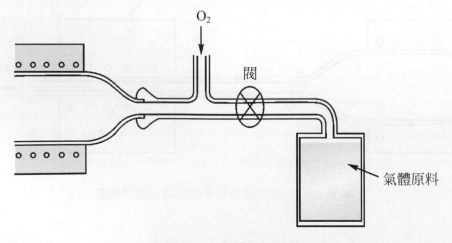

▲ 圖 18-9　氣體原料系統

　　另有一種預積是將摻雜質化合物做成晶圓形狀當作原料，該原料晶圓通常以氧化物備製，原料晶圓與欲摻雜之矽晶圓都放置在石英船中推入爐內，船設計得使矽晶圓面對原料晶圓，其間有一定距離。通常，原料晶圓與矽晶圓在石英船中交替放置如圖18-10 所示。預積時通常使用氮氣通入擴散爐管中，再通入微量的氧氣以保證摻雜質以氧化物形態沉積到矽晶圓表面，摻雜質由原料晶圓與矽晶圓間之間隙直接擴散到矽晶圓上。

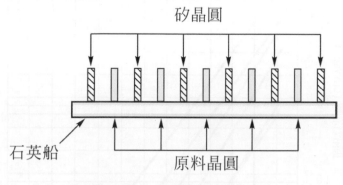

▲ 圖 18-10　使用原料晶圓之預積

　　摻雜質原料也可由含有摻雜質之二氧化矽膜沉積至晶圓表面上得到。目前使用兩種方法如下：
1. 用低溫化學汽相沉積法沉積一層含有摻雜質之氧化膜。
2. 使用類似旋轉塗佈 (spin-on) 光阻劑的技術塗上一層含有摻雜質之氧化膜。

　　在任何情形，晶圓的正面都已有一層含有摻雜質之氧化膜，然後放入爐中，用預積程序，將所需之摻雜質擴散進入晶圓中。之後，摻雜質氧化膜通常使用沖稀的或加緩衝劑的氫氟酸從晶圓正面蝕刻除去。晶圓現在可準備進入驅入程序了。

〰 18-2-2　驅入 (Drive In)

　　驅入程序並不在晶圓中加入額外的雜質，僅做深入擴散動作。該步驟在氧化氣體中進行，使擴散區域表面上長上一層 SiO_2 保護膜，該 SiO_2 膜可以防止在預積時注入之摻雜質向晶圓外擴散排出，以確保晶圓中之摻雜總量。在驅入程序中要控制時間、溫度、周遭氣體 (例如含有氧氣會使表面 SiO_2 膜增厚改變擴散濃度、深度) 三變數。此三變數決定：
1. 擴散最終接面深度。
2. 摻雜區上最終氧化層厚度。
3. IC 中摻雜質之分佈曲線。

驅入程序所達的擴散深度可查所用摻雜質的擴散係數求得。圖 18-11 所示是用於矽中取代性摻雜質之擴散係數與溫度的函數。

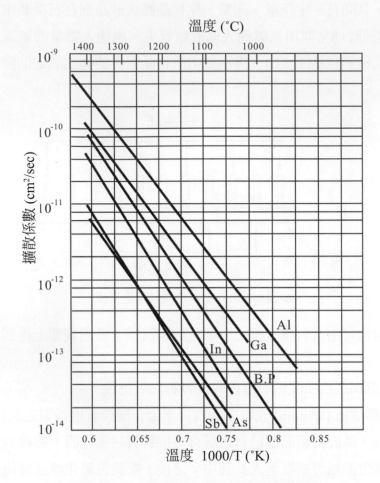

▲ 圖 18-11　矽中取代性摻雜質之擴散係數

18-3　擴散之分佈曲線 (Distribution of Diffusion)

將預積擴散或驅入擴散後之摻雜質分佈曲線，用數學方法推演解出較為困難，將推導出的結果應用到解決問題上，則是本章所要討論的。

預積之分佈曲線 (Distribution of Predeposition)

此步驟在高溫擴散爐中進行，使晶圓表面上有所要的摻雜質濃度 C_s，相當於預積溫度下摻雜質之固體溶解度。預積中摻雜質分佈曲線如下方程式所示：

$$C(x) = Cs \times erfc(\frac{x}{\sqrt{4D_1t_1}}) \tag{18-3}$$

$C_S =$ 預積溫度下摻雜質在矽中之固體溶解度

$C(x) =$ 晶圓表面下深度 x 摻雜質之濃度

$x =$ 距離晶圓表面下之深度

$D_1 =$ 預積溫度下摻雜質之擴散係數

$t_1 =$ 晶圓預積之時間

$erfc$ 之定義爲

$$erfc(z) = 1 - erf(z) \tag{18-4}$$

$$erf(z) = \frac{2}{\pi} \int_0^z e^{-\alpha^2} d\alpha \tag{18-5}$$

預積注入雜質之總量 Q，可由下式表示：

$$Q = \frac{C_s\sqrt{4D_1t_1}}{\pi} \quad (\text{原子個數 /cm}^2) \tag{18-6}$$

驅入之分佈曲線 (Distribution of Drive-in)

　　預積已精確地將一定量的摻雜質注入晶圓中，但接面深度和摻雜質分佈曲線還不能產生所要的半導體元件特性，最後的接面深度和摻雜質分佈曲線由驅入操作來達成。預積時殘留在晶圓表面過量的摻雜質用蝕刻除去後，放入高溫擴散爐中進行驅入操作。

　　預積所產生的摻雜質分佈，大約可用一高而窄的長方形來代表 (常稱爲 delta 函數)，那麼驅入所產生的摻雜質分佈曲線可由下式表示：

$$C(x) = (\frac{Q}{\sqrt{D_2t_2\pi}})e^{\frac{-x^2}{4D_2t_2}} \tag{18-7}$$

$C(x) =$ 晶圓表面下 x 深度之摻雜質濃度

$Q =$ 預積時注入晶圓中摻雜質之總量

$D_2 =$ 驅入溫度下摻雜質之擴散係數

$t_2 =$ 驅入時間

$e =$ 常數 $=2.71828$

　　　　x = 距離晶圓表面之深度

　　我們考慮一個先預積再驅入的例子：

A. 預積：

　　在有過量的磷中，矽晶圓在 975℃ 下進行 30 分鐘預積，計算濃度分佈，接面深度及注入雜質之總量。

1. 在不同深度時，磷之濃度分佈由下列計算程序決定：

　a. 由圖 18-4 知，$C_S = 8 \times 10^{20}$ 原子 /cm^3

　b. 由圖 18-11 知，$D_1 = 1.7 \times 10^{-14}$ cm^2/sec

　c. t_1 = 30 分鐘 = 1800 秒

$$\sqrt{4D_1t_1} = \sqrt{(4)(1.7\times10^{-14})(1800)} = \sqrt{1.22\times10^{-10}\,\text{cm}^2}$$
$$= 1.1\times10^{-5}\,\text{cm} = 0.11\,\mu\text{m}$$

因此 $C(x) = C_S \times erfc(x/\sqrt{4D_1t_1}) = C_S\, erfc(x/0.11) = C_S\, erfc(z)$ 解出 z，$erfc(z)$ 和 $C(x)$ 如表 18-1 所示，該預積中所產生摻雜質之分佈如圖 18-12 所示。

▼ 表 18-1　預積問題的解

$x\,(\mu\text{m})$	z	$erfc\,(z)$	$C(x)(\text{cm}^{-3})$
0	0	1	8×10^{20}
0.1	0.9090	0.20	1.6×10^{20}
0.2	1.8181	0.01	8×10^{18}
0.3	2.7272	1.23×10^{-4}	9.8×10^{16}
0.4	3.6363	3.1×10^{-7}	2.48×10^{14}
0.5	4.5454	1.6×10^{-10}	1.28×10^{11}

2. 假設使用 p 型晶圓，接面深度就是 n 型摻雜濃度等於 p 型晶圓濃度之處，也就是由 n 型轉變為 p 型之處。若預積使用 0.3 Ω-cm p 型晶圓，由第二章圖 2-6 可得知，相當於基板濃度 (C_B) 是 10^{17} 原子 /cm^3。接面深度可由圖 18-12 求出，將產生大約 0.3 μm 接面深度。

或可用適當的方程式解出：

$$C_B = C_S \times erfc(x_j / \sqrt{4D_1 t_1})$$

$$C_B = 10^{17} \text{ 原子 /cm}^3$$

$$erfc(x_j/0.11) = C_B/C_S = 10^{17}/(8 \times 10^{20}) = 1.25 \times 10^{-4}$$

$$x_j/0.11 = 2.71$$

故 $x_j = 0.11 \times 2.71 \cong 0.3 \text{ μm}$

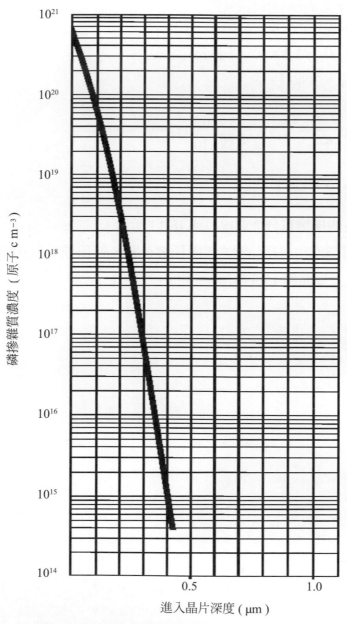

▲ 圖 18-12　預積後磷摻雜質濃度在矽中之分佈情形

3. 單位面積，預積注入雜質之總量 Q，可由下式計算：

$$Q = \frac{C_S \sqrt{4D_1t_1}}{\pi} = \frac{8\times10^{20}\sqrt{0.11}}{\pi} = 5\times10^{15}\text{（原子個數}/\text{cm}^2\text{）}$$

B. 驅入：

使用經過預積程序得到的晶圓，計算在 1100℃ 下進行 50 分鐘驅入摻雜質濃度與深度的函數。

1. 摻雜質分佈曲線由下決定

   a. 查圖 18-11, $D_2 = 3.3\times10^{-13}\,\text{cm}^2/\text{sec}$

   b. $t_2 = 50$ 分鐘 $= 3000$ 秒

$$C(x) = \left(\frac{Q}{\sqrt{D_2t_2\pi}}\right)e^{\frac{-x^2}{4D_2t_2}} = \left(\frac{5\times10^{15}}{5.58\times10^{-5}}\right)e^{\frac{-x^2}{4D_2t_2}}$$

$$C(x) = (9\times10^{19}/cm^3)e^{\frac{-x^2}{4D_2t_2}}$$

驅入後所產生的摻雜質分佈曲線如圖 18-13 所示。

2. 驅入後之接面深度和最初晶圓之電阻係數有關，對預積所用 0.3 Ω-cm p 型晶圓，圖 18-13 所生之接面為 1.65 微米。

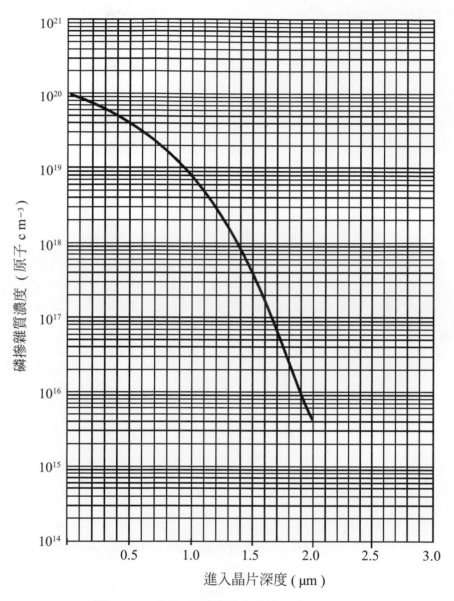

▲ 圖 18-13　驅入步驟後矽中磷摻雜質濃度之分佈

摻雜質之離子佈植

積體電路製程中，將特定摻雜質離子化，用電場加速，使離子注入晶圓特定區域與特定深度中，使其具有特定功能。

IC 製程中深層區的形成如 CMOS 中的井區 (P- 井 , N- 井)，過去基本上使用上章的高溫擴散方法形成；淺區如源極、汲極則用本章的離子佈植法形成。隨著離子佈植法的發展，近年來深層區也有採用離子佈植法形成。離子佈植法由於有一些高溫擴散所沒有的特點，故在 IC 製程中是不可或缺的。

19-1　離子佈植 (Ion Implantation)

將摻雜質注入晶圓中，離子佈植法是一種快速有效的技術。該種製程是用電場加速所欲注入離子化之摻雜質。加速之摻雜質離子植入晶圓中，與 (1) 晶格原子 (2) 電子雲的撞擊，損耗能量，到一定的深度停下，摻雜質離子的能量決定離子佈植之深度。所以離子佈植法摻雜質濃度最高處在晶圓內部，與高溫擴散法摻雜質濃度最高處在晶圓表面不同。

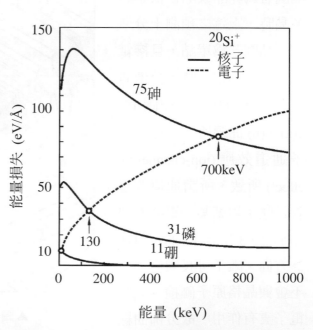

▲ 圖 19-1　硼、磷、砷三種摻雜質離子植入時，單位長度能量損失與入射離子能量之關係

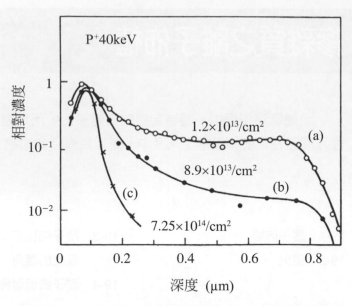

▲圖 19-2　摻雜質植入劑量與磷離子濃度分佈深度之關係

　　摻雜質離子能量損耗並非線性，如圖 19-1 所示：離子能量較低時，單位長度能量損耗隨離子植入能量增加而增加幾爲線性關係，但離子能量較高時，由於離子速度快，與撞擊之晶格原子作用時間短，單位長度能量損耗隨離子植入能量增加而減少爲非線性關係，即離子植入能量愈高可植入愈深處。晶圓若爲非晶或晶粒很小的多晶時，上述之預測十分準確。晶圓若爲單晶，且摻雜劑量不是非常高時，分佈曲線常呈現有尾巴，如圖 19-2(a)、(b) 曲線所示，這是離子通道效應 (ion-channeling effect) 所致，所謂通道效應就是離子對準某一單晶方向如圖 19-3 所示矽的 <110>方向，離子可長驅直入，不會與晶格原子碰撞，只與電子雲有作用，故分佈曲線

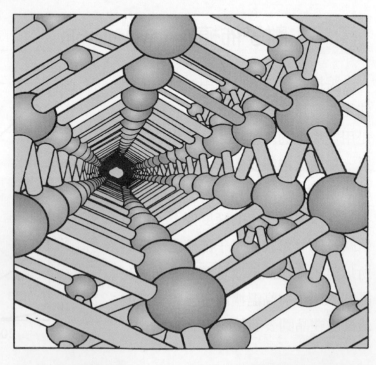

▲圖 19-3　矽 <110> 方向之晶體結構

較深，不易精確控制。防止離子通道效應有幾種方法，例如：使用非常高摻雜佈值劑量破壞晶圓表面成為非晶化，離子通道效應就不會發生，如圖 19-2(c) 曲線所示；或植入方向離開主要晶軸幾度亦可；或將晶圓表面加上一層非晶材料如二氧化矽、氮化矽。

　　離子佈植機的第一個要求就是要有能產生離子化摻雜質的能力。將氣體原料加高熱或高電場可產生離子。用電磁場使所要的摻雜質離子偏離開其它的離子，選出的離子再用電場加速打入晶圓晶格中。在一般的互補型金 - 氧 - 半電晶體 (CMOS) 的製程中，離子佈植至少使用十次以上。因此，在現今積體電路製程上扮演著相當重要的角色。圖 19-4 是一典型的離子佈植機。

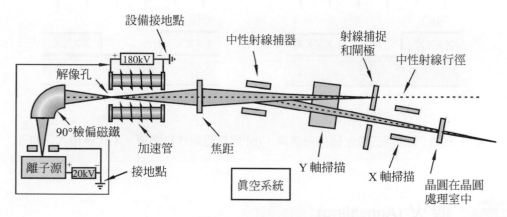

▲圖 19-4　離子佈植機

　　當摻雜質種類選好後，需控制兩個變數，一是 " 劑量 "(dose)，即在晶圓上單位面積植入之離子數目；二是它們植入晶圓的能量。劑量是當離子通過一偵測器時，由計算其通過個數而加以控制，而離子能量則由加速室電壓加以控制。因具有精密控制劑量和能量的能力，使離子佈植技術在應用上有獨到之處。

　　離子佈植機在積體電路製程設備中是相當複雜的，但其所擁有的優點，卻是非其他設備所能比的：

1. 離子佈植是在真空下進行，故是個潔淨的製程。
2. 離子佈植是以精確的控制劑量與能量進行佈植，故是個精準的製程。
3. 離子佈植在近室溫下進行佈植，故是個低溫的製程。
4. 離子佈植可運用不同能量，形成各種縱深摻雜分佈，故是個彈性很大的製程。

　　其缺點是：離子佈植之高能量，會在矽晶圓內造成某種程度的結構損傷。

晶圓上將加速離子植入由光罩定好的區域，並用厚二氧化矽膜或光阻劑作為遮罩，如圖 19-5 所示。

植入後的晶圓須放入一高溫爐中進行退火，使植入晶體結構中未進入電性活化位置 (active location) 的離子活化 (activate) 起來。所謂活化，例如 n 型摻雜質砷植入矽晶圓後，需取代矽晶圓中之矽原子才能成為 n 型摻雜質，才能貢獻一個電子。但植入之砷未必在晶格上，須經高溫振動，砷才逐漸振進晶格，這就是活化，這個晶格位置就是電性活化位置。

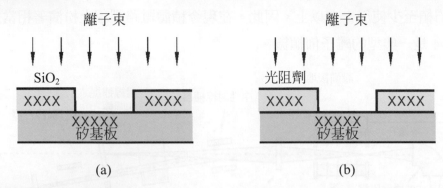

▲ 圖 19-5 (a) 用二氧化矽作為遮罩；(b) 用光阻劑作為遮罩，X 代表植入之離子

19-2 退火 (Annealing)

晶圓經離子佈植後，佈植離子之高能量使晶圓原子位移並產生缺陷，這些缺陷會形成懸鍵捕捉電子或電洞，使晶圓成為高阻值，因此需經退火，使 (1) 移位之原子回位，(2) 使摻雜質進入晶格位置產生電子或電洞，即活化摻雜質。

退火有兩種 (1) 高溫爐退火 (furnace annealing) 及 (2) 快速退火 (rapid thermal annealing － RTA)。

1. 高溫爐退火－使用傳統電阻線高溫爐進行退火。

離子佈植後之晶圓損傷，會使晶圓成為部份非晶或完全非晶 (amorphous)。放置於高溫爐中經由固相磊晶 (solid phase epitaxy-SPE) 使非晶部份恢復為單晶，其原理是：非晶原子經由高溫會沿晶圓下方未佈植之單晶部份導引震回晶格位置，即恢復成單晶或稱再結晶。

部份非晶再結晶，則須回到原位才能再成單晶，所需能量較大較難，而完全非晶之再結晶，各個原子稍加震動即可回到最近晶格位置，不須回到原位，故所需能量較小較易，如圖 19-6 所示。

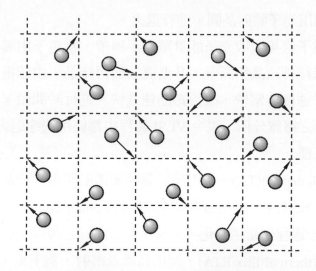

(a) 完全非晶中之原子，可向最近晶
格移動，即可恢復成單晶，所需
的能量較低較易

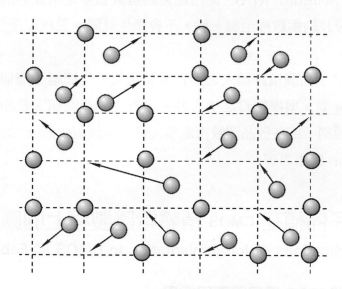

(b) 部份非晶中之原子，有些需行走
較長距離才能進入晶格，所需的
能量較高較難

▲ 圖 19-6　部份非晶及完全非晶之再結晶

　　傳統高溫爐主要能量成份為紅外光，進行退火時係使晶格中原子受熱而震動
進行再結晶，原子由於質量較大，受熱震動起來慢，再結晶速度慢，進行時間長，
易使已存在之 P-N 接面發生擴散，破壞原設計之摻雜分佈，故需快速退火。

2. 快速退火－係利用光子照射晶圓，進行退火。

　　價帶中之電子直接吸收光子能量躍遷至導帶，當電子由導帶躍遷回價帶放出能量，即將能量移轉給晶格原子，升溫震動而再結晶，由於電子能量吸收躍遷及移轉給晶格原子速度非常快，故再結晶速度快，進行時間短，引發擴散程度小，不會破壞原設計之摻雜分佈，現今 VLSI 製程中都使用快速退火。

快速退火可分三種

(1) 絕熱退火 (adiabatic RTA)，使用高能量脈衝雷射照射，使晶圓損傷部份熔化，深度約一微米以內，再由液相磊晶 (liquid phase epitaxy) 再結晶，時間約為 10^{-7} 秒。由於過程中產生熔化，不易保有表面其它薄膜，VLSI 製程中未採用。

(2) 熱通量退火 (thermal flux RTA)，使用高能量雷射，電子束，閃光燈照射，由固相磊晶 (SPE) 再結晶，時間約為 $1 \sim 10^{-7}$ 秒。由於過程中由高溫冷卻時易生缺陷，VLSI 製程中未採用。

(3) 等溫退火 (isothermal RTA)，使用鹵素鎢燈或石墨電阻條對晶圓單面或雙面加熱，時間較長約為數秒至數十秒，不會產生缺陷。製程乾淨快速，為 VLSI 製程中採用。

　　離子佈植提供了晶圓精確植入之摻雜量和深度，也使離子佈植法有一些特殊應用，例如：除了 n 型 p 型摻雜質之植入外，也有在矽晶圓植入氬原子破壞晶格形成缺陷可加速矽之蝕刻，或在矽晶圓較深處植入氧原子經退火形成二氧化矽以作為 SOI (silicon on insulator) 應用等等。

19-3 離子佈植在 CMOS 積體電路製程上的應用
(Applications of Ion Implantation in CMOS IC Fabrication)

19-3-1 調整 MOS 電晶體臨界電壓
(Adjustment of Transistor MOSFET Threshold Voltage)

　　MOS 電晶體產生通道導電時，加在電晶體閘極上的最低電壓稱為臨界電壓 (threshold voltage)，NMOS 使用 P 型基板，臨界電壓需要排斥基板中的電洞形成空乏區，再將電子吸至基板表面形成反轉狀態，故臨界電壓為正，表面濃度愈高，臨界電壓就愈高。同理可推 PMOS 臨界電壓為負且與 N 型基板表面濃度成正比關係。這是 MOS 電晶體非常重要的基本參數。臨界電壓調整的目的，是要使積體電路內所有的電晶體都有幾乎一樣的電流—電壓特性，以便在電性上相匹配。

控制電晶體臨界電壓的參數有 (1) 表面摻雜濃度，(2) 閘極材料種類，(3) 閘極氧化膜厚度等。在固定閘極氧化膜厚度及閘極材料下，使用離子佈植調整矽晶表面的摻雜濃度及均勻度，可以輕易調整臨界電壓，如圖 19-7 所示。

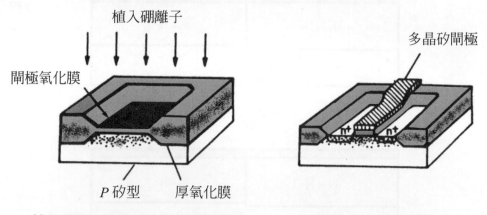

(a) 植入硼離子調整矽晶表面摻雜濃度　　(b) 再加上多晶矽閘極

▲ 圖 19-7　NMOS 起始臨界電壓之調整，在長完閘極氧化膜後先植入硼離子調整矽晶表面摻雜濃度後，再加上多晶矽閘極

〰〰 19-3-2 形成 N 及 P 型井區 (Formation of N and P Wells)

井區的形成，是在井區佈植預積後，再經高溫長時間的驅入擴散形成較深的井區，CMOS 雙井結構如圖 19-8 所示，圖中的二氧化矽是用來防止離子通道效應。NMOS 及 PMOS，都是置於導電性相反的井區內。井區內的摻雜濃度，影響電晶體的特性，如電晶體的臨界電壓。井區表面濃度，也影響電晶體的速度與元件間的漏電流，而井區底部的濃度，則會影響電晶體的擊穿 (punchthrough) 及閂啟 (latch-up) 現象。

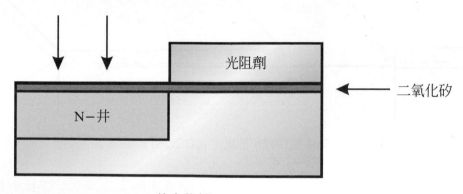

(a) N井之佈植

▲ 圖 19-8　CMOS 用離子佈植形成 P 井，N 井雙井結構

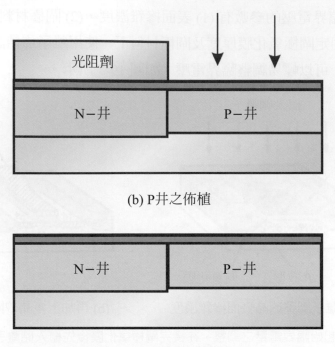

(b) P井之佈植

(c) 完成雙井結構

▲圖 19-8　CMOS 用離子佈植形成 P 井，N 井雙井結構 (續)

〰 19-3-3 電晶體的隔離 (Isolation)

電晶體間的隔離，通常是在特定區域以局部矽氧化 (Local Oxidation of Silicon-LOCOS) 形成厚氧化矽提高臨界電壓來達成。其過程如圖 19-9 所示。

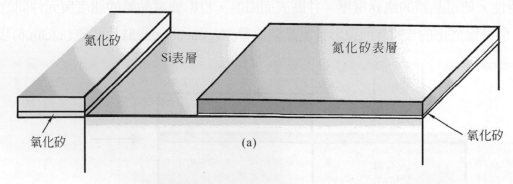

▲圖 19-9　電晶體間局部矽氧化 (LOCOS) 形成隔離的過程

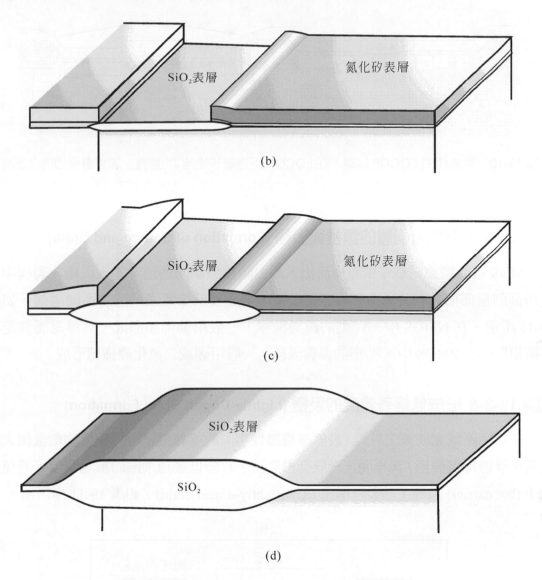

(b)

(c)

(d)

▲ 圖 19-9　局部矽氧化 (LOCOS) 形成電晶體間的隔離 (續)

　　在隔離氧化矽下的井區，更施以額外的佈植來增加濃度以提高臨界電壓，如圖
19-10 所示，以防止該區上方有導線通過，引起的井區表層導電屬性的反轉，形成電
晶體間的漏電流。例如：在 P 型井區中，在隔離氧化層下的矽晶表面形成 p^+ 區，或
在 N 型井區中，在隔離氧化層下的矽晶表面形成 n^+ 區。一般 P 型井區中使用硼佈植，
而 N 型井區中使用磷佈植。

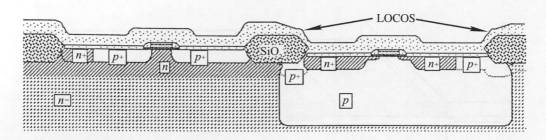

▲圖 19-10　電晶體的 LOCOS 隔離，在 LOCOS 下方離子佈植 P^+ 摻雜，加強避免通道之感應發生

〰 19-3-4 形成電晶體的源極與汲極 (Formation of Source and Drain)

MOS 電晶體導電載子由源極流出，經由閘極控制的通道，進入汲極。製程中，使用高劑量佈植，在井區內形成源與汲極，來連接低摻雜濃度通道區的兩端，如圖 19-11 所示。在 NMOS 中，N^+ 型的源與汲極，一般用砷佈植形成，其導電屬性是和井區相反。在 PMOS 中，P^+ 型的源與汲極，一般用硼或二氟化硼佈植形成。

〰 19-3-5 形成低摻雜濃度的汲極 (Lightly-Doped Drain Formation)

在閘極區域完成後，與源／汲極導電屬性相同的摻雜離子，以較低的劑量植入閘極氧化層邊緣與源極／汲極間，形成低濃度區，以降低通道兩端的電場強度，避免熱載子 (hot carrier) 效應，該製程稱爲 LDD(lightly-doped drain)。如圖 19-11 中所示。

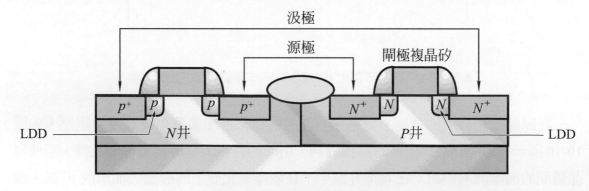

▲圖 19-11　源極與汲極的形成

19-3-6 摻雜複晶矽 (Poly-Silicon Doping)

　　複晶矽閘極的摻雜，可在複晶矽沉積時摻入磷，亦可在複晶矽沉積後，施以磷或砷之離子佈植摻雜，或在源極與汲極離子佈植時，同時以離子佈植摻雜複晶矽閘極。經由這些摻雜方式來降低複晶矽閘極的電阻值，避免閘極信號傳遞的延遲，影響電路的功能。

19-3-7 SOI 晶圓生長備製 (Preparation of SOI Wafer)

　　一般單晶矽是無法直接生長在非晶 (amorphous) 上，SOI 單晶晶圓製造技術通常使用氧離子植入分離法 (separation by implantation of oxygen, SIMOX)，或智慧剝離法 (smart cut)，如圖 19-12 所示。

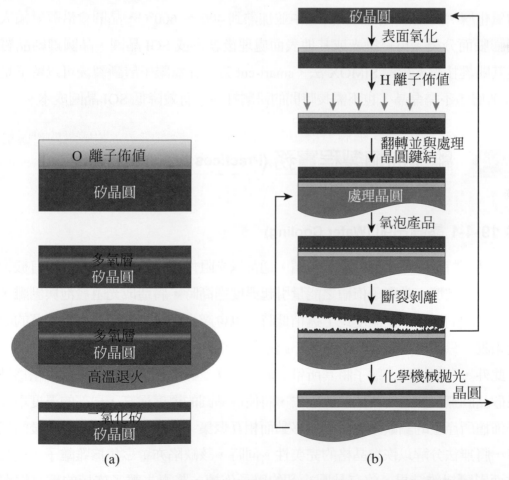

▲ 圖 19-12　SOI 晶圓之製程 (a) 氧離子植入分離法 (SIMOX) 製程；(b) 智慧剝離法 (smart cut) 製程

　　SIMOX 法使用大電流氧離子植入矽晶圓中，能量範圍介於 150 ～ 200 keV，植入深度約 100 ～ 200 nm，氧離子濃度約 $1×10^{18}$ ～ $2×10^{18}$ 離子／平方公分，再經由退火 (約在 1300℃) 形成厚度約 100 ～ 500 nm 二氧化矽絕緣層。該技術容易，但由於氧離子於離子植入時，難以穿透 Si 晶圓達到深處，使得表面 Si 層只有約 50 ～ 240nm 厚度，因此還需經由磊晶成長方式增加 Si 層厚度，達到 SOI 元件所需的厚度要求。

　　Smart cut 法使用兩片矽晶圓，先將一晶圓 (種晶晶圓) 表面氧化成有一定厚度之二氧化矽層，再進行氫離子植入，劑量超過 $5×10^{16}$ cm^{-2}。仔細清洗種晶晶圓和另一片不氧化的基板晶圓，去除顆粒及表面污染物，並保證兩晶圓表面都是親水性後，兩晶圓面對面對準後進行晶圓鍵結 (wafer bonding)，晶圓鍵結依賴氫鍵和水分子的化學作用，鍵結後的晶圓加熱至高溫，含在兩晶圓間的幾個水分子層將薄氧化層氧化成較厚的氧化層。鍵結後的晶圓放置爐中並加熱到 400 ～ 600℃，晶圓會沿著氫植入的位置因膨脹而分裂。再經拋光或其他表面處理後就形成 SOI 晶圓，晶圓鍵結品質與良率是其關鍵技術。相對 SIMOX 法，smart-cut 方法在氫離子層斷裂後可以留下足夠厚的 Si 薄層，不需磊晶，也不需長時間的研磨打薄，有效降低 SOI 晶圓成本。

19-4　離子佈植製程實務 (Practices of Ion Implantation)

19-4-1 晶圓冷卻 (Wafer Cooling)

　　在晶圓特定的區域進行離子佈植，通常以光阻作為佈植遮罩，光阻為有機物會被高能量離子破壞；當離子佈植之能量引起溫度過高時，將造成光阻發泡與剝離，形成嚴重的微塵問題；即使溫度比上述稍低時，也會產生光阻的流動及遮罩線寬的改變。一般來說，只要佈植時晶圓的溫度不超過 100℃，就不會產生上述的問題。

　　此外，在佈植時，離子將其所帶之能量轉移至矽晶圓中，大部分都轉化為熱能，如果矽晶圓無法快速的將此熱能散去，將使矽晶圓的溫度增高，局部的溫度增高，將使得佈植所產生的點缺陷獲得能量移動而相互聚集，成為大的缺陷，在爾後的退火處理時，將無法分解以恢復晶格的完美性。同時，該缺陷亦會聚集摻雜離子，使其無法活化而影響摻雜結果。沒有晶圓冷卻的離子佈植，將喪失離子佈植的穩定性與再現性，同時影響元件的電特性。故為確保佈植時不產生缺陷以及摻雜離子的活化效率，晶圓的冷卻是必須的。

〰 19-4-2 光阻問題 (Resist Problems)

離子束對光阻的影響，有熱效應與碳化效應兩種。當離子進入光阻時，除了破壞其化學鍵結外，亦將能量轉移至光阻內變爲熱能。純熱效應會導致光阻因熱而流動，造成光阻圖案變形，改變線寬。當溫度過高時會使光阻起泡，甚至破裂或剝離。但是在現今的離子佈植機上，由於晶圓載具的冷卻設計，使得晶圓溫度並不會因離子佈植而大幅升高，故此熱效應並不嚴重。但是碳化效應卻是無法必免，光阻被離子佈植時，因鍵結被打斷而釋放氣體 (大多是氫氣)，殘存的是含碳量高的高分子，此一碳化層，具較高的機械強度、抗熱性與抗化學腐蝕性，造成離子佈植後光阻去除的困難。一般的光阻去除，是先以氧電漿或是紫外線加臭氧等乾式法，將碳化層燒除，再以濕式法，以熱硫酸加雙氧水溶液來清除重金屬與殘存光阻，甚至再以氫氧化氨與雙氧水的溶液來清除晶圓表面的微污染。

〰 19-4-3 電荷中和 (Charge Neutralization)

離子佈植時，晶圓不斷的接受正電荷，也可以說，離子佈植是不斷的將正電荷注入晶圓中。當晶圓爲導體時，電荷可以流入接地的晶圓基座，不會有電荷累積。但是當晶圓爲絕緣體或內部有絕緣層時，則電荷會累積在晶圓中，雖然伴隨在離子束中的負電子，可以中和掉一些正電荷，但是仍然會有相當數量的正電荷累積。

電荷的累積，基本上會造成兩個主要問題：一是會損害絕緣體的絕緣性，甚至造成崩潰，例如破壞金 - 氧 - 半電晶體閘極氧化層的絕緣性質，使其無法正常工作；另一是會影響離子束的分佈，造成佈植劑量的不均勻。一般在離子佈植機內，都配備有電荷中和的裝置，這裝置可以用電子槍以電子來中和正電荷。

〰 19-4-4 微塵與污染 (Dust and Contamination)

微塵吸附在晶圓的表面，將在積體電路的製程上形成缺陷，而導致電路失效 (例如電路斷路與短路)，嚴重影響產品的良率。積體電路的尺寸愈小，微塵對良率的影響也愈嚴重，所能忍受的微塵顆粒尺寸也隨之減小。

微塵經由幾何與化學兩方面的影響，降低了積體電路製造的良率。在微塵的幾何影響上，會阻擋佈植區的離子植入，使元件失效；在微塵的化學影響上，則爲微塵內所含之金屬如 Al、Fe、Cr、Na 及 C 等所造成的污染，這些污染物經由隨後的氧化或高溫退火製程，會破壞氧化矽的絕緣性及 *P-N* 接面的特性。

微塵由離子佈植機中機械動作的磨損、累積的佈植殘餘物、不當抽真空時所產生的微粒、機械裝置或晶圓載具被離子束濺射出的粒子、偏壓電極微放電所釋放出的微粒等產生。解決微塵的根本之道，為改良離子佈植機的硬體設計與材質，以及確實的執行定期保養。

離子佈植已成為積體電路製程上的標準製程，能量的使用範圍已由早期的 20-200keV 到現今的 3-3000keV，應用的領域已由摻雜質佈植，延伸至生長埋藏氧化層等特殊應用。由於設備的不斷改進，提供了一個高潔淨度、高自動化、高穩定性、高再現性的基本製程。

雖然離子佈植技術已相當成熟，但是因佈植所產生的點缺陷或非晶層對產品特性的影響，還有許多的事項待研究改進。

微影技術

積體電路每一道製程都需要精細圖案，先進的微影製程技術可以避免光繞射現象增進解析度，滿足奈米尺寸線條的需求。

20-1 微影蝕刻術 (Lithography)

微影蝕刻術可分為三個範疇，此三者對於將圖案成功地移轉至晶圓表面都是必要的。此三範疇是：

1. 製造光罩 (mask)，其上圖案要被移轉至晶圓表面上。

2. 使用一種對光敏感的膜稱為光阻劑 (photoresist) 的感光膜塗佈在晶圓表面上，將光罩上的圖案經由照像顯影技術移轉至晶圓表面光阻劑上。

3. 經程序 2 後可直接用於離子佈植中；如果要用於擴散中，因光阻劑不能直接用於高溫之擴散中，晶圓表面需先生長一層二氧化矽，將光阻劑圖案經蝕刻技術移轉至二氧化矽上，再去除光阻劑後進高溫擴散爐中。

此三範疇都將詳加討論，可以對微影蝕刻術操作之整個範圍得一完整概念。

20-2 光罩之製作 (Fabrication of Mask)

在製造出整個積體電路之漫長旅程中的第一步，是要先對電路完成試驗 (circuit test) 或麵包板試驗 (breadboard)。麵包板由獨立元件組合而成，在麵包板上要做一連串的測試以決定當溫度、供應電壓和其它參數改變時，其操作特性是否滿意。當麵包板整個電路測試完畢後，將其轉變成積體電路圖案 (layout)，再將其轉變成多道光罩，以進行積體電路之製作。

將多道光罩的影像順序地移轉至晶圓正面，並在每一道光罩影像移轉間進行蝕刻、化學氣相沉積、磊晶、預積、驅入或金屬化等製程步驟，就完成整個積體電路的製程。圖 20-1 展現將七道光罩移轉至晶圓上之光罩製程，複雜的 VLSI 光罩多達幾百道。

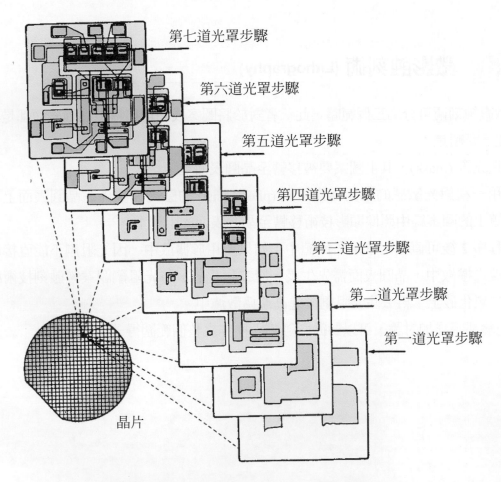

第七道光罩步驟

第六道光罩步驟

第五道光罩步驟

第四道光罩步驟

第三道光罩步驟

第二道光罩步驟

第一道光罩步驟

晶片

▲ 圖 20-1 七道光罩製程中依序將各層次移轉至晶圓上

　　光罩設計，就是將電路轉換成最終製作在晶圓上之元件或積體電路之設計工作。它包括下列步驟：

1. 畫出電路中代表元件之幾何圖形。

2. 將這些元件幾何圖形安排在一最小空間中，但要使元件間之連接及元件對外連接儘量容易。

3. 將此幾何圖形分解，成為能依 IC 製程順序處理之各層次。

　　若使用計算機輔助繪圖 (computer aided design-CAD) 或用其它工具，則此三步驟可自動進行，但這些輔助工具僅是使設計省事些，創作設計的工作仍是工程師親自要做的。在這三步驟之後，製造光罩的工作才要開始。

　　利用人力或計算機技術製得上述各層次之圖形，再用光學照相縮小工具，使圖形成為最終尺寸的十倍大。再使用步進和重複 (step-and-repeat) 照相機將各層次之圖形以矩陣方式重覆排列並縮小十倍製作在稱為 " 主 "("master") 的玻璃感光板上。然後，再用每一層次的主玻璃感光板複製成副 (submaster) 玻璃感光板。最後，複製每一副玻璃感光板成許多 " 工作感光板 "。實際上將影像移轉至晶圓正面的就是用這些工作感光板，就是所謂的光罩 (mask)。

　　視覺上，每一光罩就是在玻璃板上有以矩陣方式排列的相同圖案，每一圖案內有透明與不透明區域，如圖 20-2 所示。

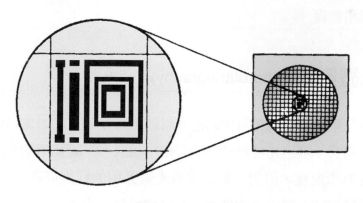

▲圖 20-2　單層光罩

傳統光罩之材質可分為三類：

1. 乳膠光罩 (emulsion mask)：在玻璃片 [適用於 436 奈米 (又稱 G-line) 及 365 奈米 (I-line)] 或石英片 (適用於 248 及 193 奈米深紫外光) 上塗佈一層光敏乳膠，經由以具有圖案的紅膠紙做為遮罩曝光、顯影後，再經硬烤固化乳膠形狀，使紅膠紙上之設計圖案轉移至乳膠上。何謂紅膠紙遮罩，紅膠紙為一種上層紅色下層透明的雙層膠紙，圖案的形成是將其上之紅色膠紙依電路圖案部份雕刻後，撕去紅色膠紙，剩下透明膠紙而成，曝光時，留有紅色膠紙部份不透光，透明膠紙部份可透光。

2. 硬面鉻膜光罩 (hard-surface cr mask)：在玻璃或石英片上濺鍍一層厚約 60-100 奈米鉻 (chromium, Cr) 膜，其上塗佈一層光學微影或電子束微影用光阻劑，光阻劑圖案可以用具有圖案的紅膠紙遮罩曝光，或用雷射光、電子束直寫等方式產生。光阻劑經顯影、鉻膜蝕刻及光阻劑清除後可得該式光罩。

3. 抗反射鉻膜光罩 (antireflective Cr mask)：以光學曝光方式製作光罩，對其上之光阻劑定義圖案時，為降低光罩之鉻膜反射，提高光罩上光阻劑解析度，可在鉻膜上增加一層氧化層為抗反射層，常用者為厚約 20 奈米之氧化鉻 (Cr_2O_3)。該種光罩亦可增加晶圓上光阻劑解析度。

　　乳膠光罩上之乳膠容易被刮損或撕毀，不耐用。用鉻、矽和氧化鐵代替乳膠，都比乳劑耐用，但相當貴。

20-3　光微影術 (Photolithography)

　　光微影術就是用一種稱為光阻劑的感光材料，將光罩上的影像移轉至晶圓上。光阻劑是一種化學物質，由感光材料浮懸於溶劑中組成。一般使用的光阻劑會對汞弧光燈發出的藍紫光有所反應，但對一般暗室或光阻區用的紅光或黃光 (一般稱黃光室) 不起反應，光罩曝光時一般使用紫外光。光阻劑可分為兩大類：

1. 負光阻劑 (negative resist) － 遇光變硬不易溶解的光阻劑。曝光程序中所用的紫外光會使光阻劑高分子化而變硬。缺點是顯影時容易變形，解析度較低。

2. 正光阻劑 (positive resist) － 遇光變軟易溶解的光阻劑。曝光程序中所用的紫外光會使光阻劑高分子分解而變軟。顯影時不易變形，解析度較高。

　　使用正負光阻劑微影蝕刻之製程如圖 20-3 所示。

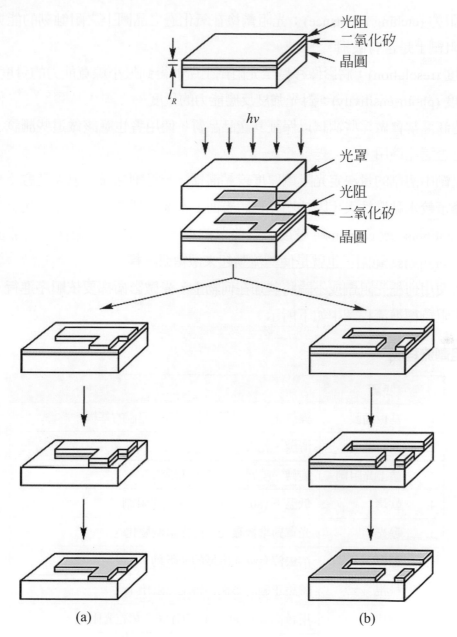

光阻
二氧化矽
晶圓
l_R

hv

光罩
光阻
二氧化矽
晶圓

(a)   (b)

▲ 圖 20-3　(a) 正 (b) 負光阻之微影蝕刻

　　任何一種光阻劑都可用於任何應用中，但在某些情況下，使用其中一種會較爲便利。有四個參數決定光阻劑的特性，它們是：

1. 黏度 (adhension)：光阻劑顯影後再經 " 後烤 "(post-baked) 製程，影像邊緣之耐橫向蝕刻能力的量度。

2. 蝕刻阻力 (etching resistance)：光阻劑塗在氧化過之晶圓上之耐蝕刻的能力，要觀察光阻劑上是否有破損。

3. 解析度 (resolution)：將影像移轉至光阻劑上所能得到最小線寬能力的量度。

4. 感光度 (photosensitivity)：對光強度反應能力的量度。

　　製造商通常會做這些測試以保証其產品品質，使用者也應該做這些測試，以證實光阻劑是否還能適用。

　　光阻劑中溶劑的量決定光阻劑厚度或黏滯性。光阻劑黏滯性愈大就愈不易流動。例如：蜂蜜較水黏滯性大，因其滴在物體表面上不像水那麼容易散開。光阻劑黏滯性單位用 centipoise 或 centistoke 量度，這些單位不同，但有密切關係。大部份光阻劑用 28-60 centipoise 範圍，也就是使其流動起來像糖漿一樣。

　　不管使用何種光阻劑或不論將其加在何物上，光微影術都要依順序進行。這些步驟列於光阻劑標準流程圖中如下所示。

基本光阻劑流程圖

	步驟	操作
1.	基板備製	經氧化、化學氣相沉積等處理過的基板。
2.	表面處理	清潔、乾燥等。
3.	塗上光阻劑	旋轉、噴霧、滾筒，沾浸法等。
4.	軟烤	低溫下 (80 ～ 100℃) 烤乾光阻劑。
5.	曝光	光罩對準後曝光，使光阻劑變化。
6.	顯影	溶去沒有曝光區域的光阻劑。
7.	檢視	驗證正確的影像移轉至光阻劑上。
8.	硬烤	用較高溫 (100 ～ 120℃) 完全烤乾光阻劑。
9.	蝕刻	對氧化膜、金屬等之蝕刻。
10.	剝除光阻劑	用有機物、酸液除去光阻劑。
11.	最後檢視	驗證正確的影像移轉至光阻膜上。

晶圓所需的表面處理，視其所經過的上一道操作步驟情況而定。在許多情況下，例如：晶圓剛從擴散爐或氧化爐或金屬蒸著機拿出，表面非常乾淨即可直接進行微影製程。某些晶圓表面如有氮化矽，或多晶矽或許先需要表面氧化處理使之鈍化，再進行微影製程。材料之氧化是一常用的技術，可如氧化一章所述之情形進行。

另外，爲增加光阻劑之黏著性，有一種稱爲 " 準備 "(priming) 的技術，先將晶圓浸入準備液 (primer) 中，一般使用六甲基二矽胺 (hexamethyldisilazane-HMDS) 爲準備液，或將準備液噴灑在晶圓上，或用氣體帶著準備液蒸汽附著在基板表面上。這些準備液使用後需烤乾，才能再塗上光阻劑。

在 IC 製程中，光阻劑可用許多種技術如浸泡 (dipping)、噴霧 (spraying)、塗刷 (brushing) 或滾壓法 (roller coating) 黏著於晶圓上，最爲廣用的技術還是使用旋轉塗佈機 (spinner) 塗佈，如圖 20-4(a) 和 20-4(b) 所示。

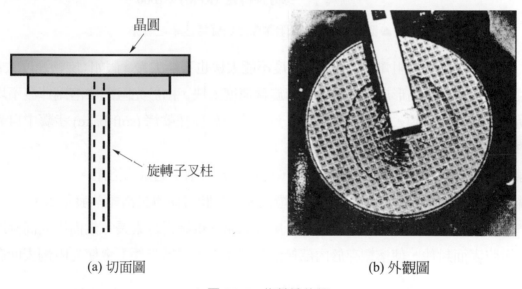

(a) 切面圖   (b) 外觀圖

▲ 圖 20-4　旋轉塗佈機

它包括一個晶圓承物器，連在一中空、可旋轉的軸上，用眞空吸住晶圓在承物器上。適量的光阻劑滴在晶圓中央，並向外流動覆蓋至整片晶圓，然後開始旋轉晶圓，光阻劑受離心力會均勻的向外轉開塗佈在晶圓上。旋轉速度和光阻劑黏著性決定光阻劑的厚度。圖 20-5 所示爲美國 AZ 公司出產具有不同黏著係數的光阻劑，其厚度與旋轉速度之關係。

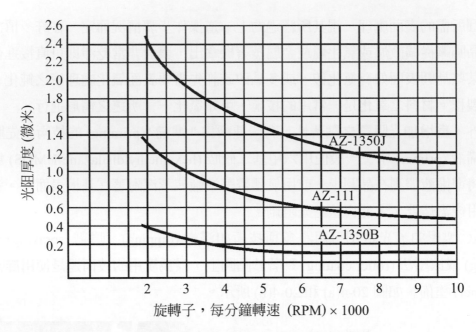

▲ 圖 20-5 AZ 光阻劑厚度與旋轉速率之關係

　　要得到均勻的光阻劑膜厚，旋轉速度不能太快也不能太慢，假如：旋轉速度太慢，光阻劑在邊緣處就易形成珠狀物，假若旋轉速度太快，由於光阻劑中溶劑揮發不均勻就易形成不均勻的膜，光阻劑加上後，過量的溶劑要在軟烤 (soft-bake) 步驟中自光阻劑中烤去。通常軟烤光阻劑有兩個方法：

1. 熱空氣軟烤：使用循環熱空氣氣流，可除去光阻劑中過量的溶劑。

2. 紅外線 (IR) 軟烤：使用特殊紅外光燈泡加熱晶圓可使過量溶劑蒸發除去。

　　溫度與時間是兩個主要控制參數，用太低溫度烘烤需時太長，然而用太高溫度烘烤又會將表面封住，使溶劑存於內部無法蒸發除去，這種條件下會使光阻劑表面有褶皺產生。

　　軟烤後，晶圓放置一段時間冷卻後即可進行對準 (alignment) 步驟，使用精確之光學/機械裝置，將光罩與晶圓靠在一起曝光，每一道光罩間均需精準對齊，即使第一道光罩也要與晶圓平邊對齊。對齊時，用顯微鏡精確控制晶圓位置，光罩上之圖案與光阻下已存在於晶圓表面上的圖案對齊，對齊完後，以高強度汞弧光源開始曝光。

　　曝光之後，沒有高分子化的光阻劑在顯影步驟中溶去，顯影步驟可將晶圓浸至顯影液 (developer) 中，或將顯影液噴於晶圓上完成，用噴霧法顯影液用量極少，在許多應用中極為有利。顯影步驟後，光阻劑上圖案的邊界線應非常明顯，之後再用清洗劑 (rinse) 除去殘留物質。

　　微影術製程到了這裏，可以檢查光阻劑影像的品質，如果品質不佳尚可將曝光好之光阻圖案清洗掉重新製作，如未檢查而進行下一步驟蝕刻後才發現結果不良，該晶圓則需報廢。檢查步驟，是要驗證光阻劑品質和對準程度是否合乎元件使用。晶圓經過該檢查步驟後準備硬烤，硬烤蒸發更多的溶劑，增加光阻劑在晶圓表面的黏著力，使用之裝備種類和考慮事項和軟烤中一樣，溫度要高於軟烤，但時間是差不多的。

　　蝕刻是下一個製程，而且是最重要的。蝕刻最常用的方法是將晶圓浸入先設定好溫度的蝕刻溶液中，蝕刻速率和經驗決定蝕刻時間。假若未被光阻劑保護區蝕刻的很完美，晶圓就可進行下一步。

　　蝕刻完畢後，除去光阻劑，做最後檢查。光阻劑除去的方法有將其溶於溶劑中，或用熱硫酸除去，或用電漿技術使其氧化除去，目前電漿技術使用愈來愈廣泛，也愈來愈可靠。再進行下一步驟前，晶圓再做最後檢查。不合乎標準的晶圓重新再做，或捨棄不要。所有好的晶圓進行下一步驟處理。

20-4　解析增強微影術 (Resolution Enhancement Techniques)

　　在 IC 技術中，具有更高解析度、更大景深和更大的曝光容許度一直是光學曝光系統發展的挑戰，這些需求一直用縮短曝光波長和發展新型光阻來應對。同時，許多解析度增強技術也發展出來，使得光學微影蝕刻能夠適應更小的尺寸。

20-4-1 相移技術 (Phase-Shift Technology)

　　相移光罩 (phase-shift mask, PSM) 是一項重要的解析度增強技術如圖 20-6 所示。對於傳統的光罩，光透過每個縫隙處的電場強度都是同相如圖 20-6(a) 所示，由於光的繞射 (繞射是光經過邊緣時所產生的彎曲現象，光的分佈範圍較縫隙寬) 一個縫隙在晶圓上的電場強度分佈如虛線所示，相鄰縫隙的繞射光因重疊增強了縫隙間的電場強度，光強度正比於電場強度的平方，因此兩個光投影的影像彼此太接近就很難區分出來，限制了解析度。將相移層覆蓋於相鄰的縫隙上，將使其電場反相，如圖 20-6(b) 所示，相鄰縫隙的電場會因相位相差180°而互相抵消。因此，影像可以分辨出來。要得到 180° 的相位差，可用一透明材料，其厚度為 $d = \lambda/2(n-1)$，其中 n 為相移材料的折射率，λ 為波長。

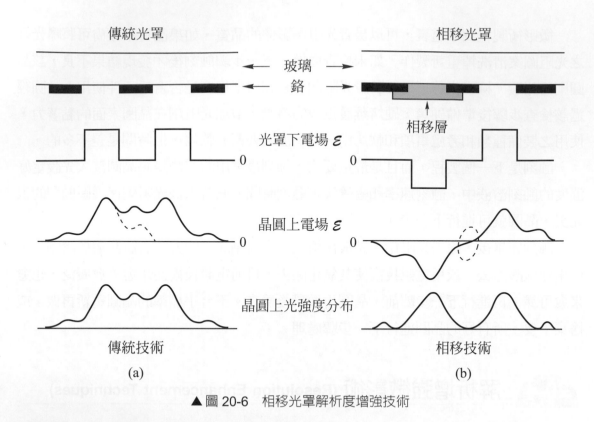

傳統光罩　　　　　　　　　　　相移光罩

玻璃

鉻

相移層

光罩下電場 ε

晶圓上電場 ε

晶圓上光強度分布

傳統技術　　　　　　　　　　　相移技術

(a)　　　　　　　　　　　　　　(b)

▲ 圖 20-6　相移光罩解析度增強技術

20-4-2 光學鄰近修正 (Optical Proximity Correction-OPC)

　　繞射效應會嚴重影響光學投影成像，各自的圖案會與鄰近的圖案相互作用，繞射相交疊的結果即所謂的光學鄰近效應，這種效應在製程尺寸和其間距達到光學系統的解析極限時變得越來越突顯。光學鄰近修正 (optical proximity correction-OPC) 是一種用來減小這種影響增強解析度的技術，該方法利用光罩上幾何圖形的修正來補償因繞射效應所產生的成像誤差，例如：一條寬度接近解析度極限的線，由於兩個角的繞射效應，印出來的是一條帶有圓角的線，如圖 20-7(a) 所示。圖 20-7(b) 所示為在線上的邊角上加一些額外的幾何圖案修正，將印出一條更精確的線。

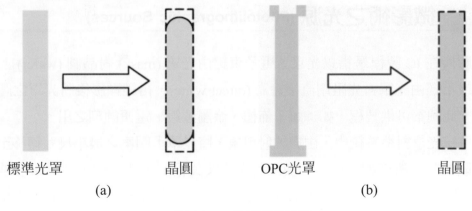

標準光罩　　　　　　晶圓　　　　OPC光罩　　　　　晶圓
(a)　　　　　　　　　　　　　　　　　(b)

▲ 圖 20-7　光學鄰近效應

〰 20-4-3 浸潤式微影曝光系統

一個光學投影系統的解析度 R 通常由透鏡品質決定：

$$R = k\lambda/NA \qquad (20\text{-}1)$$

λ 是曝光波長，k 為一與技術相關的因數，NA 為數值孔徑 (numerical aperture)。

$$NA = nD/2f \qquad (20\text{-}2)$$

n 是成像媒質的折射率 (通常為空氣，n = 1)，D 是透鏡直徑，f 是焦距。

浸潤式微影是一個先進的曝光系統，用於 45 奈米以下製程，在傳統系統中透鏡和晶圓之間的空氣隙被折射率比較大的液體取代。解析度可通過增加數值孔徑得到增強如式 (20-1)，而數值孔徑與成像媒質的折射率成正比如式 (20-2)，因此，解析度可依折射率的增加而增加。目前的浸潤式微影曝光系統使用高純度的水 (n = 1.33) 作為成像媒質來製造新一代奈米級 CMOS IC。

20-5 微影術之光源 (Photolithographic Sources)

　　微影術在 IC 製程是指以光束、電子束經由光罩 (mask) 對晶圓 (wafer) 上之光阻劑曝光或不經由光罩對光阻劑直接書寫 (direct write)，再經顯影後將光罩之圖案轉移至晶圓。此圖案可供製程，如：離子佈植、金屬蒸鍍，電漿蝕刻之用。

　　在傳統光罩對準系統中，由於繞射現象，將光罩上圖案之最小尺寸轉移至晶圓上有一極限，其解析度如前節所敘與所用光的波長相關，波長越短其解析度越好。然而，實際問題如晶圓平坦度、光罩平坦度、顆粒等，使這種理想尺寸在生產情況下更不易達到。傳統製程使用汞弧光燈作為曝光之光源，其所發出的波長約為 4000 Å，使用光學技術所達實際最小線寬尺寸在 0.5 微米 (μm) 到 1.0 微米 (μm) 間。所以使用較短波長曝光是進行更小線寬製程最主要方法之一。

　　因應量產需要，微影技術傾向使用近紫外光 (near ultra-violet, NUV)、中紫外光 (mid UV, MUV)、深紫外光 (deep UV, DUV)、真空紫外光 (vacuum UV, VUV)、極深紫外光 (extreme UV, EUV) 等光源對光阻劑進行曝光或以低能電子束 (～ 100 eV)，高能電子束 (25 ～ 100 keV) 對光阻劑直接書寫。業界使用之光源除汞弧光燈外，還有 KrF 氣體雷射 (波長 248 nm) 及 ArF 氣體雷射 (波長 193 nm)。基本概念是朝短波長發展，以避免繞射現象，增加解析度。以下介紹微影術光源中最重要的兩類。

20-5-1 電子束微影曝光系統 (Electron Beam Lithography)

　　電子束微影為極重要之微影法，適合備製主光罩 (master mask)，其重要性與獨一性尚無法由其他微影技術所取代。

　　電子是帶電粒子，可視為具有波動性，電子能量愈高，則波長愈短。使用電子束曝光相對應的波長小於 1 埃 (Å)，此外還有些其它的優點。產生電子束的設備目前相當成熟。電子束曝光系統如圖 20-8 所示：

A. 電子源

　(1) 熱游離發射 (thermionic emission)：

　　　通常以鎢或六硼化鑭 (LaB$_6$) 單晶體為電子源。鎢電流亮度低，真空度要求低，壽命短。六硼化鑭之電流亮度較鎢高，真空度要求亦較高，壽命較長，故目前廣為使用。

(2) 場發射 (field emission)：

場發射以電場吸出電子，較熱離子之電流亮度高，真空度要求亦較高，壽命亦長。較新的發展是使用鋯／氧／鎢 (Zr/O/W) 合金以熱 (thermal) 或冷 (cold) 場發射提供電子束，較 LaB_6 之電流亮度可提高 100 ～ 1000 倍之多。

B. 電子束曝光方式

(1) 陣列掃描式 (raster scan)：電子束配合平台的移動，掃描整個圖形，對有圖案區，電子束打開照射；無圖案區，電子束則自動關閉。此種掃描方式適合晶圓上有大面積圖案者。如同點陣 (dot matrix) 式列表機之作用。

(2) 向量掃描式 (vector scan)：電子束直接照射有圖案處，完成照射後，便直接移至另一圖案照射，對無圖案區則不掃描，適合晶圓上僅有小面積圖案者。

(3) 直接照射式 (direct exposure)：非掃描法，一次對較大面積直接照射。

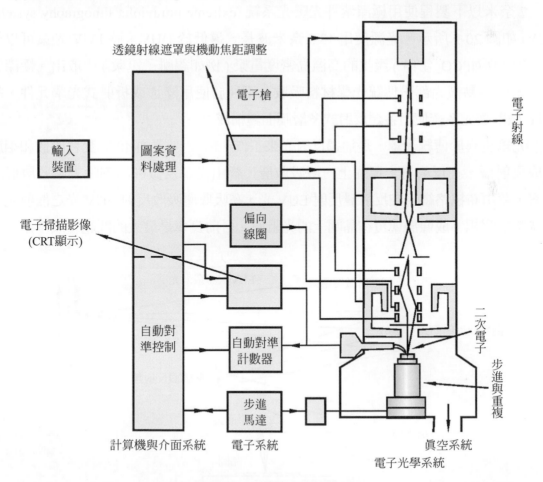

▲ 圖 20-8　電子束微影系統

　　電子束曝光系統尙有兩個優點：第一，電子束顯微鏡是高放大倍率的工具，將電子射束系統加以改裝供對準用，加上放大倍率就可解決光罩對晶圓之對準問題。第二，因爲電子束是一束帶電粒子，故可加以偏向掃描或開關，這項能力意謂著不需光罩就可將光阻劑直接書寫，目前廣爲使用，非常具有潛力。但是曝光速度慢是電子束曝光最大的問題，急需改進。

〰 20-5-2 極深紫外光微影曝光系統 (Extreme Ultraviolet Lithography)

　　光學微影曝光仍是量產的最佳選擇，增加其解析度的最佳方法就是縮短波長，目前應用於 7 奈米製程的高解析度微影曝光系統是搭配浸潤式的深紫外光 (DUV-deep ultraviolet immersion system) 微影曝光系統，光源使用 ArF 準分子雷射，波長 193 奈米，但再繼續微縮仍嫌不足。

　　7 奈米以下製程使用極深紫外光曝光系統 (extreme ultraviolet lithography system-EUV) 如圖 20-9 所示，光源使用 13.5 奈米波長，遠低於 DUV，該 EUV 光束可以從由雷射 (例如 CO_2 雷射) 產生的高溫高密度電漿 (例如錫離子電漿) 中取出。極深紫外光波段容易被大部份傳統光學材料吸收，不利於使用穿透或折射式光學元件，故 EUV 微影曝光系統使用各類反射式多層膜面鏡構成。

　　光罩也異於傳統光罩，是通過反射光來工作。EUV 光罩由 40 層交替的矽和鉬層組成反射層，在反射層上還加上一層吸收層，經由光罩及微影蝕刻除去吸收層形成圖案，藉由布拉格繞射在反射層反射 EUV 光，在吸收層吸收反射 EUV 光之散射光，通過微縮照相，成像於塗覆在晶圓上的光阻層。目前良率是最大的問題，成本是一大隱憂。

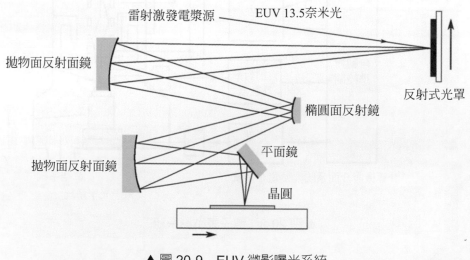

▲ 圖 20-9　EUV 微影曝光系統

蝕刻技術

微影術形成奈米線條遮罩，如何精準移轉至晶圓上不失真，是當今積體電路蝕刻製程技術極為艱鉅的任務。

21-1　濕蝕刻
21-2　乾蝕刻

　　光微影蝕刻術之目的就是將光罩上的圖案移轉至晶圓上，晶圓上光阻劑通過軟烤、曝光顯影、硬烤後，就準備開始下一個製程－蝕刻。蝕刻技術可分為兩種方式 (1) 濕蝕刻和 (2) 乾蝕刻。

21-1　濕蝕刻 (Wet Etching)

　　濕蝕刻的基本概念就是用蝕刻劑在化學液中與晶圓表面反應產生可以溶解於液體的產物或氣體，或氧化晶圓表面成氧化物溶解於液體中，主要優點是對遮罩物有高選擇性且設備低廉，主要缺點是等向性。

　　濕蝕刻速率主要決定於兩種機制－蝕刻劑擴散限制與表面化學反應速率限制，當反應受限於蝕刻劑擴散限制，因為是非線性而不利於製程控制，表面化學反應速率限制是較佳的，因為只要控制溫度與蝕刻劑組成即可調整蝕刻速率。濕蝕刻有一些缺點，如化學藥品爆炸的危險性，等向性蝕刻的底切 (undercut)，氣泡的產生使局部無法蝕刻。

　　濕蝕刻最常用的方法就是將晶圓浸入先設定好溫度的蝕刻溶液中，蝕刻速率和經驗決定蝕刻時間，通常蝕刻速率與溫度成正比關係。假若未被光阻劑保護區蝕刻的很成功，晶圓就可進行下一步。

～～ 21-1-1 矽製程濕蝕刻 (Wet Etching in Si Process)

矽晶圓製程中常碰到的材料及其對應之濕蝕刻化學藥品列於表 21-1 中。

▼ 表 21-1　矽晶圓製程中所用的濕蝕刻

材　　料	蝕　　刻
二氧化矽	HF, NH_4F(緩衝氧化蝕刻)
鋁	H_3PO_4, CH_3COOH, HNO_3
多晶矽	HF, HNO_3, CH_3COOH, KOH
氮化矽	H_3PO_4
矽	HF, HNO_3, H_2O
銀	NH_4OH, H_2O_2
金	HNO_3, HCl
銦	HNO_3, HCl
銅	HNO_3, H_2O
鎳	CH_3COOH, HNO_3, HCl
白金	HNO_3, HCl, H_2O
鎢	HNO_3, HF

　　蝕刻完畢後，除去光阻劑，做最後檢查。光阻劑除去的方法有將其溶於溶劑中，或用熱硫酸除去，或用使用日益廣泛的電漿技術將其氧化除去 [或稱為灰化 (ashing)]。再進行下一步驟前，晶圓做最後檢查，不合乎標準的晶圓重新再做，或捨棄不要。所有好的晶圓進行下一步驟處理。

　　濕蝕刻最大的問題在底切，如圖 21-1(a) 所示。大部份的濕蝕刻都是沒有方向性，也就是在晶圓各方向上的蝕刻速率相等，稱為等向性蝕刻，故在光阻下方會向內部沿伸，使線寬縮小，IC 佈局 (layout) 圖案產生失眞。均向性蝕刻所產生之線寬縮小失眞並不是一大問題，只要加大原來光阻劑線寬尺寸，補償線寬縮小尺寸就可。但當導線寬度與導線與導線間間隔都很小時，若要補償線寬而縮小間隔，會引起佈局設計及面積利用率更大的困難，一般經驗中 2 μm 是濕蝕刻的極限。為了解決等向性蝕刻問題改用非等向性乾蝕刻如圖 21-1(b) 所示，非等向性蝕刻程度之表示為

$$A = 1 - V_h / V_v = 1 - L_h/L_v \qquad (21\text{-}1)$$

  A 是非等向性蝕刻程度

  V_h 是水平蝕刻速率，L_h 是水平蝕刻深度

  V_v 是垂直蝕刻速率，L_v 是垂直蝕刻深度

例如 V_h 為 0，則 A 為 1，代表完全非等向性蝕刻，這是乾蝕刻希望達到的目標。

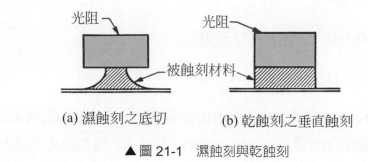

  (a) 濕蝕刻之底切   (b) 乾蝕刻之垂直蝕刻

▲ 圖 21-1 濕蝕刻與乾蝕刻

〰 21-1-2 化合物半導體濕蝕刻
(Compound Semiconductor Wet Etching)

  III-V 化合物半導體濕蝕刻的基本概念完全相同，當今重要的砷化鎵、氮化鎵、碳化矽對應之濕蝕刻化學藥品列於表 21-2 中。

  砷化鎵 (GaAs) 濕蝕刻針對不同目的有許多不同配方，例如平台 (mesa) 蝕刻配方有 HF：H_2O_2：H_2O ＝ 1：9：90（400 奈米 / 分鐘），H_2SO_4：H_2O_2：H_2O ＝ 1：8：160（500 奈米 / 分鐘），NH_4OH：H_2O_2：H_2O ＝ 1：1：1000（250 奈米 / 分鐘），都有穩定的蝕刻速率。

  氮化鎵 (GaN) 化學鍵非常強，濕蝕刻是非常困難的。GaN 濕蝕液中有氧化劑及還原劑，檸檬酸 / 雙氧水 (citric acid/H_2O_2) 蝕刻速率可達 580 奈米 / 分鐘，蝕刻面較粗糙。若使用光補助電化學蝕刻 (photo-enhanced electrochemical, PEC)，使用 KOH 溶液蝕刻液，並使用 UV 照射，蝕刻速率可達 100 奈米 / 分鐘；使用 $K_2S_2O_8$ 氧化劑與 KOH 還原劑，蝕刻速率可達 50 奈米 / 分鐘。

▼ 表 21-2 化合物半導體晶圓所用的濕蝕刻

材　　料	蝕 刻 劑
砷化鎵	$H_2SO_4:H_2O_2:H_2O$
氮化鎵	H_3PO_4 (85%), citric acid/H_2O_2, HCl/H_2O, KOH
碳化矽	KOH, HF + HNO_3

碳化矽 (SiC) 濕蝕刻基本概念相同，表面先氧化再將氧化物溶解。使用 PEC 技術蝕刻碳化矽，以水為氧化劑將 SiC 氧化成 SiO_2，HF 蝕刻 SiO_2，SiC 表面作為陽極，Pt 作為陰極，化學反應如下：

$$SiC + 2H_2O + 4h^+ \rightarrow SiO + CO + 4H^+ \tag{21-2}$$

$$SiC + 4H_2O + 8h^+ \rightarrow SiO_2 + CO_2 + 8H^+ \tag{21-3}$$

h^+ 是電洞，蝕刻時使用紫外光照射增加電洞濃度，可以增加蝕刻速率。由於 SiC 單晶與非晶對氫氟酸與硝酸混合液 (HF + HNO_3) 有很大的蝕刻速率差異，使用離子佈植先將 SiC 單晶非晶化，再用氫氟酸與硝酸混合液蝕刻有很好的結果。

21-2 乾蝕刻 (Dry Etching)

化學反應的發生要先使反應物達到活化狀態，即能量超過反應活化能 (activation energy)，化學反應才得以進行。蝕刻也是一種化學反應，電漿就是使反應物達到活化狀態的一種有效方法。乾蝕刻也就是 " 電漿蝕刻 "(plasma etching)，是現今 IC 製程中廣泛使用的一種蝕刻技術，電漿蝕刻反應大致上分五個步驟：(1) 反應氣體在電漿產生器中形成電漿，(2) 電漿中反應物擴散並吸附至被蝕刻物表面，(3) 化學反應 (含有物理效應) 後形成揮發性生成物，(4) 揮發性生成物脫離表面排出反應室。這五步驟決定電漿蝕刻之速率。乾蝕刻依反應腔操作形態基本上分為兩類：

(1) 電容耦合式電漿蝕刻機 (capacitively coupled plasma etcher-CCP)。

(2) 電感耦合式電漿蝕刻機 (inductively coupled plasma etcher-ICP)。

🌊 21-2-1 電容耦合式電漿蝕刻機
(Capacitive Coupled Plasma Etcher-CCP)

電容耦合式電漿蝕刻機 (CCP) 如圖 21-2 所示，有上下兩個電極，形狀有如一個電容，故得此名。操作原理是在反應腔抽真空後，送入適量反應氣體，所用反應氣體依蝕刻物而定，例如：蝕刻矽使用 SF_6 或 CF_4，蝕刻光阻劑使用 CF_4/O_2 氣體，蝕刻氮化矽 (Si_3N_4) 使用 CF_4/O_2、C_2F_6 氣體，蝕刻多晶矽使用 CF_4/O_2、SiF_4/O_2 氣體。CCP 蝕刻機工作壓力較高，約在 10^{-2} torr 以上，導致電子平均自由路徑 (mean-free-path) 短 (平均自由路徑係指氣體粒子與粒子連續兩次碰撞間所行經路徑的平均長度，壓力愈低，氣體的平均自由路徑會愈長，氣體粒子之碰撞機率也較低)，電子撞擊反應氣體的游離率低，所產生的電漿密度不高，約為 10^9 ion/cm^3，蝕刻速率較 ICP 低。

在反應器上方電極輸入射頻電源 (*RF*-radio frequency，頻率一般為 13.56 MHz) 如圖 21-2(a) 所示，稱為電漿蝕刻模式 (plasma etch mode)，使氣體中原本就存在的少量游離電子加速撞擊反應氣體產生更多游離電子，最後將反應氣體游離成穩定電漿。電漿主要成分有三種：自由電子、帶正電離子、中性原子與自由基 (free radicals)，其中自由基是一種活性甚高的化學反應物質，也是電漿產生蝕刻最主要的成分。反應腔中正離子與電子不斷產生與中和會發出明顯的可見光。

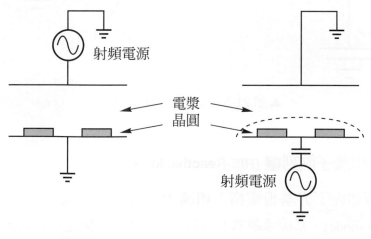

(a) 射頻加在電極上　　　　　(b) 射頻加基板在電極上

▲ 圖 21-2　電漿電耦合式電漿蝕刻系統

　　早期用於除去光阻劑，也就是灰化 (ashing) 所使用稱為桶型電漿蝕刻機 (barrel plsma etcher) 如圖 21-3 所示就是這一類。桶型蝕刻機有一個圓桶型的設計，工作在約 0.1～1 torr 的氣壓下，射頻電源加在圓桶兩側的電極上，內部帶孔洞的金屬圓桶將電漿限制於金屬圓筒和腔壁之間，金屬圓桶內有晶圓垂直放置于石英舟上，彼此間隙很小並且與電場平行放置。金屬圓桶可以隔離帶電的正離子和負電子，讓電漿中的中性原子與自由基通過孔洞擴散至蝕刻區域，所以蝕刻是純化學等向性蝕刻。

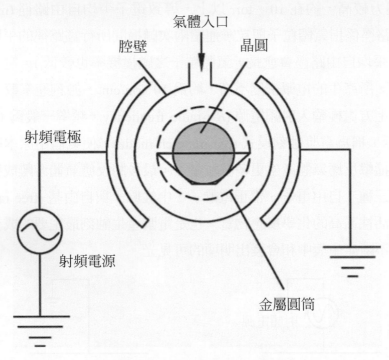

▲ 圖 21-3　桶型電漿蝕刻系統

21-2-2 活化離子蝕刻機 (RIE-Reactive Ion Etcher)

　　當射頻電源加在下方基板電極上如圖 21-2(b) 所示，稱為活化離子蝕刻模式 (reactive ion etch mode)，基板承載器下方有一絕緣板，會阻絕直流電流的通過，反應氣體受到射頻交流電場的影響在真空電漿反應器中游離，產生的電漿中有帶正電的正離子與帶負電的電子，在射頻交流電位負半週時可吸引正離子至基板表面，在正半週時可吸引電子至基板表面。由於，電子質量遠小於正離子，移動速度遠快於正離子，故相對比較之下，在射頻交流電位正半週時可吸引較多的電子至基板表面，在負半週時有較少的正離子吸至基板表面，於是每個週期都會有淨電子累積在基板表面，若干週期後，基板表面就累積了平衡穩定的電子數，故在基板表面建立一直流負電位。基板表面附近區域中因正離子濃度低，故與電子結合率低，產生的電漿輝光很弱，在視覺上形成為一暗區，稱為被覆區 (sheath)。也由於基板的負電位，電漿正離子若進入被覆區就會被電場加速撞擊基板，增進對基板進行垂直方向的物理性蝕刻，增進了非等向性蝕刻程度。簡而言之，活化離子蝕刻中的化學蝕刻是等向性蝕刻，物理性蝕刻就是非等向性蝕刻。

〰 21-2-3 邊牆機制輔助非等向性蝕刻
(Anisotropic Etching Assisted by Sidewall Mechanism)

在上節中談到，RIE 電漿蝕刻中化學性等向性蝕刻加上物理性垂直蝕刻，就構成電漿蝕刻產生非等向性蝕刻之原理。在理論上，正離子物理性撞擊是垂直的，由於正離子與正離子間之排斥與碰撞，會產生散射效應，即產生水平方向撞擊，因此蝕刻結果並非完全理想。由於還有一種邊牆機制 (sidewall mechanism)，會使得結果較趨於理想，就是蝕刻反應生成之非揮發產物 (通常是高分子材料) 會再沉積在邊牆上，如圖 21-4 所示，形成一種穩定的保護層，阻隔了水平方向的蝕刻。總而言之，乾蝕刻要達到 100% 垂直蝕刻是很不容易的。

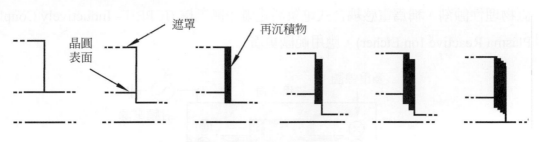

遮罩　　再沉積物

晶圓
表面

▲ 圖 21-4　乾蝕刻之邊牆效應

〰 21-2-4 電感耦合式電漿蝕刻機
(Inductively Coupled Plasma Etcher-ICP)

電感耦合式電漿蝕刻機其產生電漿之方式係在真空腔體上方設置多重感應線圈，當射頻電流流過線圈時，經由線圈感應產生出一交流磁場，透過介質窗，在介質窗對面產生一平行介質窗環繞交流電場 1，該交流電場使電子正反方向加速撞擊反應氣體分子成離子產生電漿，如圖 21-5 所示。相較於 CCP 蝕刻機有幾項明顯的優點：

(1) 電子加速方向是環繞該磁場並平行於晶圓表面之方向；同理，電漿中正離子加速方向與電子相反也平行於晶圓表面 (不易撞擊晶圓表面)，所以 ICP 蝕刻主要機制是中性的自由基控制之化學蝕刻，而非正離子控制之物理蝕刻，不會對晶圓產生傷害，所以 ICP 是一個等向性蝕刻機。當輸入射頻電源功率增大時，可以得到相當高的電漿密度增加蝕刻速率，此為重要優點。反觀 CCP 蝕刻機，電場係產生於兩極板之間，而導致正離子加速方向垂直於晶圓表面，若增加輸入射頻電源功率，將導致正離子加速大，產生撞擊力量大，會造成晶圓嚴重傷害，因此 CCP 蝕刻機有功率的基本限制。

(2) ICP 反應腔內電子與離子是環繞著電力線而行，可以不斷地與反應氣體相互碰撞，提高產生電漿的效率。此外，ICP 工作壓力約在 1×10^{-3} torr，CCP 反應器工作壓力約為 10^{-2} torr 以上，因此 ICP 中電子平均自由路徑較長，也就是可在較低的壓力點燃電漿，兩個機制使 ICP 電漿密度可達約 $10^{11}/cm^3$ 以上，而 CCP 蝕刻機的電漿密度只有 $10^9/cm^3$ 的數量級，電漿密度高即參與反應的化學物質濃度高，也就是蝕刻速率高。

(3) 為了提高 ICP 的非等向蝕刻機能，在晶圓座加上一個射頻電源，如圖 21-5 底部所示，會在晶圓上產生負感應直流偏壓，產生電場 2 吸引加速正離子對晶圓進行垂直物理性蝕刻，稱為電感耦合式電漿活化離子蝕刻機 (ICPRIE- Inductively Coupled Plasma Reactive Ion Etcher)，應用範圍更廣。

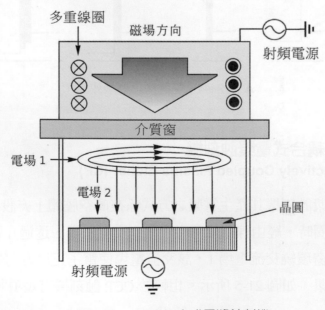

▲ 圖 21-5　電感耦合式電漿蝕刻機

21-2-5 遠端電漿蝕刻機 (Remote Plasma Etcher)

電漿中有自由電子、帶正電離子、中性原子與自由基,還有高能量輻射,中性自由基是電漿蝕刻最主要的成分,其餘的成分經常對晶圓上的電路造成傷害,使用遠端電漿蝕刻機如圖 21-6 可以解決這個問題。電漿產生後,只有主要負責蝕刻的中性自由基經由傳輸區導入蝕刻腔進行蝕刻,由於中性自由基不會被電場導向故分佈角度大,非等向性蝕刻效率不佳。

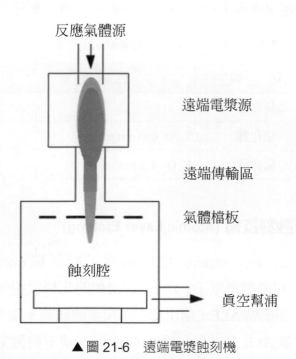

反應氣體源

遠端電漿源

遠端傳輸區

氣體擋板

蝕刻腔

真空幫浦

▲ 圖 21-6　遠端電漿蝕刻機

21-2-6 化合物半導體乾蝕刻
(Compound Semiconductor Dry Etching)

由於化合物半導體的濕法化學蝕刻成效有限,因此投入了大量研究來開發乾蝕刻。乾蝕刻的開發初期集中在要求高蝕刻速率,非等向性,和光滑側壁。RIE 與 ICP是最為廣用的兩類乾蝕刻,所使用的蝕刻氣體如表 21-3 所示。

我們舉碳化矽乾蝕刻為例,氟化物 CHF_3、$CBrF_3$、CF_4、SF_6、NF_3 和 O_2 都有使用,其中 SF_6 和 O_2 是最為廣為使用,反應化學反應式為

$$Si + xF \rightarrow SiF_x \tag{21-4}$$

$$C + yF \rightarrow CF_y \tag{21-5}$$

$$C + zO \rightarrow CO_z \tag{21-6}$$

SiF_x、CF_y、CO_z 都是揮發性材料。使用 RIE 蝕刻面較爲粗糙，選擇性較低，使用 ICP 非等向蝕刻較佳是目前使用最廣的工具。光阻，SiO_2 and Si_3N_4 都可用於遮罩材料，金屬 Ni 材料遮罩的蝕刻選擇性最好，使用 SF_6 和 O_2 配方的蝕刻選擇比達到 100:1，碳化矽的蝕刻速率達到 1.5-1.6 μm/min，但須注意金屬汙染。

▼表 21-3　化合物半導體晶圓所用之乾蝕刻

材　　料	蝕　刻　劑
砷化鎵	Cl_2
氮化鎵	Cl_2/Ar 650 nm/min
碳化矽	SF_6/O_2 1.5 μm/min

21-2-7 原子層蝕刻技術 (Atomic Layer Etching)

原子層蝕刻 (atomic layer etching-ALE) 和原子層沉積 (atomic layer deposition-ALD) 相反，是一種可以蝕刻單原子 (分子) 層薄膜的化學氣相蝕刻技術。ALE 可分為兩大類—電漿 ALE 和高溫 ALE，適用於不同類型的蝕刻。當然也有結合兩種技術進行 ALE。通常，電漿 ALE 具有異向性 (anisotropic) 或定向蝕刻能力，相反的，高溫 ALE 具有均向性 (isotropic) 蝕刻能力。以目前發展狀態，電漿 ALE 和高溫 ALE 有各自容易處理的對象，仍需要進一步的發展。

ALE 的蝕刻機制，以電漿 ALE 使用氯 (Cl_2) 和氬 (Ar) 蝕刻矽薄膜爲例。首先，氯分子氣體注入反應腔，解離後吸附到矽表面形成矽氯化合物層，吸附速率被氯分子的解離速率所決定，吸附達到完全飽和狀態所需的時間大約 30 秒。將過量未反應的氯氣被排除後，注入氬離子轟擊除去矽氯化合物層。重複週期達到所要的蝕刻深度。

再以高溫 ALE 使用氧 (O_2)、氫氟酸 (HF) 和三甲基鋁 ($Al(CH_3)_3$) 蝕刻矽薄膜爲例。首先，氧分子氣體注入反應腔，解離後吸附到矽表面形成氧化矽 (SiO_2) 層，三甲基鋁將氧化矽轉成氧化鋁 (Al_2O_3)，氫氟酸將氧化鋁 (Al_2O_3) 轉成氟化鋁 (AlF_3)，最後經由三甲基鋁與氟化鋁反應去除，蝕刻速率在 290℃ 約爲 0.04 nm/ 週期。

電漿 ALE 和高溫 ALE 的基本反應機制類似，先進行表面改變 (surface modification) 再進行表面去除 (surface removal)，ALE 與 ALD 原子層沉積相輔相成，可以使用 ALD 控制薄膜生長，然後使用 ALE 蝕刻薄膜。

21-2-8 聚焦離子束 (Focused Ion Beam, FIB)

穿透式電子顯微鏡 (TEM) 樣品需要薄至約 100 奈米以下才方便觀察，目前都使用聚焦離子束 (focused ion beam-FIB) 來切割，FIB 裝置類似掃描電子顯微鏡 (SEM)，使用聚焦離子束代替 SEM 電子束對樣品進行特定位置的濺射蝕刻，可以蝕刻至奈米尺寸，產生的二次電子和二次離子都可用於成像進行細微觀察。

FIB 一般使用液態金屬鎵離子源，也有使用稀有氣體如氙氣離子束。加熱的鎵浸濕鎢針後流到尖端，表面張力和電場的作用力將鎵形成半徑非常小（～ 2 nm）的尖端，在尖端上加上巨大電場（每厘米大於 1×10^8 伏）電離鎵原子同時進行場發射，將鎵離子加速到 1 ～ 50 keV，通過靜電透鏡聚焦到樣品上，最小的蝕刻尺寸約 10 ～ 15 nm。對絕緣樣品，可以使用低能電子槍來中和電荷。

FIB 另可用於沉積材料，例如：將六羰基鎢 $(W(CO)_6)$ 氣體導入 FIB 真空室，用離子束將氣體分解引發鎢沉積。FIB 在半導體中有廣泛應用，如積體電路上特定位置的缺陷分析，光罩修復和 TEM 樣品製備等，還可用於電路修改，不僅可用於切斷不需要的電連接，還可以沉積金屬材料進行電連接。

21-2-9 化學機械拋光 (Chemical-Mechanical Polishing, CMP)

近年來，化學機械拋光的發展對多層金屬互連日趨重要，因為它是目前唯一可進行整片晶圓表面平坦化 (global planarization) 的技術。它有許多優點：對不同結構均可獲得好的全面平坦化，缺陷密度小及可避免電漿損傷。

CMP 設備包括三個主要部分如圖 21-7 所示：(1) 要拋光的晶圓表面，(2) 拋光墊 (pad)，(3) 拋光液 (slurry)（提供化學及機械兩種作用）。CMP 時晶圓朝下，在晶圓表面與拋光墊之間加入拋光液，拋光液滲透至拋光墊表面，持續移動晶圓使其表面與拋光墊摩擦，移動方式有三種：載台旋轉時晶圓相對旋轉，載台旋轉時晶圓軌道式旋轉，載台旋轉時晶圓線性移動。

　　拋光液中具有研磨作用的微粒使晶圓表面產生機械損傷，這有利於拋光液與其進行化學反應，或使晶圓表面疏鬆破裂溶解於拋光液中而被化學反應清除掉。因為大部分的化學反應是均向性，所以 CMP 工藝須特別講究，對表面突出部分要有更快的拋光速率，以達到平坦化的效果。如果只單獨採用機械方式拋光，理論上也可達到平坦化的需求，但會造成材料表面大量的機械損傷。

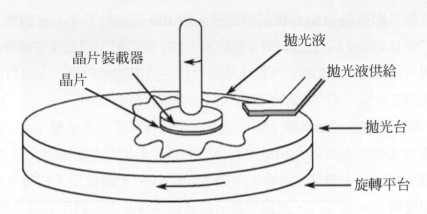

▲ 圖 21-7　化學機械拋光設備的示意圖

CH

22 化學氣相沉積

積體電路製程中除原生氧化矽外，還需要許多絕緣層薄膜，都需要化學氣相沉積法來生長。

22-1 化學氣相沉積概念 (Introduction of CVD)

　　化學氣相沉積 (chemical vapor deposition)(簡稱 CVD) 就是藉氣體原料之熱反應或熱分解，在加熱之基板上形成一穩定的化合物。磊晶成長是化學氣相沉積的一種，而且是很特殊的一種，它要求基板的晶體結構能延續到沉積膜，磊晶成長已在之前討論過了。在這章中我們只討論非磊晶即非晶或多晶的 CVD 薄膜成長及其應用。

　　化學氣相沉積有許多種不同的生長系統，但在裝置上都有一些基本共同部份。這些是：

1. 反應室 (reaction chamber)。
2. 氣體控制部份。
3. 時間與程序控制部份。
4. 基板加熱源。
5. 排氣處理。

　　完成這些部分有許多方法，故導出許多類的反應系統如同磊晶成長。反應室的目的是給氣體原料產生沉積時提供一可控制的封閉場所，類似磊晶系統，依反應室的型態 CVD 可以區分為：

1. 水平 (horizontal) 系統：晶圓水平置放在晶圓承物器 (suseceptor) 或垂直放在石英船上 (boat) 如圖 22-1 所示，氣體由反應室一端流入，流過晶圓，在反應室另一端流出。

2. 垂直 (vertical) 系統：晶圓平放在承物器上，氣體由反應室上部中央流至晶圓上，在底部側邊流出如圖 22-2 所示。承物器通常要旋轉以得較均勻的沉積。

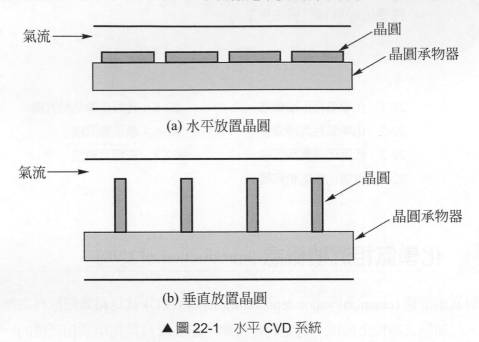

▲ 圖 22-1　水平 CVD 系統

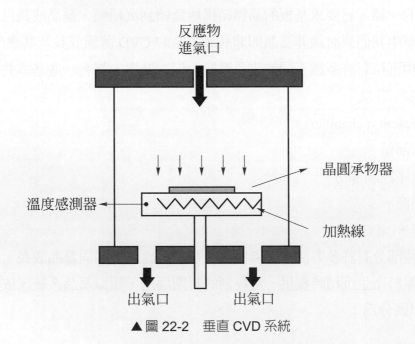

▲ 圖 22-2　垂直 CVD 系統

3. 連續生長 (continuous flow) 系統：氣流向下流動如垂直系統一般，而晶圓放在可連續移動之晶圓承物輸送帶上如在水平系統一樣，晶圓連續不斷送入系統生長，如圖 22-3 所示。

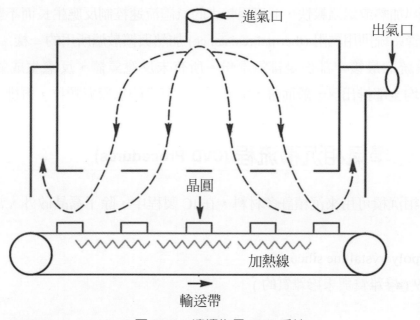

▲圖 22-3　連續生長 CVD 系統

　　氣體控制部份的功能是控制流入反應室之氣體量與流速，氣體包含氣體原料與載氣，載氣用來稀釋氣體原料，並控制氣體流速以建立反應室內氣流流動滯流層的分布以達均勻沉積。氣體控制器所用的型式依應用時所需的精確度而定。一般而言，所需控制的精確度愈高，氣體控制器愈重要。

　　時間和程序控制部份是負責 CVD 系統的整個生長流程。它可以手動開 / 關控制，也可完全由電腦自動控制。

　　基板加熱源可分為兩大類：

1. 冷管 (cold-wall) 系統

2. 熱管 (hot-wall) 系統

　　若 CVD 中的化學反應為吸熱反應，則用冷管系統較佳，因反應在管壁上以相當慢的速率進行，在管壁上很少沉積。若使用熱管，在管壁上的沉積就與在晶圓上和晶圓承物器上同樣速率或更快速率進行。若 CVD 為放熱反應，則相反。在冷管 CVD 系統中加熱可用射頻 (*RF*-radio frequency) 感應加熱或紅外光 (IR-infrared) 直接照射加熱。在 *RF* 加熱之承物器，*RF* 感應線圈將能量耦合至碳質承物器如石墨，晶圓與承物器接觸而被加熱。紅外光直接照射加熱是由燈泡發出的紅外光高能量直接照射晶圓及其承物器加熱。這兩種冷管式加熱中，因由承物器發出的輻射與對流會使管壁溫度大幅上升，管壁溫度比室溫高很多，但比晶圓低很多。

在冷管系統中除了在管壁上有較少沉積的優點外，還有其它優點，因系統中總熱量較少，晶圓加熱或退溫較快，並可用較大的氣體流速控制反應生長而不影響晶圓生長溫度。熱管系統則用熱阻 (thermal resistance) 加熱與擴散爐所用的一樣。

CVD 系統的最後一部份是排氣部份。所有未反應氣體、反應生成氣體及載氣 (carrier gas) 均全部排出。一般而言，廢氣要除去有害的氣體與顆粒，再排入大氣中。

22-2　化學氣相沉積流程 (CVD Procedures)

化學氣相沉積可用來沉積許多材料，在 IC 製程中，除了磊晶矽外，常沉積的材料還有：

1. 多晶矽 (polycrystalline silicon)
2. 二氧化矽 (摻雜質與未摻雜質的)
3. 氮化矽

這些材料中任一種都有許多方法生長，每一種材料都有許多用途。

多晶矽是一種具有短程晶體結構，單晶則具長程晶體結構的材料。假如在基板上的沉積速率太快，或基板不是單晶結構，或沉積溫度在生長單晶的臨界溫度以下，CVD 會在基板上沉積出多晶矽來。沉積多晶矽 (簡稱為 poly) 有兩種常用的方法：

反應	載氣	沉積溫度 (℃)
$SiH_4 + 熱 \rightarrow Si + 2H_2$	H_2	850-1000
$SiH_4 + 熱 \rightarrow Si + 2H_2$	N_2	600-700

多晶矽的晶體結構及沉積溫度與沉積速率有關。多晶矽沉積通常不加摻雜質，可由後續處理中摻入摻雜質供 IC 中做導電層。多晶矽層厚度可由干涉技術測出。

二氧化矽可由下列 CVD 反應生長：

反應		載氣	沉積溫度 (℃)
$SiH_4 + O_2$	$\rightarrow SiO_2 + 2H_2$	H_2	600-900
$SiH_4 + 4CO_2$	$\rightarrow SiO_2 + 4CO + 2H_2O$	N_2	500-900
$SiCl_4 + CO_2 + 2H_2$	$\rightarrow SiO_2 + 4HCl$	H_2	800-1000
$SiH_4 + 2O_2$	$\rightarrow SiO_2 + 2H_2O$	N_2	200-500

　　二氧化矽在沉積反應中可加入氫化砷，氫化磷，氧化硼，使二氧化矽中含砷、磷或硼，這些摻雜質很容易形成的氧化物摻入沉積之二氧化矽中，摻有雜質的二氧化矽可當作預積 (predeposition) 摻雜質的原料，或可做為遮罩。但其最主要的用途是在已完成線路和已鍍完金屬的 IC 上防止刮傷及污染的保護膜。在已鍍有金屬的 IC 上，二氧化矽要在低於 500℃ 下沉積，避免破壞金屬等問題的發生。

　　多層結構膜，例如 : 摻磷氧化膜 / 氧化膜，或氧化膜 / 摻磷氧化膜 / 氧化膜，如圖 22-4 所示，使用多層結構膜的理由是：

1. 摻磷氧化膜可防止污染物穿過該氧化膜，在化性上有阻擋能力。但加上電壓後，它會與水反應產生電解腐蝕作用，腐蝕下層的鋁金屬。

2. 若在摻磷氧化膜下生長一層純氧化膜，或在摻磷氧化膜上下各長一層純氧化膜，就可防止腐蝕作用。

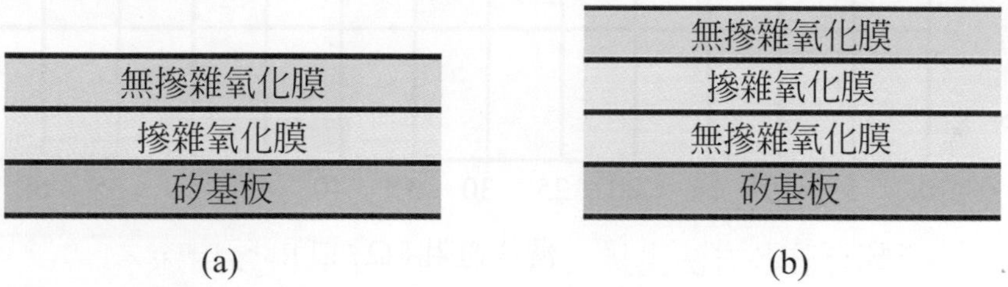

| 無摻雜氧化膜 |
| 摻雜氧化膜 |
| 矽基板 |

(a)

| 無摻雜氧化膜 |
| 摻雜氧化膜 |
| 無摻雜氧化膜 |
| 矽基板 |

(b)

▲ 圖 22-4　多層結構膜

　　熱氧化法生長的 SiO_2 膜，膜厚可查顏色表 (color chart) 來決定如第十六章表 16-1。CVD 沉積生長的 SiO_2，密度比熱氧化法生長的稍低，但在 900℃ 以上加熱 30 分鐘，則性質就很難分辨了。

　　CVD 沉積摻磷 SiO_2 膜中磷含量之測試方法：在低濃度 p 型矽晶圓上沉積一層摻磷氧化膜，晶圓在標準溫度及設定時間下放入爐中擴散，再用四點探針法測量晶圓薄片電阻，就可決定沉積 SiO_2 膜中磷含量的多少。圖 22-5 為在 1000℃ 沉積 30 分鐘，晶圓薄片電阻與沉積氧化膜中磷濃度之關係。

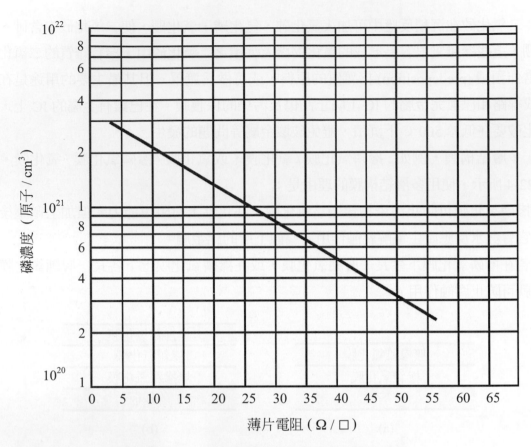

▲ 圖 22-5　CVD 晶圓薄片電阻與磷濃度之關係

氮化矽 (Si_3N_4) 是一種原子密度很高的介質，用來保護 IC 中對污染特別敏感的部份，或用來控制矽的局部氧化。它也可用下列 CVD 方法沉積：

反應	載氣	沉積溫度 (℃)
$3SiH_4 + 4NH_3 \rightarrow Si_3N_4 + 12H_2$	H_2	900-1100
$3SiH_4 + 4NH_3 \rightarrow Si_3N_4 + 12H_2$	N_2	600-700

氮化矽沉積膜厚度，可使用顏色表很準確的決定，如同 SiO_2 膜厚決定的方法一樣。但，由於 Si_3N_4 的光學特性 (折射率) 不同於 SiO_2，故觀察到的顏色和厚度有不同的關係。此關係如表 22-1 所示。

▼ 表 22-1　熱生長 Si_3N_4 膜顏色表 (日光燈下垂直觀察)

薄膜厚度			薄膜厚度		
Å	μ	顏色和註解	Å	μ	顏色和註解
380	.038	黃褐色	3750	.375	藍綠
530	.053	褐色	3900	.390	綠 (大略)
750	.075	深紫到紫紅	4050	.405	黃綠
900	.090	略帶紅色之深藍色	4200	.42	微黃 (非黃色但有一點黃)
1130	.113	淡藍到金屬藍	4280	.428	淺橘
1280	.128	金屬色到淺淡黃綠	4350	.435	淺橘或黃至粉紅中間
2200	.220	淡黃金色或淺金屬黃	4500	.45	粉紅
1650	.165	黃金帶淺黃橘色	4720	.472	紫紅
1880	.188	橘色到西瓜色	5100	.510	紫和藍綠中間；微灰色
2030	.203	紅紫色	5400	.54	藍綠至綠色 (大略)
2250	.225	藍到紫藍色	5780	.578	微黃
2330	.233	藍	6000	.6	橘色
2400	.240	藍到藍綠	8200	.82	橙紅
2550	.255	淡綠	8500	.85	暗淡紅紫色
2630	.263	綠到黃綠	8600	.86	紫
2700	.270	黃綠	8700	.87	藍紫
2780	.278	綠黃	8900	.89	藍
2930	.293	黃	9200	.92	藍綠
3070	.307	淡橘紅	9500	.95	暗黃綠
3150	.315	紫紅	9700	.97	黃到微黃色
3300	.330	紫紅	9900	.99	橘色
3450	.345	紅紫	10000	1.00	粉紅
3530	.353	紫	10200	1.02	紫紅
3600	.360	藍紫	10500	1.05	紅紫
3680	.368	藍	10600	1.06	紫

22-3　低壓化學氣相沉積 (Low Pressure CVD - LPCVD)

　　由流體力學得知，CVD反應室中在晶圓承物器上有一滯流層，滯流層由上游至下游厚度逐漸變大，因此生長氣體原料擴散進入滯流層路徑長度不一，造成在整個承物器晶圓上生長不均，又由於生長氣體原料在上游消耗後，下游生長原料減少，因此上游生長較快，下游生長較慢。當將CVD反應器中壓力降低，滯流層較薄且平坦，生長原料進入滯流層擴散係數增加，故可提供較佳之均勻度，同時晶圓可豎立在晶圓承物器上，一次可生產上百片之晶圓，提高產能，LPCVD為目前量產最佳之選擇，其缺點則為生長速率較慢。

22-4　電漿化學氣相沉積 (Plasma CVD - PCVD)

　　由上述CVD法生長之氮化矽膜，生長溫度約800℃，若欲將其生長在鋁金屬上則行不通，因鋁金屬之熔點為660℃。另，在尺寸縮小化原則下，為減少因高溫產生之摻雜質擴散，低溫製程是最關鍵之技術。

　　一般CVD法，生長原料由高溫反應室取得能量，達到活化能，使化學反應得以進行，電漿CVD法如圖22-6所示，用高頻波將生長原料激發游離為高能之電漿，以取代一般CVD法由熱能提供之能量，故反應室之溫度可以降低，化學反應也得以進行。用PCVD生長氮化矽膜之溫度約300℃，遠低於一般CVD法。

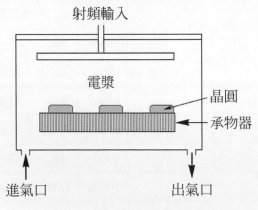

▲ 圖 22-6　電漿化學氣相沉積系統

22-5 光照化學氣相沉積 (Photo-CVD)

生長原料進行化學反應所需能量，亦可由紫外光照射而得，如圖 22-7 所示。紫外光之能量高於電漿，故沉積之溫度可更低，目前 UVCVD 法使用 SiH_4 原料生長 SiO_2 之溫度可在 50℃ 之低溫進行，生長速度可保持在每分鐘 15 奈米。

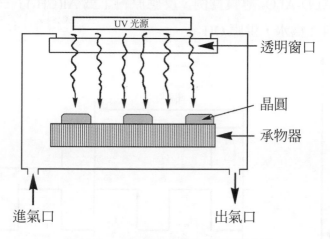

UV 光源
透明窗口
晶圓
承物器
進氣口
出氣口

▲ 圖 22-7 光照射化學氣相沉積系統

22-6 原子層沉積 (Atomic Layer Deposition)

MOSFET 進入奈米尺寸，其特性對製程誤差非常敏感，製程誤差包括長度、寬度、濃度、表面粗糙度等誤差。目前發展中的 5 奈米製程，閘極厚度低於 30 個原子厚度，一個原子尺寸的誤差所佔的比例隨縮小化愈來愈大。對原子層製程技術包含原子層沉積與原子層蝕刻的需求愈來愈大。

原子層沉積 (atomic layer deposition-ALD) 是一種可以沉積單原子 (分子) 層薄膜的化學氣相沉積技術，主要用於尺寸小於 100 nm 元件製造。ALD 有別於傳統的 CVD 技術，CVD 所有的反應物會被同時引入反應室，而且連續地與晶圓表面產生反應，膜的厚度、均勻性和平滑性通常與許多參數有極密切的相關性，例如：反應物的流量、流量比、總流量、溫度和反應室形狀等等。ALD 利用時序交替供應化學反應原料，每種反應原料在分割的時間內進行自我限制 (self-limiting) 的沉積，自我限制就是在基板上自動反應生長單一原子層，所以 ALD 能獲得一個光滑且均勻的膜。

ALD 在低壓下進行，一個典型的 ALD 生長週期如圖 22-8 所示：(1) 在時間 t_{ex1}，供應反應原料 (前驅物) 1，發生第一個表面反應；(2) 在時間 t_{r1}，使用鈍氣清除未反應完的原料及反應廢氣；(3) 在時間 t_{ex2}，供應反應原料 2，發生第二個表面反應；(4) 在時間 t_{r2}，清除未反應完的原料反應廢氣。一個週期依生長條件由零點幾秒至幾分鐘不等，通過不斷重複完成薄膜的生長。和 CVD 一樣，ALD 也可以用熱反應或電漿輔助進行。以生長 ALD-Al$_2$O$_3$ 薄膜為例，反應原料 1 為 Al(CH$_3$)$_3$(三甲基鋁，TMA)，供應 Al，反應原料 2 為水，供應 OH。

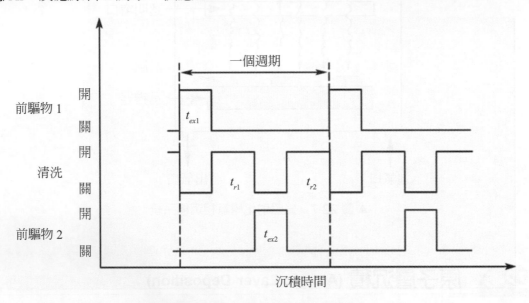

▲ 圖 22-8　一個典型的 ALD 週期

ALD-Al$_2$O$_3$ 薄膜沉積速率和生長溫度的關係如圖 22-9 所示，在較低的生長溫度下，由於沒有足夠的能量進行一個完全的化學反應，因此由化學吸附 (adsorption) 主導反應，產生不完全反應或凝聚，沉積速率隨溫度增加而增加。在過高的生長溫度下，去吸附 (desorption) 主導反應，產生再蒸發或分解，沉積速率隨溫度增加而下降。在 “ALD 窗口” 的溫度範圍內進行單原子層沉積，沉積速率和沉積溫度無關，薄膜的厚度取決於反應週期的次數，故 ALD 可以精確地控制薄膜厚度，適用於量產，有良好的保形性和再現性。理論上一個週期 ALD 生長一單分子層，但實際上一個週期只能生長零點幾個單分子層。

目前 ALD 已經是金屬和電介質沉積的主流技術，可用於沉積多種類型的薄膜，包括氧化物 (如 Al$_2$O$_3$、TiO$_2$ 等)、金屬氮化物 (如 TiN、TaN 等)、金屬 (如 Ru、Ir 等) 和金屬硫化物 (如 ZnS)，主要應用方向：電容、閘極和金屬相互連線。ALD 技術主要受限於其低的沉積速率，幸運的是，積體電路技術所需的薄膜都很薄，所以 ALD 低的沉積速率也就不是一個很重要的限制了。

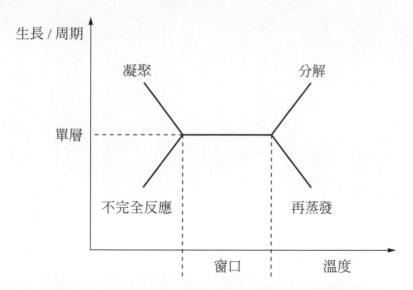

▲圖 22-9　ALD-Al₂O₃ 薄膜沉積速率和生長溫度的關係

22-7　液相沉積法 (Liquid Phase Deposition)

UVCVD 法是目前化學氣相沉積法中製程溫度最低者，離開化學氣相沉積法，尚有許多生長介質膜的方法，如圖 22-10 所示之液相沉積法，使用液體原料來沉積介質薄膜，例如：SiO_2 生長可用下列之方程式：

$$H_2SiF_6 + 2H_2O \rightleftharpoons 6HF + SiO_2 \quad (22\text{-}1)$$

$$H_3BO_3 + 4HF \rightleftharpoons HBF_4 + 3H_2O \quad (22\text{-}2)$$

該生長反應在室溫下即可進行，反應式 (22-1) 中六氟矽酸在水溶液中沉積出 SiO_2，反應式 (22-2) 中硼酸消耗掉反應式 (22-1) 中右邊之 HF，使反應式 (22-1) 向右進行，硼酸量可控制 SiO_2 生長速率與膜厚。另還有溶膠凝膠法 (sol-gel) 等許多低溫製程。

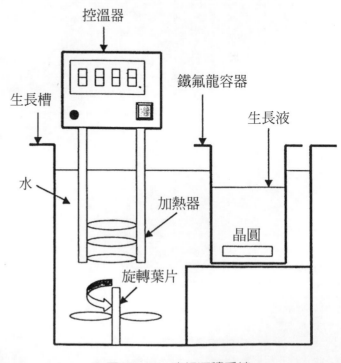

▲圖 22-10　液相沉積系統

金屬接觸與沉積

元件在矽晶圓上製作完成後，需用導線，使元件間具有特定的連接才能執行電路功能。

　　元件在矽晶圓上製作完成後，需用金屬導線使元件間具有特定的連接才能執行電路功能，這種程序稱為金屬化 (metallization)，金屬化可用許多種真空沉積技術來執行。在本章中，我們將討論對金屬化沉積系統之要求、沉積金屬和其它材料的方法、及在金屬化中的一些考慮。

23-1　金屬化之要求 (Metallization Requirements)

　　不同的金屬與矽基板接觸有兩種結果：

(1) 歐姆型接觸 (Ohmic contact)，即金屬與矽晶圓接觸後，其電特性呈電阻特性，也就是電流與電壓為線性關係。

(2) 蕭特基型接觸 (Schottky contact)，即金屬與矽晶圓接觸後，其電特性呈二極體特性，也就是電流與電壓為非線性關係，並有一起始電壓。

　　故金屬化時對金屬之選擇與處理要仔細考慮。

矽晶圓金屬化後具有令人滿意的特性，所選用的金屬應要有下列特性：

1. 與矽有低電阻性接觸。
2. 與矽有低化學反應，且長時間有穩定特性。
3. 選用高導電性的金屬，幾乎沒有電壓降。
4. 對二氧化矽或其它介質附著性良好。
5. 金屬膜上容易規劃圖案。
6. 沉積方法與晶圓上已有之結構有相容性。
7. 金屬必須很均勻的覆蓋住表面有階梯 (step) 的部份。
8. 金屬膜必須能抗拒 " 電子遷移 "。
9. 金屬在正常操作條件下不會腐蝕。
10. 很容易由封裝之外圍接腳焊接至晶片上金屬區。
11. 金屬化必須在商業上有競爭性。

　　沒有一種金屬能滿足上面所有的要求。但是，鋁能滿足上列大部份要求，因此，鋁最常用來做為元件金屬化的材料，在鋁中加入少量它種元素更能增進其性能，例如：矽在鋁中有一定的溶解度，金屬化過程中矽晶圓會溶於鋁中，特別在矽晶圓有缺陷部位發生更快速，形成像尖釘般釘入，使 P-N 接面短路，稱為尖釘 (spike) 效應。若在沉積時，在鋁中加入少量的矽就可減低矽晶圓溶於鋁中的量，避免尖釘效應。另一例，電子在鋁導線中跑動，電子之質量雖小，但大量的電子能將鋁原子衝退後，特別是在鋁導線較細處電流密度較大時，衝擊力更大，可將鋁導線衝斷，造成斷路，稱為電子遷移效應 (electromigration)。若在沉積時，在鋁中加入少量的較重的銅就可提高 " 電子遷移阻抗 "。

　　在鋁不能滿足金屬化的要求時，常利用多層結構，每一層會滿足某些要求，各層組合後將幾乎達到所有要求。

　　IC 製造中的金屬化採用平面化製程，將金屬先沉積至整片晶圓表面，再用微影蝕刻技術得到所要的圖案。

23-2　真空沉積 (Vacuum Deposition)

　　金屬化常使用真空沉積技術進行，雖有許多種沉積系統，但它們都有一些共同的特性，一沉積系統必須具有：

1. 沉積室一可被抽成高眞空，眞空度一般要低於 4×10^{-6} torr，使沉積在眞空中進行以避免氧化汙染。

2. 眞空唧筒 (或幫浦) 一需有低眞空與高眞空唧筒共用，使沉積室中的眞空快速降至可接受的程度。

3. 具有可監視眞空程度 (眞空計) 和其它系統參數 (如厚度) 的儀器。

4. 可沉積一層或多層材料之裝置，例如：多個燈絲加熱系統。

　　每一種需求都有許多方法滿足，但必須互相協調，一典型眞空沉積系統如圖 23-1(a) 所示。其中眞空室由一不漏氣的鐘罩組成，可在其內工作及處理物件，一般鐘罩有玻璃和不銹鋼兩種，不銹鋼者可裝入更多的非標準物件而不會破裂。

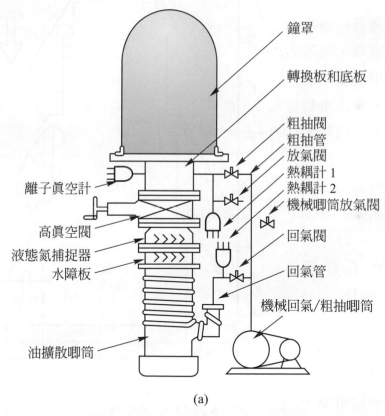

(a)

▲ 圖 23-1　典型真空沉積系統結構圖

　　要得到足夠的眞空，需使用不同的眞空唧筒組合，不同型式的眞空唧筒在不同的眞空範圍內工作。摘要如下：

1. 一大氣壓至中等眞空程度 (約 10^{-3} torr)

　　(1) 旋轉油封唧筒 (rotary oil-sealed pump) 一該類唧筒用眞空油封住一轉子 (rotor)，防止其漏氣，眞空系統中的空氣由進氣口抽入唧筒，壓縮，再由出氣口排入大氣。

(2) 吸收唧筒 (sorption pump) 一該類唧筒使用分子篩或化學藥品吸收氣體至其表面上，直到不能再吸收為止 (通常幾個循環)，這些吸收劑使用後必須加以烘烤以恢復能力。

2. 中等真空到高真空程度 (約 10^{-3} torr ～ 10^{-6} torr)

高真唧筒與中等真空唧筒串接使用，常用的有兩種。

(1) 擴散唧筒 (diffusion pump)

在該唧筒中，沸騰油蒸汽通過一連串朝下之噴嘴，吸附真空室中殘留的氣體原子，遇水冷管壁冷卻，在底部集中排出氣體，由連接的旋轉油封唧筒排出，如圖 23-1(b) 所示。

(2) 渦 輪 分 子 唧 筒 (turbomolecular pump)

該種唧筒環繞輪軸有一串葉片，作用像飛機渦輪引擎一樣，將氣體分子抽出真空室外。

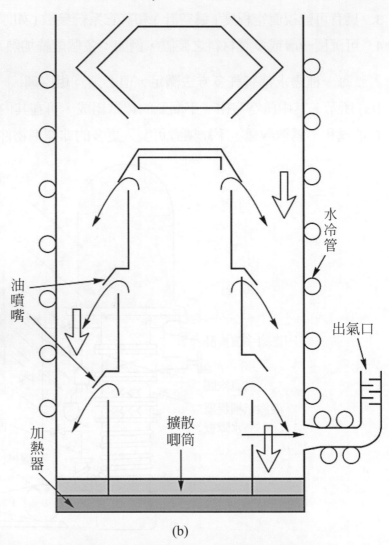

(b)

▲ 圖 23-1　典型真空沉積系統結構圖 (續)

3. 高真空至超高真空程度 (10^{-6} torr ～ 10^{-10} torr)。

離子唧筒 (ion pump) 一使用電場和磁場之組合，使金屬原子游離，再與氧、水分子反應，達到高真空。

量測不同的真空程度時我們同樣需要使用不同種類的真空計。真空室中真空度從一大氣壓到低真空可用隔膜真空計 (diaphragm pressure gauge) 測量，其原理是利用金屬圓形隔膜會隨壓力差而產生凹凸變形，再推動機械傳動裝置帶動指針旋轉指示真空度如圖 23-2(a) 所示。另常使用博登管真空計 (Bourdon pressure gauge) 如圖 23-2(b) 所示，利用氣壓進入金屬扁型彎曲管 (稱為博登管)，因內外兩面面積不同產生不同受力致使機械變形，推動機械傳動裝置帶動指針旋轉指示真空度。

對中高真空，使用潘寧真空計如圖 23-3(a) 所示。其原理是利用真空計內有一熱阻係數大的燈絲，量度剩餘氣體自燈絲帶走熱量之能力來表示真空程度，當壓力愈大時，氣體殘留愈多，帶走的熱量愈多，燈絲溫度降低，其電阻值隨之下降，潘寧真空計利用電阻值的改變以量測壓力。注意該真空計不適用於反應氣體的環境，該型真空計適用的真空範圍在 1×10^{-2} torr 至 1×10^{-12} torr 間。

熱燈絲離子真空計 (hot filament ionization gauge)，簡稱熱離子真空計 (ion gauge) 如圖 23-3(b)，其原理是利用加熱的絲極產生穩定的電子流，這些電子會被加了正電壓螺旋狀的柵極吸引，電子從絲極往柵極的過程中，電子會撞擊真空計內的氣體分子，導致部分的氣體分子被離子化，這些離子的數目正比於氣體分子密度，藉由離子電流大小去計算壓力。該型真空計適用的真空範圍在 1×10^{-3} torr 至 1×10^{-10} torr 間。

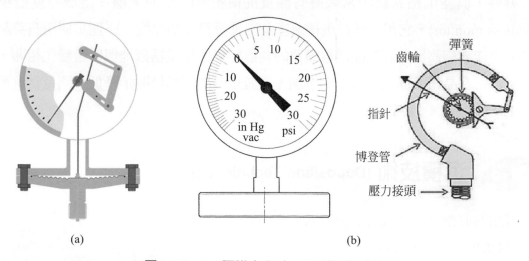

▲ 圖 23-2　(a) 隔膜真空計；(b) 博登管真空計

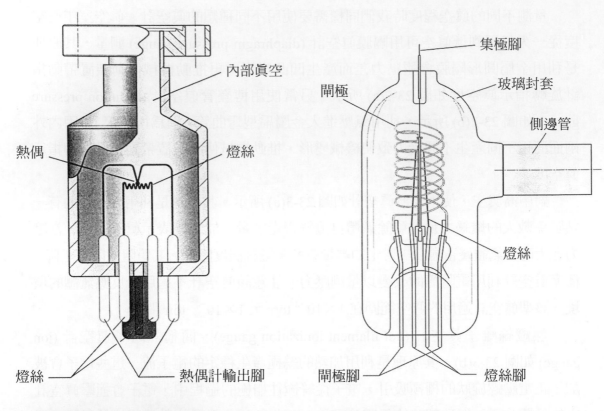

(a) 潘寧(Pirani)眞空計熱偶　　　　　(b) 熱燈絲離子眞空計(ion gauge)

▲ 圖 23-3　中高眞空計

　　另外，眞空沉積系統中常裝置有測量沉積膜厚的輔助儀器－薄膜厚度監控器 (thickness monitor)，它可以監控沉積速率及測量薄膜沉積厚度。原理是使用石英晶體 微量天平作爲感測器，石英晶體振盪器的共振頻率變化量精確地與質量變化相關，隨 著質量沉積在晶體表面上，質量會增加，振盪頻率從初始值開始降低，測量質量可以 低於 $1\mu g/cm^2$。

23-3　沉積技術 (Deposition Techniques)

　　常用的眞空沉積系統有三種方式。它們是：

1. 燈絲沉積 (Filament evaporation)
2. 電子束沉積 (Electron-beam evaporation, E-beam)
3. 濺射沉積 (Sputtering)

每一種方式都有優點與缺點，選擇沉積方法時應仔細考慮各項利弊。燈絲沉積是最簡單且最便宜的沉積方法，圖 23-4 為一典型燈絲沉積系統，放入圖 23-1(a) 鐘罩中即構成真空沉積系統。

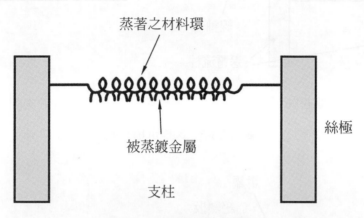

▲ 圖 23-4　典型燈絲沉積系統

　　沉積的程序是逐漸增加通過燈絲的電流，使溫度上升至熔點熔化沉積材料，濕潤燈絲 (所用燈絲與所沉積材料要配合)，濕潤燈絲的目的是增加沉積材料的面積，以便均勻沉積。待燈絲完全濕潤後，再增加燈絲的電流達到沸點進行沉積。燈絲沉積系統易於建立，許多材料都可用此法沉積。然而，所沉積材料中之污染常很高，會影響到元件的功能，污染可能由燈絲、腔體或不良處理技術 (如清洗) 而來。燈絲沉積常用來沉積元件背面用的金，因為在此情況中污染問題是較不關鍵。該技術無法沉積沸點高於燈絲的材料，該技術不宜用來沉積合成材料，因為較低沸點的元素會先蒸發，其餘的材料再蒸發，造成組成不均勻。

　　為解決合成材料沉積問題，發展出閃爍沉積如圖 23-5(a)、(b) 所示，將線狀沉積材料 (有時用碇塊或粉) 不斷地少量的加到高溫的燈絲上 (也可用船型燈絲、陶瓷棒)以供沉積，因隨時少量沉積較易保持組成。

　　感應沉積是另一種發展技術，用射頻電源將功率能量耦合至坩堝中的金屬使之熔化達到沸點沉積，如圖 23-6 中所示，沒有燈絲沉積之污染，容易施加高功率快速沉積，有獨特之優點，該法如用於大面積沉積，則系統價格不便宜，在半導體製程中甚為少用。

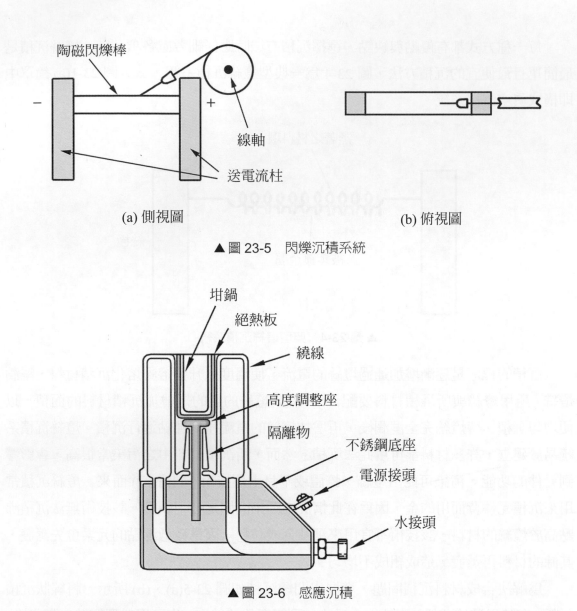

(a) 側視圖　　　　　　　　　　　(b) 俯視圖

▲ 圖 23-5　閃爍沉積系統

▲ 圖 23-6　感應沉積

　　電子束沉積 (簡稱為 E-beam) 利用聚焦電子束加熱放置於坩堝中之材料如圖 23-7(a) 所示，坩堝放置於用水冷卻的爐床 (hearth) 凹區中如圖 23-7(b) 所示，坩堝是可以置換的，沉積速度用電子束功率控制，因為電子束只與沉積的材料接觸，所以是一種低污染的沉積程序。沉積過程中材料是局部蒸發，較燈絲沉積適合於合成材料之沉積。此外，因為使用高強度電子束，打在要沉積的材料上會產生 X 光，會對晶圓產生輻射損傷，隨後要用退火 (annealing) 程序除去損傷。

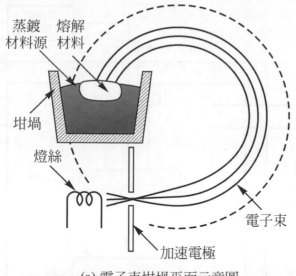

(a) 電子束坩堝平面示意圖

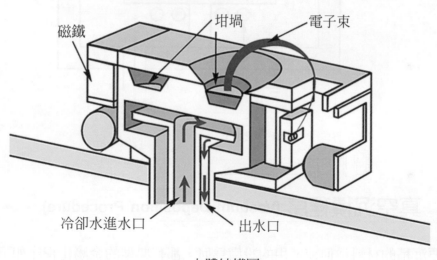

(b) 立體結構圖

▲ 圖 23-7　電子束沉積系統

　　濺射沉積是半導體工業中最常用的一種真空沉積方法,沉積材料製作成圓形靶材固定於濺射機頂端,在濺射中,真空室已抽至相當高真空後通入惰性氣體 (一般用氬氣),所加之電場使惰性氣體游離成正離子,靶極加上負電壓吸引正離子向靶材高速移動,撞擊靶材將原子撞出後沉積在面對靶的晶圓上如圖 23-8 所示。濺射可用直流 (DC) 和射頻 (RF) 電壓,通常直流 (DC) 濺射用來沉積金屬材料,射頻 (RF) 濺射用來沉積非金屬絕緣材料,雖然濺射沉積速率低,但幾乎可用來沉積任何材料。由於濺射出靶材原子具有高能量,所以濺射膜附著性良好。

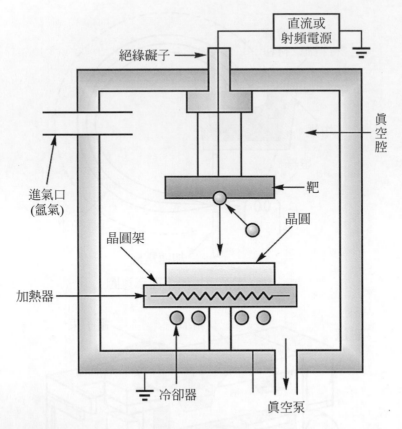

絕緣礙子

直流或
射頻電源

真空腔

進氣口
(氬氣)

靶

晶圓

晶圓架

加熱器

冷卻器

真空泵

▲ 圖 23-8　濺射系統

23-4　真空沉積程序 (Vacuum Deposition Procedure)

　　不論要沉積的材料為何或使用的設備為何，都有典型的金屬化程序如下列所示：

1. 自晶圓上除去所有污染物，再乾燥之。

2. 將晶圓放入真空室中適當位置以得到均勻膜。在大部分情況下，使用一種稱為 "行星 "(planetary) 的旋轉系統，如圖 23-9 所示，使晶圓在沉積期間橫跨過沉積速率高及低的地方，故均勻度較好。

3. 關上真空室，粗抽至 10^{-3} torr。

4. 關上粗抽唧筒閥，再打開高真空唧筒閥，並抽至所要的真空程度約 10^{-6} torr。

5. 打開沉積電源，沉積小量的材料至材料源與晶圓間的遮板 (shutter) 上，藉以清潔材料源。

6. 移除遮板，開始在晶圓上沉積材料至所需厚度，沉積時晶圓可加熱以增加鍍膜之附著性。

7. 關上沉積電源，冷卻系統。

8. 以乾淨氣體如氮氣或過濾過的乾淨空氣充填真空室至一大氣壓，再打開真空室取出晶圓。

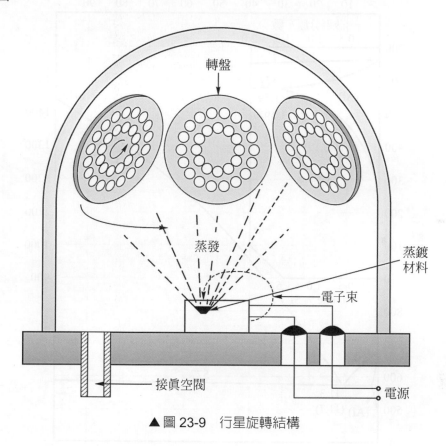

▲ 圖 23-9　行星旋轉結構

23-5　合金 / 退火 (Alloy/Anneal)

　　沉積金屬膜至晶圓正面，隨後經微影蝕刻形成元件之金屬接觸或連線，金屬接觸是金屬與半導體直接接觸，再經 " 合金 "(alloy) 及 " 退火 "(annealing) 步驟形成歐姆接觸，連線是金屬由一個元件之歐姆接觸接出，經過絕緣層 (如 SiO_2) 接至另一個元件之歐姆接觸，不會形成歐姆接觸。

　　所謂再經 " 合金 "(alloy) 步驟將金屬和矽晶圓間互熔形成合金具有低電阻的歐姆接觸。合金形成步驟是在退火爐中進行，退火有最佳化的溫度和時間，鋁 - 矽合金之溫度由相圖決定，如圖 23-10。

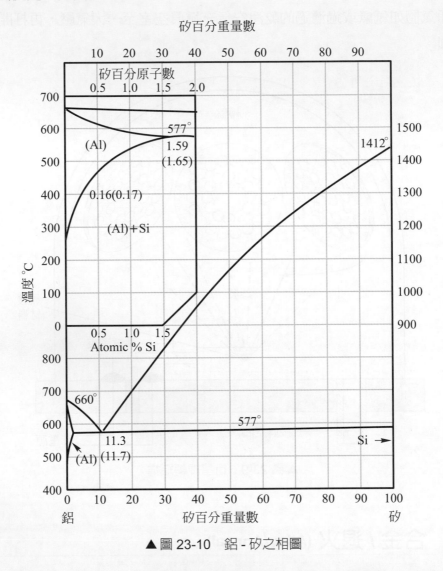

▲ 圖 23-10　鋁 - 矽之相圖

　　相圖是描述兩元素 (Al，Si) 系統之熔點隨成份變化之關係，純鋁之熔點是 660℃，純矽之熔點是 1412℃。鋁矽合金之熔點隨矽在鋁中原子百分數不同而不同如圖中所示，最低熔點是兩線的交點 577℃，該溫度是鋁 - 矽共晶 (eutectic) 溫度，相當於組成 11.3% Si － 88.7% Al，也就是說鋁沉積在矽上當升溫超過 577℃，矽就會熔解進入鋁中，當熔解太多會破壞元件結構。故合金退火溫度的最高限制是 577℃。實際合金形成溫度約在 450℃ 至 550℃ 間在真空或鈍氣中進行 10 至 30 分鐘。

在合金形成過程中或之後，晶圓需 " 退火 "(annealing)，退火通常在含氫的氣體混合氣體中進行 (使用稱爲 forming gas 的氫氣 (5%) 和氮氣混合氣體，氫之功能是去除氣體中的水蒸氣與氧氣以防止金屬氧化)，使元件中金屬與半導體接觸緊密穩定，特性達最佳狀況，典型退火溫度是 400 ～ 500℃進行 30 分鐘至 60 分鐘。

23-6　金屬矽化物 (Silicide)

IC 縮小化使導線線寬變窄，元件接觸面積變小，於是電阻變大，影響 IC 性能，摻雜多晶矽與金屬矽化物具有低電阻率、高熱穩定性，適用於 MOS 元件閘極、源極及汲極降低接觸電阻，用來提升 IC 性能。

23-6-1 摻雜多晶矽 (Doped Polysilicon)

摻雜多晶矽作爲 MOS 元件的閘極電極是 MOS 技術的一項重要發展，研究顯示用鋁作爲電極時擊穿時間隨閘極氧化層厚度變薄而縮短，原因是鋁原子在電場作用下會遷移進入薄氧化層中。採用摻雜多晶矽作爲電極時擊穿時間遠高於鋁電極且不受氧化層厚度影響，故摻雜多晶矽閘極的可靠性優於鋁電極。此外，摻雜多晶矽亦可作爲雜質擴散源以形成淺接面，並確保與單晶矽形成歐姆接觸。多晶矽還可用來製作導體與高阻值的電阻。

多晶矽採用低壓化學氣相沉積法生長，摻雜多晶矽可在沉積生長時引入摻雜質氣體而得，或生長後通過擴散、離子植入 (ion implantation) 而得，離子注入法因爲有較低的工作溫度最爲常用。但是隨著元件與元件連線的寬度降至 1 μm 以下，摻雜多晶矽的電阻值 (電阻率在 500 μΩ 的量級) 變得不可接受，閘極電極再改用金屬。

23-6-2 金屬矽化物與多晶矽化物 (Silicide and Polycide)

矽可與金屬形成許多穩定的具有金屬或半導體特性的化合物，稱爲金屬矽化物 (silicide)，一般將金屬沉積於矽上經退火後形成，或直接沉積得到。矽化鈦 ($TiSi_2$)、矽化鈷 ($CoSi_2$) 和矽化鎳 (NiSi) 等金屬矽化物呈現低電阻率如表 23-1 所示，其導電特性介於金屬和矽之間，但是矽化物低的片電阻並聯源極及汲極高電阻的擴散區可以降低接觸電阻，並且金屬矽化物與矽有緊密可靠的接觸，也降低了接觸電阻。隨著元件尺寸的縮小，金屬矽化物在金屬化製程中變得愈來愈重要。

金屬矽化物常用來降低源極、汲極、閘極的接觸電阻。其中一個重要應用是作為 MOSFET 的閘極電極，或是在摻雜多晶矽閘極上形成多晶金屬矽化物 (polycide)，最常用來形成多晶矽化物的是矽化鎢 (WSi_2)、矽化鉭 ($TaSi_2$) 和矽化鉬 ($MoSi_2$)。

IC 製程中對金屬矽化物材料的要求：(1) 低電阻率；(2) 高矽化物相對於金屬的蝕刻選擇性；(3) 高的乾反應離子蝕刻氣體的抗蝕刻性；(4) 高的擴散阻擋層特性；(5) 低粗糙度；(6) 高的抗氧化性。還必須滿足高穩定的形貌、最少的矽消耗及低的薄膜應力。在應用時，金屬矽化物只在金屬與矽相接觸的區域形成，通常會以濕蝕刻將未反應的金屬除去，只留下金屬矽化物。

▼ 表 23-1　金屬矽化物及鋁電阻係數

材料	$TiSi_2$	$CoSi_2$	NiSi	Al
電阻係數 ($\mu\Omega$-cm)	$13 \sim 16$	$15 \sim 20$	$10 \sim 20$	2.8

23-7 銅製程技術 (Copper Processes)

金屬鋁一直被用來當作晶片元件間表面的導線材料，隨著線寬的縮小，特別是 0.25 微米以下，導線總長度及導線總電阻隨電晶體數目大量增加而增加，信號在導線上所花的傳輸時間越來越長，甚至大過了電晶體的切換時間，IC 運算的速度便受到電阻值和電容質值乘積 (RC) 延遲的增加而顯著的下降，限制了晶片的效能。

由於銅具有低電阻的特性，在室溫時純銅電阻係數僅為 1.7 $\mu\Omega$-cm，低於鋁之 2.82 $\mu\Omega$-cm，僅高於銀 1.59 $\mu\Omega$-cm，此外，銅線可以做的較細，而讓線與線靠的更密，再加上電阻降低後，繞線時可以走更遠的距離，不需要把電路分割，或擺在不同層次，因此以銅為導線的 IC 可承受更密集的電路排列，減少金屬層的層數，也省去了相關的製程步驟與光罩的製作費用，進而降低生產成本和提昇 IC 的運算速度。此外，銅還具有較高的電子遷移阻力 (electron-migration-resistance)，因此以銅為導線的 IC 具有更高的壽命及穩定性。IC 上的鋁線若能以銅線取代，在 0.18 微米或以下製程，速度就能加快 4 倍，耗電量也可以減少，製造成本更能降低 20% 到 30%，因此銅製程成為 IC 製程的主要技術。

　　然而，銅製程無法使用傳統微影蝕刻及乾式蝕刻技術來進行導線佈線，因為乾式蝕刻都使用鹵化物反應氣體，銅鹵化物揮發性極低，使銅乾式蝕刻效率極低，因此 IC 銅製程採用鑲嵌 (damascene) 法來進行，如圖 23-11 所示。由於該製程有低製程溫度、高沉積速度和低製作成本等諸多優點，該技術已成為銅導線的製作主流。該項技術需要用到兩個重要的製程步驟。

第一：由於銅在矽和二氧化矽內具有高度擴散性，為了預防銅擴散進入介電層之中而造成漏電，同時也為了避免銅擴散進入與矽產生深層陷阱的缺陷降低元件特性，因此必須在銅鑲嵌之前加一阻障層防止擴散。阻障層的要求如下：必須能夠防止銅的擴散、具有低阻抗、對介電層以及銅膜的附著性良好、及良好的化學機械研磨相容性。在目前已知的材料中，以氮化鉭 (Tantalum Nitride, TaN) 具有最好的銅阻擋能力。

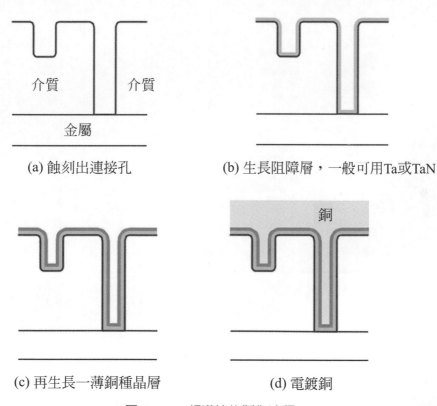

(a) 蝕刻出連接孔　　　　　(b) 生長阻障層，一般可用Ta或TaN

(c) 再生長一薄銅種晶層　　　(d) 電鍍銅

▲ 圖 23-11　銅導線的製作流程

第二：阻障層製作完畢之後，使用物理氣相沉積法生長一層薄而連續的銅種晶層，藉以提高附著力，並促進電鍍時將銅充填至鑲嵌式結構內。種晶層能夠沿著鑲嵌結構的外圍攜帶電流，具有促進銅結晶生長的功效；種晶層必須薄、均勻而且連續，如此充填銅時才不會產生空隙。

銅電鍍因具有低成本、高效率和速度快等特色，使得它成為銅製程的主要技術。另一方面，也要發展相搭配的低介電系數 (low-k) 材料，取代二氧化矽 ($k \sim 4.0$) 的角色，進一步改善 RC 延遲，減少導線間雜訊耦合及功率消耗。將二者整合好是今日研發的主流。

積體電路封裝

積體電路封裝賦予晶片一套機械保護架構，更需消散晶片產生的熱量，才能使其能穩定的發揮功能。積體電路尺寸縮小化逐漸達到極限，開始對先進封裝的重視。從簡單的平面封裝發展到三維封裝。封裝技術的重要性與複雜性不亞於積體電路製程技術。

24-1 積體電路封裝 (IC Package)

積體電路封裝 (IC packaging) 在給予 IC 晶片 (chip) 一個保護裝置，隨著縮小化，晶片的元件密度成倍增加，產生的熱也成倍增加，晶片操作時產生的熱必須等於封裝散掉的熱，才能使其能穩定的發揮功能。封裝技術牽涉的範圍涵蓋極廣，包含物理、化學、材料、機械、電機等知識，使用的材料有金屬、陶瓷、高分子等，開發封裝技術的重要性不亞於 IC 製程技術。

〰〰 24-1-1 積體電路失效的主因 (IC Failure Analysis)

積體電路失效的主因有下列幾種：

1. 鋁配線的變形
2. 晶片上保護膜裂開
3. 封裝層的裂痕
4. 封裝材料與矽晶片或接腳間的裂隙
5. 連接導線斷裂

以上幾種 IC 失效的原因大多與半導體封裝時產生的內應力有關，可知封裝是一項難度很高的技術。

24-1-2 封裝的功能 (Function of Packaging)

在矽晶圓上製成的 IC 元件尺寸極為微小，結構也極其脆弱，因此必須使用一套方法把它們 " 包裝 " 起來，以防止在輸送與取置過程中受到外力或環境因素的破壞，此即為積體電路封裝的功能。外在的環境因素中，水氣是 IC 晶片破壞最主要的因素，水氣會侵入元件中使絕緣材料的表面電阻降低，由於 IC 晶片中電路導線的間距極小，故導線間會建立一強大的電場，水氣侵入時在相同導體金屬間會引發電解反應 (electrolytic reaction)，使陽極金屬溶解，陰極金屬產生電鍍；在不同導體金屬間，水氣會引發電池 (galvanic cell) 反應而產生腐蝕，這些反應都會造成 IC 元件的劣化與損壞。

積體電路封裝開始於 IC 晶片製成之後，包括 IC 晶片的黏結固定、接腳連線、結構密封，得以傳遞電能與電路訊號、提供散熱途徑、承載與結構保護等功能。更以 IC 晶片與其它必要電路零件與電路板接合完成系統組合。經由實際的散熱分析，有 90% 的熱量是經由插在印刷電路板 (printed circuit board, PCB) 上的外部接腳 / 球釋放，故晶片散熱主要路徑是經由封裝外部引腳 / 球傳導至 PCB 然後再經由對流到大氣中完成。

24-1-3 積體電路封裝材料的要求 (Material Requirements)

隨著電子產品輕、薄、短、小且高功能化的發展，新的封裝方式也被開發。在 IC 元件高容量化、高速化、多功能化、高功率化的發展趨勢下，對於如何使得 IC 封裝達到小型化、多腳化、高速化且低熱阻化，便成為 IC 封裝技術整體的發展趨勢。

24-2 封裝分類 (Package Classification)

依封裝歷史發展階段區分，1964-1980 年代雙列式封裝 (dual-in-line package, DIP) 主導封裝方式，DIP 於 1964 年由 Fairchild 半導體公司 Bryant Buck Rogers 發明，是一種最簡單的封裝方式，有兩排平行的突出的引腳，引腳數不超過 100。1980-1990 年代表面黏著 (surface mount technology, SMT) 主導封裝方式，引腳數超過 100，大部分晶片 4 個側面都有引腳，佔用更少的空間。1990-2000 年代由錫球陣列封裝 (Ball Grid Array，BGA) 主導封裝方式，BGA 封裝比 DIP 或四側引腳扁平封裝 (Quad Flat Package，QFP) 容納更多的接腳，整個裝置的表面可作為接腳使用，能提供更短的平均導線長度，更快的速度。2000-2010 年代倒裝芯片 (Flip chip, FC) 主導封裝方式，FC 是一種無引腳結構，在輸入 / 輸出接觸墊上沉積錫鉛球，然後將晶片翻轉加熱利用熔融的錫鉛球與陶瓷基板相結合，具有優越的電學及熱學性能，高輸入 / 輸出引腳數，封裝尺寸減小等。2010 年至今進入先進封裝時代，晶圓級封裝 (Wafer Level Packaging，WLP) 主導封裝方式，是還在晶圓時就對晶片進行封裝，然後連接電路，再將晶圓切成單個晶片，具有尺寸小、電性能優良、散熱好、成本低等優勢。

依封裝中 IC 晶片的數目，封裝可區分為單晶片封裝 (single chip package, SCP) 與多晶片封裝 (multichip package, MCP) 兩大類，多晶片封裝又包括多晶片模組封裝 (multichip module, MCM)。

依封裝的材料區分，其一為金屬外殼或陶瓷材料的氣密式封裝；另一種為樹脂封裝。氣密式封裝雖較可靠，但所費成本較高，故大多 IC 晶片封裝仍以成本較低廉且可靠性頗佳的樹脂封裝為主，市場佔有率約九成。在樹脂封裝材料中，除功率較高的 IC 必須用成本較高的矽樹脂外，大部分都採用環氧樹脂。陶瓷封裝 (ceramic package) 熱傳導性質優良，可靠度佳，塑膠封裝 (plastic package) 的熱性質與可靠度雖遜於陶瓷封裝，但它具有製程自動化、低成本、薄型化等優點，而且隨著製程技術與材料的進步，其可靠度已有相當的改善。

依元件與印刷電路板接合方式，封裝可區分為引腳插入型 (pin-through-hole, PTH，也稱為插件型) 與表面黏著型 (suface mount technology, SMT) 兩大類。SMT 是先將 IC 晶片黏貼於印刷電路板上後再以銲接固定，此種封裝也被稱為晶片直接黏結 (direct chip attach, DCA) 封裝，它更能符合 " 輕、薄、短、小 " 的趨向。

以引腳分佈形態區分，封裝有單邊引腳、雙邊引腳、四邊引腳與底部引腳等四種。常見的單邊引腳封裝有單列式封裝 (single inline package, SIP) 與交叉引腳封裝 (zig-zag inline package, ZIP)；雙邊引腳封裝有雙列式封裝 (dual-in-line package, DIP)，小型化封裝 (small outline packages, SOP 或 SOIC) 等；DIP 封裝又有 SDIP(SDIP) 如圖 24-1(a) 所示、skinny DIP(SKDIP) 等變化；四邊引腳封裝有四邊扁平封裝 (quad flat package, QFP) 如圖 24-1(b) 所示和底部引腳封裝；底部引腳又有金屬罐式 (metal can package) 與針格封裝 (pin grid array, PGA，也稱為針腳陣列封裝) 如圖 24-1(c) 所示，PGA 封裝又有自底部伸出的引腳以錫球 (solder ball) 取代而成為球格封裝 (ball grid array, BGA，也稱為錫球陣列封裝或錫腳封裝體) 如圖 24-1(d) 所示等。

(a)   (b)

(c)   (d)

▲ 圖 24-1　(a) 雙邊引腳封裝 DIP；(b) 四邊引腳封裝 QFP；(c) 針格陣列封裝 PGA；
　　　　　　(d) 球格陣列封裝 BGA

24-3　封裝流程 (Packaging Flow Chart)

　　積體電路封裝流程由晶圓 (wafer) 背面研磨開始至接腳成形爲止。其中，晶圓背面研磨至銲線都在較好之潔淨室 (1-10K/m³) 中完成，簡稱爲前段製程 (front-end)，從封膠至接腳成形在一般潔淨室 (100-150K/m³) 中完成，簡稱爲後段製程 (back-end)。

　　積體電路封裝流程計有：(1) 背面研磨，(2) 晶片揀選，(3) 切割，(4) 銲晶，(5) 銲線，(6) 點膠，(7) 封膠，(8) 背面蓋印，(9) 去膠、去緯，(10) 電鍍，(11) 正面蓋印，(12) 接腳成形，(13) 最後測試，(14) 打包。分述如下：

24-3-1　背面研磨 (Back-Side Grinding)

　　一般晶圓成品送至封裝廠，其厚度從 400 μm 至 700 μm 不等，視產品的封裝形態來決定晶圓厚度是否需要再研磨，一般而言，此製程是在晶圓廠完成，如晶圓厚度小於 15 mil (380 μm)，爲了避免運送過程造成晶圓破片，可由封裝廠來代工。

　　晶圓經過品管人員目視檢查，確保晶圓品質，便可進行晶圓背面研磨。首先，必須先將晶圓正面結構保護住，一般使用無污染高分子的塑膠片將晶圓正面貼住來保護晶圓，接著研磨晶圓背面以達所需要之晶圓厚度，最後再將保護膠片撕掉，以進行下一個製程。

24-3-2 晶片揀選 (Chip Sorting)

測試晶圓上的晶片是否能工作？先將晶圓放在測試儀器上 (通常用計算機控制) 測試晶圓上每一個晶片。尖形金屬探針接觸接線區，通入所需的電流和電壓。功能正常的晶片留下來，功能不當的打上墨水標誌。有時還要分高級與普通級的晶片；在這種情況，常用兩種墨水區分此兩級晶片。墨水通常要烤乾以免損害晶片。

24-3-3 晶圓切割 (Sawing)

晶圓切割是將晶圓上每個獨立之晶片切開，以利封裝進行下個製程。晶圓切割前先將晶圓上片，就是將晶圓背面用有黏著性之塑膠片 (tape) 貼住，以避免晶圓切割後之晶片散落。晶圓切割是順著切割道方向切割，將每個晶片分開，並執行 100% 晶片檢查，將有缺陷之晶片挑出，並在不良品上作記號，避免進入下一個製程增加封裝費用。最後，經由品管人員目視檢查，確保產品品質之後，便可進行下一個製程。

晶圓切割通常用三種方法如下所述：

1. 鑽石刀切割 (diamond scribing)

   使用尖端鑲著特殊形狀鑽石的刀具，沿著晶圓上切割道切過晶圓。經此切割，在晶體結構上所造成的缺陷，使晶圓在切割道方向易於斷裂。在晶圓切割線兩邊加壓，晶圓就沿此線斷裂。

2. 雷射切割 (laser scribing)

   使用雷射在晶圓上沿切割道照射形成一連串小洞如圖 24-2(a) 所示，側視圖如圖 24-2(b) 所示。此一連串小洞就形成晶圓之斷裂線。這種技術相當進步，但雷射高溫使矽蒸發後會再凝結形成 " 刻痕 "(kerf)，影響之後之製程。使用雷射切割晶圓背面，或使用保護膜是兩種防止刻痕的方法。

(a) 雷射刀照射形成之小洞　　　　(b) 雷射分割

▲ 圖 24-2　晶圓刀鋸切割

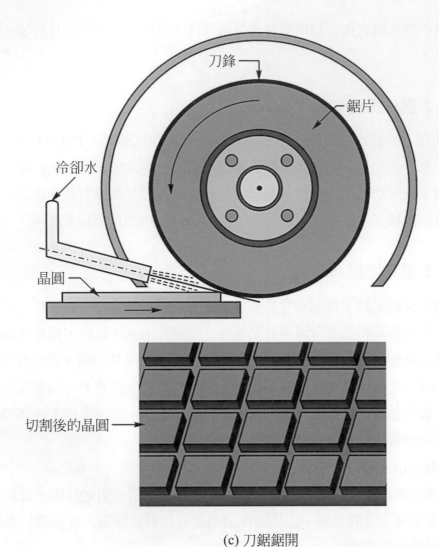

(c) 刀鋸鋸開

▲圖 24-2 晶圓刀鋸切割 (續)

3. 刀鋸切割 (sawing)

另一種切割方式是用轉動刀鋸來切割晶片，如圖 24-2(c) 所示。使用這種技術所得之晶片呈均勻的四方形。這些優點對晶圓自動處理技術是很有利的。

24-3-4 銲晶 (Die Attaching)

銲晶是將切割完成之晶片銲在導線架 (leadframe) 上。一般銲晶可分成兩種不同之製程，陶瓷封裝以金、矽共晶 (eutectic) 銲晶法最常使用；塑膠封裝則以高分子膠銲晶法為主。

1. 共晶銲晶法

    共晶銲晶法為將 IC 晶片置於已鍍有金膜的晶片座上，再加熱至約 425℃，藉金 - 矽之交互擴散作用而形成接合，通常在熱氮氣的環境中進行，以防止矽之高溫氧化。

2. 高分子膠銲晶法

    由於高分子材料與銅導線架材料的熱膨脹係數相近，高分子膠銲晶法因此成為塑膠封裝常用的晶片銲晶法，利用環氧樹酯 (epoxy) 等高分子膠塗佈於導線架的晶片承載座上，置妥 IC 晶片後再加熱完成黏接。低成本且能配合自動化生產製程是高分子膠銲晶法廣為採用的原因；熱穩定性不良與有機成分影響封裝可靠度則為此一方法的缺點。

24-3-5 銲線 (Wire Bonding)

IC 晶片必須與封裝基板完成電路連接才能發揮既有的功能。銲線是使用金線 (純度 99.99%)，由積體電路上之金屬焊墊 (bonding pad) 連接至導線架之內引腳 (lead-frame inner-lead)。

銲線基本方式主要有打線接合 (wire bonding)、卷帶自動接合 (tape auto-mated bonding, TAB) 與覆晶接合 (flip chip, FC) 方式。

1. 打線接合

    打線方式一般有三種：(1) 超音波打線，(2) 熱壓打線，(3) 熱壓超音波打線。超音波打線是以接合楔頭 (wedge) 引導金屬線使其緊壓於金屬焊墊上，再輸入 20 至 60kHz 頻率，藉超音波震動與壓力產生冷銲效應完成接合，其接合的過程如圖 24-3 所示。其優點為接合溫度低、接點尺寸較小且導線迴繞高度 (profile) 較低、適用於焊墊間距小的電路連線。

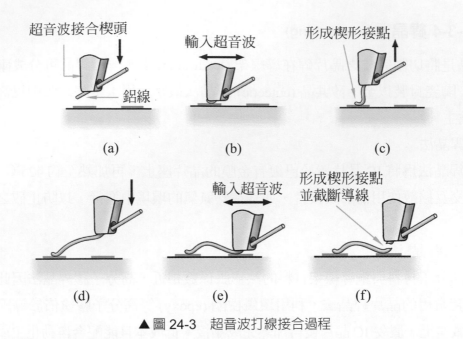

超音波接合楔頭
鋁線
(a)

輸入超音波
(b)

形成楔形接點
(c)

(d)

輸入超音波
(e)

形成楔形接點
並截斷導線
(f)

▲ 圖 24-3　超音波打線接合過程

　　熱壓打線的過程如圖 24-4 所示，首先將線穿過以氧化鋁 (alumina，Al_2O_3)、碳化鎢 (WC) 高溫耐火材料製成的毛細管狀接合工具，一般稱為瓷嘴或銲針，金屬線末端以電子點火或氫焰燒灼成球；接合工具再引導金屬球至第一焊墊位置上，藉熱壓效應進行球形接合，接合時金屬球將受壓變形，其目的在增加接合面積、減低界面粗糙度、穿破氧化層及其他妨礙接合的因素，提高接合品質。球點接合完成後，接合工具隨即升起，引導金屬線迴繞至第二焊墊位置上進行楔形接合，由於熱壓打線與超音波打線楔頭的形狀不同，熱壓打線所形成的接點呈新月狀。

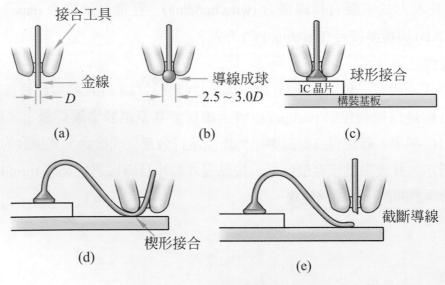

接合工具
金線
D
(a)

導線成球
$2.5 \sim 3.0D$
(b)

球形接合
IC 晶片
構裝基板
(c)

楔形接合
(d)

截斷導線
(e)

▲ 圖 24-4　熱壓打線接合過程

熱壓超音波打線為超音波打線與熱壓打線的混合技術，須先在金屬線末端成球，再以超音波進行導線材料與焊墊間的接合。熱壓超音波打線過程中，接合工具不被加熱，基板維持在 150~250℃的溫度，因為接合溫度較低，故可抑制接合界面金屬化合物成長及減少基板發生高溫劣化的機會。

2. 卷帶自動接合

卷帶自動接合 (TAB) 技術，如圖 24-5 所示。利用搭載有蜘蛛式引腳的卷帶軟片，以內引腳與 IC 晶片接線，再以外引腳與封裝基板接合。它可以完成的連線密度比打線接合高，此一優點與先進性，使它是目前熱門的封裝電路接線技術。

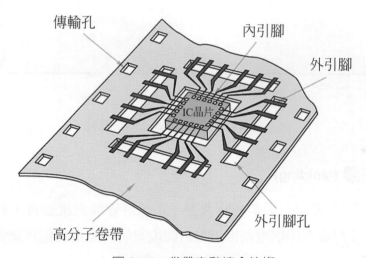

▲ 圖 24-5　卷帶自動接合技術

3. 覆晶接合

覆晶接合 (FC) 屬於平列式 (area array) 的接合方式，而非如打線接合及 TAB 接線技術僅能提供周列式 (peripheral array) 的接合。因此覆晶接合能應用於極高密度的封裝銲線製程，如圖 24-6 所示，先在 IC 晶片的焊墊上形成銲錫凸塊 (solder bump)，將 IC 晶片置放到封裝基板上，並完成焊墊對位後，以迴流 (reflow) 熱處理，利用銲錫熔融時之表面張力效應使銲錫成球，並完成 IC 晶片與封裝基板之接合。覆晶接合具有接合金屬線短、傳輸遲滯 (propagation delay) 低、高頻雜訊易於控制、寄生電感 (self-inductance) 低 (約為打線接合 10 分之 1) 之優點。

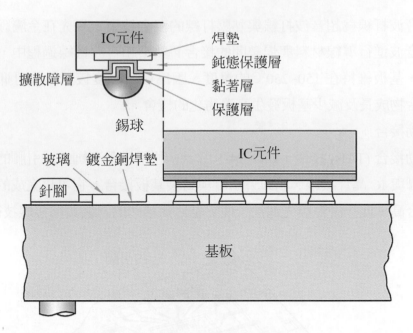

▲圖 24-6　覆晶接合

24-3-6 封膠 (Molding)

　　封膠之目的為將 IC 晶片及銲線保護住，不受外界溫濕度影響，並使形狀固定符合規範，以進一步焊接在印刷電路板上。封膠後須烘烤完全硬化以避免變形破壞如圖 24-7 所示。

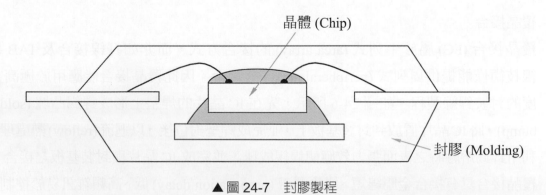

▲圖 24-7　封膠製程

24-3-7 電鍍 (Solder Plating)

　　為了使積體電路成品能夠銲接在印刷電路板上，並防止外腳發生氧化，外腳必須做錫鉛電鍍。

24-3-8 彎腳成形 (Forming)

　　依產品種類及顧客要求而定，將外腳彎成符合標準尺寸規範的型狀，如直立式彎腳成形 (圖 24-8(a) 所示)、海鷗翅膀式的彎腳成形 (圖 24-8(b) 所示)、J 型彎腳成形 (圖 24-8(c) 所示) 等。

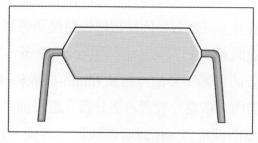

(a) 直立式彎腳

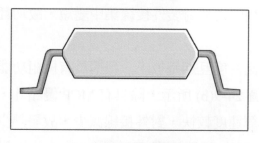

(b) 海鷗翅膀式彎腳

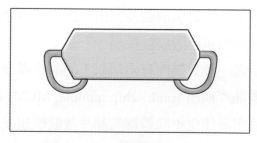

(c) J 型彎腳

▲ 圖 24-8　彎腳種類

24-3-9 最後測試 (Final Testing)

　　IC 一旦封裝完畢，就可進行最後測試。在晶片揀選，打線等封裝製程中可能對晶片有所損傷，只要發生任一種，封裝好的 IC 就不能工作的很好，故需測試。為了確保產品在製造過程中沒有受到製程、環境、人為等影響而產生損傷，會做最後電性測試，以便發現不良品。

〰 24-3-10 打包 (Packing)

不良品除去之後，最後一步是打包。打包上附上 IC 編號和資料編號可讓客戶知道製造時的資料，經打包後 IC 就可出貨給客戶了。

24-4　三維封裝 (3 Dimensional Package)

從個人電腦發展到智慧型手機，一直追求重量輕、體積薄、功耗低和高性能，新興的人工智慧、5G 等技術更要求速度快、延遲低及多功能，對晶片微縮製程和性能提升的需求更勝以往。晶片微縮後密度提升，在面積有限的二維封裝會造成發熱與功耗的問題，妨礙性能的提升。三維封裝因縮短傳輸路徑更可以降低功耗問題，又有較大散熱空間可以降低熱的問題。

三維封裝有幾個重要的種類，多晶片封裝 (multi-chip package, MCP) 係將兩個以上的晶片放置在一個封裝內，依晶片放置方法分為二維平面式及三維堆疊式，依接合方式分為打線接合及覆晶凸塊接合，所以有四種封裝方式，其中一種如圖 24-9(a) 所示的三維堆疊式覆晶凸塊接合方式，可以看出主要優點為多個晶片可以放入同一封裝內，故減少封裝個數及費用，因內部晶片排列緊密故封裝外接線集中變短，故功耗較低，印刷電路版設計較易。

在一個封裝內有兩個以上的晶片焊接在高密度互連基板上，建構具有模組功能稱為多晶片模組 (multi-chip module, MCM) 如圖 24-9(b) 所示，除具有 MCP 優點外，因為使用最佳化不同製程的晶片接成模組故運算速度較快，對外接線減少，故發熱少。

系統封裝 (system in package, SiP) 整合了多個晶片模組 (MCM) 或多晶片封裝 (MCP) 於單一封裝內如圖 24-9(c) 所示，具有系統功能。在高頻與高速的電子產品中，RF 匹配電路用的電感器與電容器、數位電路用的去耦合電容與消減雜訊的旁路電容等，這些被動元件必須放置在接近主動元件的封裝接腳處才能有效發揮功能，SiP 封裝通常會將所需的被動元件直接放入封裝體內，更能發揮功能。

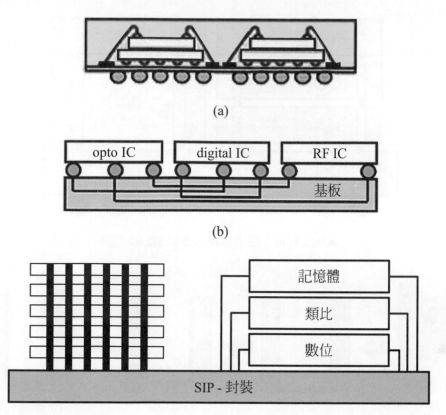

(a)

(b)

(c)

▲ 圖 24-9　(a) MCP，(b) MCM 和 (c) SiP

　　SiP 無論採用打線接合或覆晶凸塊接合來達到 3D 堆疊，當晶片數增加打線數或凸塊數也增加，總接線電阻跟著增加，故發熱增加。3D IC 封裝使用矽穿孔技術 (through-silicon via, TSV) 在垂直方向將同質或異質晶片堆疊進行電連結如圖 24-10 所示，將中央處理器、各種記憶體和感測器等壓縮到一個封裝中成為一個完整系統，TSV 不僅可縮短連線距離，節省導線架的使用，更可提升晶片效能，降低電磁干擾 (EMI) 與功率消耗。TSV 除了可以傳輸訊號外，也可以用來散熱，散熱效果比傳統打線接合提升二至三倍。

　　TSV 的製程如圖 24-11 所示，核心主要是電鍍銅做為銅導線，矽穿孔技術先用乾蝕刻技術將矽穿孔供表面與背面電路連接，再氧化防止銅導線與矽基板間漏電，沉積附著及擴散阻障層 (鈦或鉭) 加強電鍍銅與氧化層間附著力及防止銅擴散至矽基板，由於附著及擴散阻障層電阻係數太大不利於電鍍銅之進行，故再加上電阻係數小的潤濕或種晶層 (物理氣相沉積銅) 做為電鍍銅時的導電層，後續為防止銅氧化再沉積一層抗氧化保護層 (金)，最後電鍍銅完成 TSV 製備。TSV 技術再加上晶圓打薄和晶圓接合就構成 3D IC 封裝。

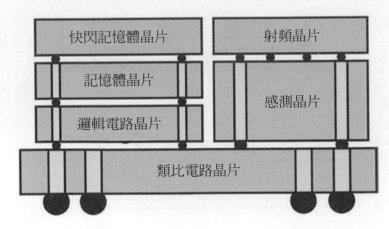

▲圖 24-10　使用矽穿孔技術 3D IC 封裝

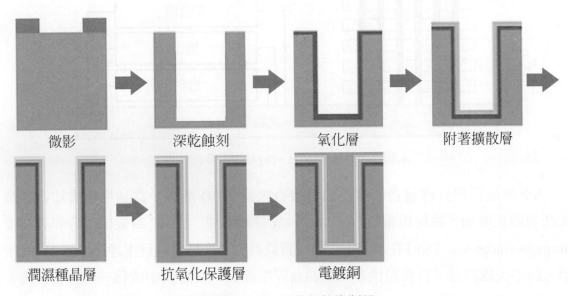

▲圖 24-11　矽穿孔技術製程

第四篇 積體電路故障與檢測

CH 25 可靠度與功能性檢測

積體電路包含億萬顆電子元件，其中一顆故障可能導致整個功能失效，因此可靠度與功能性檢測擔任了關鍵性的角色。

積體電路 (IC) 檢測分為兩種，可靠度檢測 (reliability test) 與功能性檢測 (function test)，可靠度檢測是指於短時間內，在各種外加的環境與應力下，檢測 IC 的穩定度與壽命，或藉由失效分析來鑑定失效機制，進一步改進 IC 性能增進可靠度。可靠度檢測可以針對任何製程步驟，藉以了解該製程步驟的可靠度。IC 功能性檢測是指封裝後的 IC 是否達到預期功能，隨著縮小化，IC 元件密度提高，規模越來越大，功能與複雜度也越來越大，使檢測難度與日增加，在 IC 設計時就須將檢測問題列入考慮以減低檢測困難度。

本章之目的在介紹可靠度檢測 (reliability test) 與功能性檢測 (functional test) 的基本理論。

25-1　可靠度基本概念 (Basic Idea of Reliability)

IC 可靠度可以用故障率曲線 (failure rate curve) (也稱為澡盆曲線 bathtub curve) 來表示如圖 25-1，曲線有三個區域：(1) 早期故障 (early failure)，IC 開始使用後相當短時間就故障，故障率隨時間減小，無法用篩選方法去除，該種故障由生產時造成的缺陷 (如灰塵微粒) 或材料本身缺陷形成；(2) 隨機故障 (random failure)，IC 經過一段長時間使用後故障，故障率隨時間幾乎固定。該種故障經由早期故障後所留下來的高品質 IC，由隨機發生的過度應力如電力劇升等產生；(3) 損耗故障 (wear-out failure)，IC 使用接近壽命自然發生，在這個階段故障率快速增加。

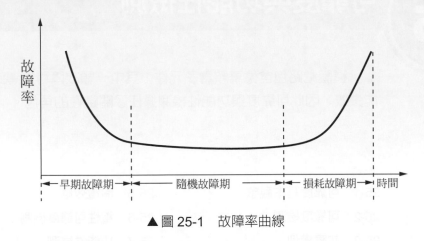

▲ 圖 25-1　故障率曲線

25-2　可靠度檢測 (Reliability Testing)

可靠度就是 IC 在規定操作條件下和規定時間內執行規定功能的能力，也就是在規定時間內沒有故障發生，所以可靠度高就是 IC 故障少，是確定一個系統在一個特定的執行條件下有效運行的機率。

IC 壽命高達數萬小時，但可靠度檢測必須於短時間內完成，必須使用所謂加速檢測 (accelerated test) 或稱應力檢測 (stress test) 來完成，也就是施加比正常操作條件更嚴苛的應力 (包含電應力：大電壓、大電流；環境應力：高溫度、高濕度；機械應力：高壓力、高張力等) 使 IC 晶片或元件加速失效，依據失效時間與應力的關係可以推算出在正常操作條件下 IC 的壽命。

加速檢測的基本機制來自於 IC 或其中的元件失效大半與熱有關，IC 或元件通過電流產生的熱累積形成高溫，在高溫下缺陷較快產生並擴散、各類化學反應進行較快，使特性逐漸劣化失效。在高溫環境下通過電流，IC 或元件累積的熱更高，特性劣化失效會更快。施加壓力、張力會使 IC 或元件曲張，使電阻增加，通過電流使熱累積較高，特性也加速劣化。另外，IC 或元件失效並不完全由熱導致，和熱不相關的失效機制有電磁干擾 (Electromagnetic Interference, EMI)、靜電效應 (Electro-Static Discharge, ESD) 等，所以失效機制相當複雜，其確認是很複雜且重要的。

25-3 故障模型 (Failure Models)

IC 或元件在不同的環境、不同的使用條件下失效率會有很大的區別，使用可靠度模型 (指標) 計算時必須考慮各種因素。

25-3-1 故障平均壽命 (Mean-Time-To-Failure, MTTF)

與熱相關的失效機制中，IC 或元件的故障平均壽命 (mean-time-to-failure, MTTF) 與溫度的關係可以用阿瑞尼斯 (Arrhenius) 方程式表示：

$$MTTF = A\exp(E_a / RT) \tag{25-1}$$

其中 A 是常數，E_a 是失效機制的活化能，R 是亞佛加厥常數，T 是反應時溫度 (K)。可以看出溫度愈高，IC 或元件平均壽命愈短。

$$\ln(MTTF) = \ln A + E_a / RT \tag{25-2}$$

將 $\ln(MTTF)$ 對 $1/T$ 作圖可以得到一條直線，其截距為 $\ln A$，斜率為 E_a / R。A 與 E 得到後，就可到在正常操作溫度下計算 IC 或元件的壽命如圖 25-2 所示。MTTF 為使用最廣泛的一個衡量可靠性的參數。

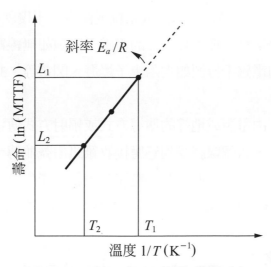

▲ 圖 25-2　IC 或元件的故障平均壽命 (MTTF) 與溫度的關係

〰 25-3-2 平均故障間隔時間 (Mean-Time-Between-Failure, MTBF)

　　與熱相關的另一種故障表達爲平均故障間隔時間，是指 IC 或元件在兩次相鄰故障間工作的平均時間，也稱平均無故障工作時間。它是 IC 或元件能平均工作時間的量化指標，用 MTBF(mean-time-between-failures, MTBF) 表示，單位爲 "小時"。MTBF 的倒數就是故障率 (Failure rate)，就是 IC 總產量中有多少會發生故障的比例，常用 λ 表示。例如：假設一顆 IC 的 MTBF 爲 10 萬小時，即 11.4 年，並不是說，該 IC 每顆都能工作 11.4 年不出故障。由 λ = 1/MTBF = 1/11.4 年 = 0.08/ 年，得知該 IC 的年平均故障率約爲 8%，也就是一年內，該 100 IC 有 8 顆會出故障。可以看出來 MTBF 爲也是一個衡量可靠性的重要參數，通常 MTBF 與 MTTF 相輔相成。

25-4　電磁干擾 (EMI)

　　IC 或元件失效並不全由熱導致，和熱不相關的失效機制有如電磁干擾 (EMI)，靜電效應 (ESD) 等。

　　電磁干擾是指電磁場直接或經由媒介傳導在 IC 或元件產生電壓、電流變動之不良影響。電磁干擾的發生必需要有來源、耦合路徑以及接收器，這三者必需一起出現才會有 EMI 的問題。若是三者之一未進入系統或減少，干擾就會消失或降低。

　　電磁干擾的來源歸納爲三種：1. 人爲的電磁干擾源如無線電傳輸、馬達轉動、繼電器開關等。2. 天然的電磁干擾源如太陽黑子爆發、閃電等。3. 純質的電磁干擾源如隨機產生的熱擾動等。

　　耦合路徑可能是經由電源或地線的傳導方式或輻射方式傳送，例如訊號線經過一個充滿電磁雜訊的環境，訊號線將受到感應接收雜訊信號並傳至電路的其它部分，這就是透過傳導方式的耦合。在一個電路中電流改變就會產生電磁波，這些電磁波會輻射到附近的導體 (接收器) 並影響其信號，這就是透過輻射方式的耦合如圖 25-3 所示。

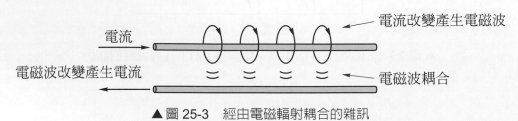

▲ 圖 25-3　經由電磁輻射耦合的雜訊

基本上所有的 IC 電路都會發射 EMI 同時又受到 EMI 的干擾，因此 IC 的設計應該既不受外在 EMI 的干擾，本身也不應成為 EMI 的干擾源。對抑制電磁干擾的散佈及加強免疫力可以經由適當的電路或系統設計，或使用遮蔽去包住發射體或電路來降低對電磁干擾的敏感性。

25-5 靜電效應 (ESD)

根據靜電產生的原因，以及對 IC 放電的方式，將靜電效應分為三種模型，人體模型 (human-body model, HBM)，機器模型 (machine model, MM)，充電元件模型 (charged-device model, CDM)。人體模型是指人體因摩擦等原因產生並累積靜電，當人碰觸 IC 或元件時，人體靜電由金屬接腳進入 IC 或元件，再由其他金屬接腳放電到地，進而損毀 IC 或元件。人體的等效電容約 100 pF，等效電阻約 1.5 kΩ，人體模型放電約在微秒範圍放出數安培的電流如圖 25-4 所示。

機器模型是指生產 IC 晶片時，機器因摩擦等原因產生並累積靜電，當機器碰觸 IC 或元件時，機器靜電由金屬接腳放電到地，進而損毀 IC 或元件。由於機器電阻很低，故放電時間較人體模型短，若在靜電電壓相同下，放電電流較大，機器模型對 IC 晶片的損傷較人體模型大。

充電元件模型是指生產 IC 晶片時，因運送或摩擦等原因在 IC 晶片內部產生並累積靜電，當金屬接腳與地接觸時，靜電對地放電，進而損毀 IC。充電元件模型放電時間更短 (約在奈秒範圍)，對 IC 晶片的損傷更大。

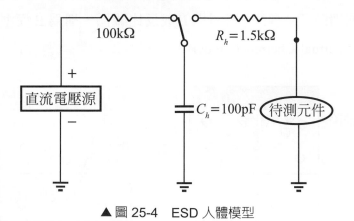

▲ 圖 25-4　ESD 人體模型

25-6　電性可靠度檢測 (Electrical Reliability Testing)

　　由於 IC 或 MOS 半導體元件可靠度大部分與電性有關，而電性可靠度又以介質層時相依介質崩潰 (Time-Dependence-Dielectric-Breakdown, TDDB) 檢測最為重要，故本節介紹 TDDB 概念及檢測機制。

25-6-1 介質崩潰 (Dielectric Breakdown)

　　IC 中介質層崩潰是影響可靠性的重要因素，介質層包含閘極氧化層及金屬間介質絕緣層，其崩潰通常可以分為瞬時崩潰和時相依介質崩潰兩大類。

1. 瞬時崩潰：施加於介質的電場強度超過其所能承受的臨界電場，導致漏電流遽增而崩潰，這是本質崩潰。實際情況中，介質層有些位置厚度較薄導致局部電場過大，或有針孔、裂縫、雜質等物理缺陷因加電場所引起局部氣體崩潰、電熱分解等，導致漏電流遽增而崩潰，則為非本質崩潰。

2. 時相依介質崩潰：施加於介質層的電場強度低於本質崩潰電場，而介質層缺陷在電場應力下不斷隨時間累積增加所導致的崩潰現象稱為時相依介質崩潰。

25-6-2 時相依介質崩潰機制 (TDDB Mechanism)

　　介質層 TDDB 可靠度模型有四種，各有其物理機制，四種都無法解釋所有現象。

1. 當介質層缺陷在電場應力下不斷增加導致互相連結成一個導電通道時產生 TDDB 崩潰如圖 25-5 所示，因鍵結斷裂速度與電場成正比，崩潰時間與鍵結斷裂速度成反比，因此崩潰時間 (壽命) 與電場 E 成反比關係，稱為 E 模型，又稱為熱 - 化學反應模型 (Thermal-Chemical Model)。

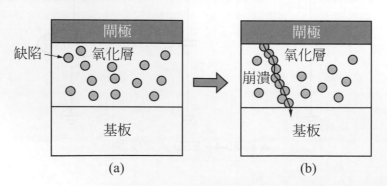

▲ 圖 25-5　E 模型中 (a) 缺陷在電場應力下不斷增加；(b) 互相連結成一個導電通道。

2. MOS 元件在 TDDB 測試條件下施加反向低電場如圖 25-6 所示，電子從金屬端經由 F-N 穿隧或直接 (DT) 穿隧注入介質層到達矽基板，電子在介質層電場中加速，與晶格碰撞導致 Si-O 鍵的損傷產生電子陷阱和電洞陷阱。電子進入矽基板又與晶格發生碰撞產生電離，產生的電洞又穿隧回介質層，被電洞陷阱捕獲後在介質層中增強電場，使缺陷處局部電子能量增加加速鍵結斷裂，如此循環形成正回授，缺陷不斷增加到互相連結成一個導電通道時介質層產生 TDDB 崩潰。外加電場愈大，缺陷增加愈快，崩潰時間愈短。崩潰時間與外加電場成倒數關係，就是 1/E 模型，又稱為陽極電洞注入模型。

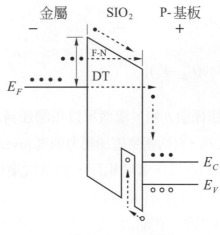

▲圖 25-6　1/E 模型

3. 在 low-k 的介質層電流傳導機制為肖特基 (Schottky) 發射，或在缺陷較多材料中，Poole-Frenkel 為傳輸機制，這兩種傳導機制中，電流與電場的平方根相關 ($E^{1/2}$)，因此崩潰時間與電場的平方根成反比關係，稱為 $E^{1/2}$ 模式。

4. 在超薄介質層 (< 4 nm) 與半導體界面有很多氫懸掛鍵，可以被一個或多個電子激發活化產生氫原子，當釋放到介質層內會導致產生體缺陷和滲透路徑，若電子自陽極所獲得能量為 eV，N 個電子激發活化能量就有 NeV，因此崩潰時間與電壓 N 次方成反比關係，稱為冪函數模型 (Power Law Model)，又稱為陽極氫氣釋放模型 (Anode Hydrogen Release, AHR)。

〰 25-6-3 TDDB 檢測 (TDDB Testing)

TDDB 測試是在 MOSFET 閘極電容上施加電應力進行測試。一般選用恒定電壓 (constant voltage source, CVS) 進行測試，用以預測元件壽命，原理說明如下。

MOSFET 元件壽命 τ 隨電壓應力 V_S 成反比關係：

$$\tau = A \times \exp(-V_S \times \beta)$$

其中 A 為常數，β 為在電壓應力 V_S 下的電壓加速係數。

假設施加的應力電壓為 V_S，對應的該應力下壽命為 τ_S，實際工作電壓為 V_0，對應的壽命為 τ_0，由元件在兩個閘極電壓測試下的壽命，則可以得到電壓應力加速因數 (acceleration factor on voltage, AF_V)：

$$AF_V = \frac{\tau_0}{\tau_S} = \exp[\beta \times (V_S - V_0)]$$

如此可計算出電壓加速係數 β 值，繼而可以預測任何電壓下元件壽命。在測試時，所施加閘極電壓不宜太高，否則產生施加應力過度 (overstress)，影響預測精準度。

TDDB 測試溫度通常與 IC 操作溫度相同，測試電壓低於介質層的崩潰電壓，為了加速測試，一般施加電壓是操作電壓的 5～10 倍，記錄電流隨時間的變化。TDDB 以定電壓方式 (CVS) 測試，在崩潰過渡期間，電流會增加、功率消耗增加、溫度急劇上升崩潰時間縮短，並導致硬崩潰。若以定電流方式 (constant current source, CCS) 測試，在崩潰過渡期間，電壓會下降、功率消耗減少、溫度下降、限制破壞成長機制，導致軟崩潰。

25-7　功能性檢測 (Function Testing)

封裝好的 IC 必須經過功能性檢測，驗證其具有預期的功能，是一種質量保證的流程。由於在製造中無法避免材料、製程與人為疏失，功能性檢測是必需的。檢測的目的是要測出瑕疵的存在與否，其位置及範圍，檢測的難易與產品的複雜度及整合度有關。有些瑕疵不易測到，例如數位電路中輸出與某一輸入不直接對應時，該輸入端的瑕疵就不易測到，在電路設計時就必須注意。

簡單的說，IC 功能性檢測主要的目的是經由測試將合格的晶片與不合格的晶片區分開，確保產品的品質與可靠性。

〰 25-7-1 功能性檢測的基本原理 (Principle for Function Testing)

依據 IC 的功能和特點，由 IC 輸入端以規定的速率輸入一系列有序或隨機組合的電信測試圖形，在 IC 輸出端檢測輸出電信號是否與預期電信圖形數據相符，以此判別 IC 功能是否正常。

根據 IC 電路類型，電性測試可以分為數位電路測試、類比電路測試和混合電路測試。數位電路測試是 IC 測試的基礎，除少數純類比 IC 如運算放大器、電壓比較器、模擬開關等之外，現代電子系統中使用的大部分 IC 都包含有數位訊號。

功能測試分為靜態功能測試和動態功能測試。靜態功能測試是按真值表固定的方式，發現固定型的故障。動態功能測試則以接近電路工作頻率的速度進行測試，目的是在接近或高於 IC 實際工作頻率的情況下，驗證 IC 的功能。

直流電性測試即靜態功能測試是 IC 測試的基礎，是檢測電路品質和可靠性的基本判別手段。直流測試是基於歐姆定律有加電壓測電流和加電流測電壓的測試形式，檢測 IC 穩態下電性參數，測試時主要考慮測試準確度和測試效率。例如接觸測試可以判別 IC 引腳的開路／短路情況，漏電流測試可以判別電路的技術品質，電位轉換測試可以判別電路的驅動能力和抗噪音能力，另還有輸出電位測試、電源消耗測試等。

交流 (AC) 電性參數測試即動態功能測試是 IC 工作時驗證與時間相關的參數，諸如工作頻率、輸入信號與輸出信號隨時間的變化關係、常見的測量參數有上升和下降時間、傳輸延遲、存儲時間等。交流參數主要考慮是最大測試速率、重複性能，和準確度。

〰 25-7-2 可檢測設計 (Design for Testability)

可檢測設計是在 IC 電路上製作一個檢測電路，用來偵測瑕疵存在位置、分布範圍，藉以評估該系統是否可以執行預設的功能。

〰 25-7-3 內建式自我檢測 (Built-In Self-Test, BIST)

內建式自我檢測是在電路內配置了可以自我產生控制檢測信號、分析檢測結果的硬體措施，減少檢測成本。但需要額外成本，增加晶片面積，同時良率及可靠度可能降低。

25-7-4 可修護 (Repairable)

檢測的用意不只是找出有瑕疵的產品，而能進一步將瑕疵修護，當製作成本高昂時，可修護性特別重要。例如使用雷射將錯誤的開路融合爲短路或將錯誤的短路燒斷成開路，或者預先配置導線，經檢測後，根據需要將不合適的導線移除，並產生所需的連線布局。可修護性在設計時就要考慮在內。

25-7-5 自動測試平台

IC 功能複雜龐大，檢測是一項耗時耗力的工作，需要求助於自動測試系統，自動測試平台 (ATE - Automatic Test Equipment) 是一個 IC 自動測試系統，包括計算機硬體和軟體系統、系統控制系統、圖形儲存器、圖形控制器、定時發生器、精密測量單元、可程式化電源和測試台等。其中的圖形控制器用來控制測試圖形的順序流向，是數字測試系統的中央處理器，可以提供代測元件所需電源、圖形、周期和時序、驅動電平等信息。

材料特性檢測

積體電路可靠度與功能性不佳與製程技術、材料品質息息相關，如何使用儀器設備檢測、分析與瞭解這些問題，對可靠度分析十分重要。

26-1 表面形態分析儀器　　26-3 組成分析儀器

26-2 晶體結構分析儀器

　　檢測儀器有的測試物性，有的測試化性，有的有破壞性，有的沒有破壞性。一般固體或薄膜的分析儀器，以其功能區分，可分為三大類：

(1) 表面形態分析儀器：用於直接觀察材料的表面形態，可以觀察表面的平坦度、均勻性及表面各種缺陷、晶粒界面、加工缺陷等顯微組織，如光學顯微鏡 (OM)、掃描式電子顯微鏡 (SEM) 等。

(2) 晶體結構分析儀器：用於分析粉末或固體的結晶結構為主，可以了解原子排列及晶格常數，如 X 光繞射儀 (XRD)、穿透式電子顯微鏡 (TEM) 等。

(3) 組成分析儀器：定性或定量分析表面組成為主，可以鑑定存在於固體表面的元素，亦可經由反覆蝕刻分析組成縱深分佈，如歐傑電子分析儀 (AES)、二次離子質譜儀 (SIMS) 等。

26-1 表面形態分析儀器
(Surface Morphology Analysis Instruments)

26-1-1 光學顯微鏡 (Optical Microscope，OM)

　　光學顯微鏡 (OM) 是將微小物體放大到人眼足以觀察的光學儀器如圖 26-1 所示，通常採用物鏡和目鏡兩級放大，物鏡將觀察物放大成一倒立的實象，再被目鏡放大成人眼看到的虛象。

　　物鏡常用的有 10 倍、20 倍、40 倍、100 倍，物鏡長度與放大倍數成正比關係。在觀察物件最清楚時，物鏡的前端透鏡下面到物件上面的距離稱為工作距離，物鏡的放大倍數愈高，焦距愈短，工作距離愈短，例如：10 倍物鏡工作距離為 6.5 mm，40 倍物鏡為 0.48 mm。物鏡可分為乾燥物鏡和浸液物鏡，其中浸液物鏡又可分為水浸物鏡和油浸物鏡 (放大倍數可以大到 90 ～ 100 倍)。常用目鏡的放大倍數為 10 倍，顯微鏡的總放大倍率就是物鏡放大倍率和目鏡放大倍率的乘積，放大倍率是指直線尺寸的放大比，而不是面積比。

　　另有一種常用的偏光顯微鏡 (polarizing microscope) 用於觀察所謂透明與不透明各向異性材料，凡具有雙折射的物質，在偏光顯微鏡下就能分辨的清楚。

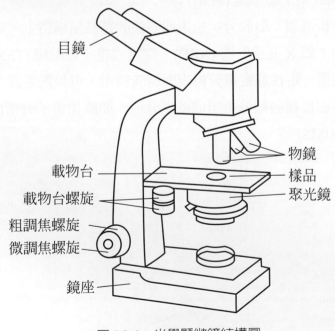

目鏡

物鏡

載物台

樣品

載物台螺旋

聚光鏡

粗調焦螺旋

微調焦螺旋

鏡座

▲ 圖 26-1　光學顯微鏡結構圖

26-1-2 掃描式電子顯微鏡 (Scanning Electron Microscopy，SEM)

掃描式電子顯微鏡 (SEM) 有 2 ～ 30 萬倍的放大倍數，解像力 3 nm，樣品製備簡單，景深大，視野大，成像富有立體感，可直接觀察各種樣品表面的晶相、晶粒大小和結晶的細微結構。目前的 SEM 常配有 X 射線能譜儀 (energy dispersive spectrometer-EDS)，可以同時觀察顯微組織形貌和微區域元素組成，是當今十分有用的分析儀器。

SEM 利用聚焦得到非常細的高能量 (0.5 ～ 30keV) 電子束在樣品上掃描如圖 26-2 所示，激發出各種物理現象，例如產生二次電子 (二次電子是指被入射電子轟擊出來的電子)、特徵 X 射線 (特徵 X 射線是原子的內層電子受到激發，在能階躍遷時釋放出具有特徵能量和波長的一種電磁波輻射，能譜儀就是利用不同元素具有自己獨特的 X 射線特徵波長來進行成份分析)、歐傑電子 (原子內層電子能階躍遷過程中不是以 X 射線釋放能量，而是將核外另一電子打出，這種二次電子叫做歐傑電子)、背向散射電子 (背向散射電子是指被固體樣品原子反射回來一部分的入射電子)、透射電子等。

SEM 有三種操作模式，二次電子模式 (secondary-electron mode)，背向散射影像模式 (back-scattered-electron imaging)，X 光圖像模式 (X-ray mapping)。二次電子模式就是利用二次電子形成之光學影像，利用背向散射電子形成之光學影像就是背向散射影像模式，背向散射電子在離開樣品時會撞擊產生額外的電子，發生在初次電子入射點 1 ～ 2 微米四周處，故對較深層物有較佳的光學影像品質。X 光圖像模式則利用 X 光譜作微區成份分析，即 X 射線能量散佈光譜儀 (energy dispersive spectrometer-EDS)，加大初次電子撞擊能量，更可分析深層材料元素種類及組成。

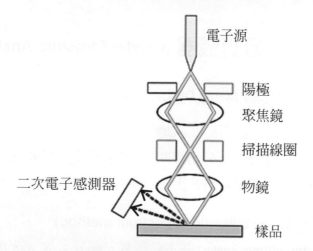

▲ 圖 26-2　SEM 利用高能量電子束在固體樣品上掃描，激發出各種物理現象

26-1-3 原子力顯微鏡 (Atomic Force Microscopy-AFM)

原子力顯微鏡 (AFM) 可以觀察樣品表面之形貌達原子尺寸，其裝置及原理如圖 26-3(a) 所示，使用一支懸臂，其上具有非常尖銳尖端的探針掃描樣品表面，當尖端接近表面時，表面與尖端之間的吸引力會導致懸臂偏向表面如圖 26-3(b) 所示，隨著懸臂更靠近表面，會有越來越強的排斥力使懸臂偏轉離開表面，這些力會產生懸臂的微小偏曲及彈性變形，再以後方的雷射光源照射懸臂，光反射後以光學感測器來量測偏移量大小，並且利用回饋電路在控制探針與試片於垂直方向保持固定作用力下 (約 $10^{-6} \sim 10^{-10}$ N) 所得到的訊號，即可得到試片表面於形貌。

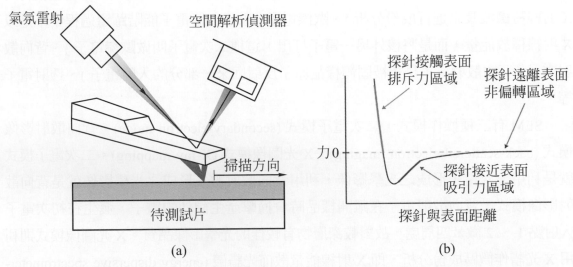

▲ 圖 26-3　AFM (a) 裝置示意圖，(b) 探針尖端與樣品表面之間的作用力

26-2　晶體結構分析儀器 (Crystal Structure Analysis Instruments)

26-2-1 X 光繞射光譜 (X-ray Diffraction Spectrum，XRD)

X 光繞射光譜主要分析材料結晶狀態及微結構，因為 X 光之波長與晶體的晶格常數相近，照射在結晶材料上，分析產生的繞射圖形，即可決定原子結構和晶體種類。分析晶體有二種 X 光繞射量測方法。

一、X 光繞射光譜法 (X-ray diffraction spectrum method)

X 光繞射儀 (X-ray diffractometer) 基本結構有三部分：X 光光源 (X-ray source)、量測儀 (goniometer)、感測器 (detector)。通常，X 光源是使用電子束撞擊銅靶產生，

用單頻器 (monochromator) 選擇 Kα 特性 X 光進行量測，Cu-Kα X 光波長 λ 為 1.542Å，晶體在符合如圖 26-4(a) 所示的布拉格定律下 (Bragg's Law)($n\lambda = 2d\sin\theta$，n 是整數，λ 是 X 光波長，d 是晶面距離，θ 是入射角)，產生 X 繞射光譜 (X-ray diffraction spectrum)。舉單晶矽繞射圖案為例如圖 26-4(b) 所示，由繞射波峰角度對照粉晶繞射標準圖卡 (powder diffraction file JCPDS) 得到晶面方向 (400)，波峰強度 (peak intensity) 愈強與半高寬 (full width at half maximum，FWHM) 愈窄，表示晶體特性愈好。

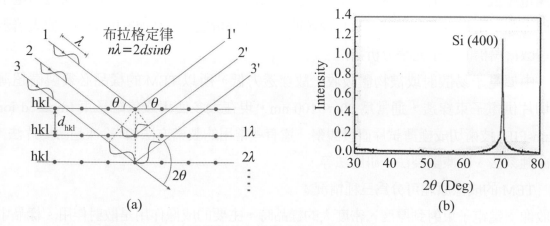

▲圖 26-4　(a)X 光繞射的布拉格定律，(b) 單晶矽 (400) 繞射光譜

二、X 光反射式勞厄法 (back-reflection Laue method)

X 光反射式勞厄法為一種利用 X 光照射晶體後所得到的光譜，X 射線照射在固定不動的矽單晶片上，依布拉格定律，在某些角度會產生繞射現象如圖 26-5(a) 所示，(100) 單晶矽反射式勞厄繞射圖案如圖 26-5(b) 所示，使用此法可作矽單晶晶向 (orientation) 的判別。

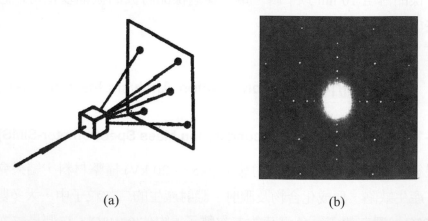

▲圖 26-5　(a)X 光反射式勞厄法繞射現象，(b) (100) 單晶矽勞厄繞射圖案

26-2-2 穿透式電子顯微鏡 (Tunneling Electron Microscopy，TEM)

　　穿透式電子顯微鏡 (TEM) 在材料科學、生物學上應用廣泛。TEM 在半導體研究中常用于納米尺寸材料的結晶情況，可以觀察納米尺寸晶粒的形貌及粒徑，是現代科技發展中不可缺少的重要利器。

　　TEM 與 SEM 同樣是發射電子來觀察樣品結構，不過 TEM 的電子必須穿透樣品來觀察其內部晶格、缺陷等資訊。波長是透鏡解析度大小的決定因素，電子束波長與加速電壓成反比關係，TEM 是以高加速電壓 (通常用 50 ～ 200kV) 波長極短的電子束作光源，用電磁場作透鏡，聚焦成像的一種高解析度 (可高達 0.05 nm)、放大倍數可達數百萬倍的電子光學分析技術。

　　由於電子易散射或被物體吸收，故穿透力低，所以 TEM 的樣品必須製備超薄的切片供電子束穿透，通常為 20 ～ 100 nm。現在大多使用聚焦離子束 (focused ion beam-FIB) 技術切成極薄試片直接觀察 。還有些常用的製備方法如：冷凍超薄切片法、冷凍蝕刻法、冷凍斷裂法、研磨法等。

　　TEM 的成像原理可分為三種情況：

吸收像：當電子束射到厚度、密度大的樣品時，主要的成像作用是散射作用。樣品中　　　　厚度密度大的地方對電子的散射角大，通過的電子較少，像的亮度較暗。早　　　　期的 TEM 都是基於這種原理。

繞射像：電子束穿透薄片晶體，會產生繞射圖案 (diffraction pattern)，再組合這個圖　　　　案成放大影像。樣品不同位置的繞射能力會產生相對應的繞射波振幅，樣品　　　　中出現晶體缺陷時，缺陷部分的繞射能力與整體區域不同，使繞射波的振幅　　　　分佈不均勻，反映出晶體缺陷的分佈。

相位像：當樣品薄至 10 nm 以下時，電子穿過樣品時波的振幅變化可以忽略，成像　　　　來自於相位的變化。

26-3　組成分析儀器 (Composition Analysis Instruments)

26-3-1 二次離子質譜儀 (Secondary Ion Mass Spectrometer-SIMS)

　　具有足夠能量稱為一次離子源的離子 (0.5 ～ 20 kV) 撞擊材料，結果會引發局部區域發熱、產生缺陷、形成化合物及濺射。濺射產生的二次粒子中，大多數是中性粒子 (約佔 99%)，還有帶正、負電荷的二次離子 (約佔 0.01%)，它們是二次離子質譜

儀 (SIMS) 所要感測的對象，這些二次離子被電場吸出後，進入質譜儀，質譜儀根據離子質量與電荷比率差異從時間或空間上分離，然後將所分離的離子進行定性定量分析如圖 26-6 所示。

一次離子源選用的基本原則爲：使用正離子源如 Cs⁺ 有助於二次負離子如 O⁻、C⁻、S⁻、Si⁻ 等的濺射產出率，使用負離子源如 O⁻ 有助於二次正離子如 Mg⁺、Ca⁺、Pb⁺ 等的濺射產出率。

SIMS 主要用來分析固體表面及表面以下 30 微米深度內的區域，廣泛的應用於材料分析上，在微電子元件的發展上更扮演了不可或缺的角色，如表面的污染、氧化、還原、表面處理等分析上，是目前各種表面分析技術中靈敏度非常高的技術，其測試精度在 ppm-ppb 範圍。

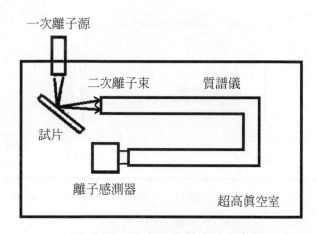

▲ 圖 26-6　二次離子質譜儀示意圖

26-3-2 傅立葉轉換紅外光頻譜儀 (Fourier Transform Infrared spectroscopy，FTIR)

傅立葉轉換紅外線光譜儀 (FTIR) 是使用紅外光照射樣品，樣品吸收紅外光能量後化學鍵會產生伸張或彎曲的變化，被吸收的紅外光頻率是就分子振動所吸收的能量。以穿透率對波數作圖就是 FTIR 光譜。

所謂波數 (wavenumber，單位 cm⁻¹) 就是單位長度波的震動次數，光子能量 $E = h\nu = hc/\lambda$，h 爲普郎克常數，ν 爲頻率，λ 爲波長，$1/\lambda$ 爲波數，光子能量與波數成正比，由於光譜學中最關心的是能量，就選用直接和能量 (即波數) 有線性關係的量作爲單位而不選用波長作爲單位。特別在紅外光波段，希望光譜位置及間隔數值比較適中，波數用起來更爲方便。

　　FTIR 的光源有三個波段、近紅外光區 (12800 ～ 4000 cm^{-1})、中紅外光區 (4000 ～ 200 cm^{-1})、遠紅外光區 (200 ～ 10 cm^{-1})，對應到不同的官能基。定性分析方法通常可由特性頻率光譜區 (4000 ～ 1300cm^{-1}) 的特性吸收頻率來判定被分析物可能含有那些官能基，以便推斷可能的分子結構，分子結構的微小差異就能造成光譜圖的改變。例如：一個 FTIR 光頻譜如圖 26-7 所示，3298 cm^{-1}，2933 cm^{-1}，1631 cm^{-1}，686 cm^{-1}各代表 N-H 伸張振動，CH$_2$ 伸張振動，C=O 伸張振動，及 N-H 彎曲振動，表示該樣品分子有這些官能基。

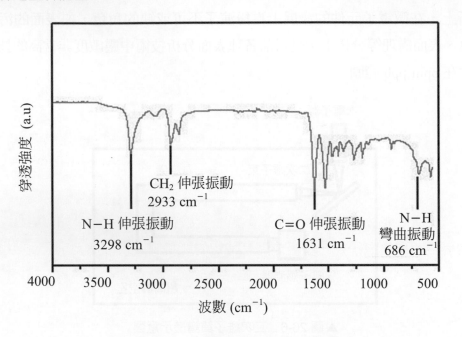

▲ 圖 26-7　一個傅立葉轉換紅外光頻譜

26-3-3 歐傑電子光譜儀 (Auger Electron Spectroscopy-AES)

　　歐傑電子光譜儀 (AES) 分析原理示意圖如圖 26-8 所示，利用電子束照射材料，將內層能階電子游離，較高層能階之電子填補該內層能階空缺位置時，該能量差使其它外層電子游離，該游離的電子即稱為歐傑電子 (Auger electron)，由於該游離電子之動能隨原子的不同具有特定的能量，因此可用於分析薄膜中特定元素之含量和比例。此外，AES 真空腔內同時裝置有 Ar$^+$ 離子源，可用來濺射蝕刻材料繼而分析材料之新表面，得到縱深組成分析的功能。

　　積體電路中常要量測單層薄膜或多層薄膜表面及縱深組成分析，或界面之汙染問題，用歐傑電子光譜儀是一理想工具。歐傑電子光譜儀之電子束直徑為 50 奈米，所以可以偵測微小結構之組成。歐傑電子打出後須穿出表面才能偵測到，最深能偵測到的距離稱為逃逸深度 (escape depth)，在一般的測試條件下，逃逸深度約為 10 個原子層。

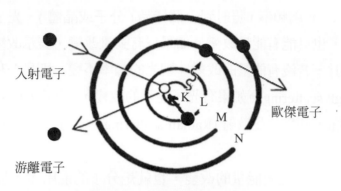

▲ 圖 26-8　AES 分析原理示意圖

26-3-4 X 射線光電子能譜儀 (X-Ray Photoelectron Spectroscopy-XPS) 或化學分析電子光譜 (Electron Spectrometry for Chemical Analysis-ESCA)

X 射線光電子能譜儀 (XPS) 也稱為化學分析電子光譜儀 (ESCA)，是用 X 射線去照射樣品，使原子或分子的內層電子或價電子受激發射出光電子來如圖 26-9(a) 所示。光電子會因為不同之原子及化學組成而有特定的能量訊號，以此判別樣品表面的化學鍵型態。以光電子的動能 (動能 (E_k) = 光能量 (hv) - 束縛能 (E_b) - 功函數 (W)) 為橫坐標，相對強度為縱坐標可做出光電子能譜圖，從而獲得待測物的組成。二氧化鈦的 XPS 光譜如圖 26-9(b) 所示。

類似歐傑電子光譜儀，其優點為 (1) 光源所有能量都可吸收，(2) 用 X 射線光激發，較用電子射線激發有較小之損傷與電荷堆積，故可分析絕緣材料。其主要缺點為 X 射線光的尺寸太大，直徑約 1 毫米，新式儀器可縮至 50 微米，無法測試分析奈米尺寸結構。

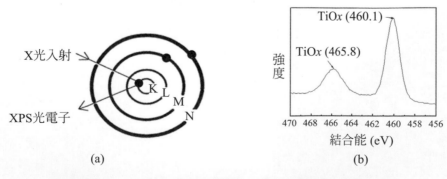

(a)　　　　　　　　　(b)

▲ 圖 26-9　(a)XPS 原理示意圖；(b) 二氧化鈦的 XPS 光譜

26-3-5 拉曼光譜儀 (Raman Spectroscopy)

　　拉曼光譜儀是利用光散射現象來測定分子振動的光譜儀。當光束 (光子能量為 $h\nu$；h 為浦克常數，ν 為頻率) 照射到一個樣品 (分子或晶體)，光子會與分子碰撞，除有動量改變外，也可能有能量改變。如果只有動量改變，表示改變了光子進行的方向，即向四方散射，若沒有能量的改變，則光的頻率不變，則是一種彈性碰撞，即為瑞立散射 (Reyleigh scattering)。如果有光子能量的改變，則頻率 (波長或波數) 就改變，則是一非彈性碰撞，即為拉曼散射 (Raman scattering)。散射光包含瑞立散射及拉曼散射的光譜。

　　拉曼散射只是測量光子能量的改變，也就是分子的能階差，以波數的改變來表示，即為拉曼位移 (Raman shift $\Delta\sigma$，單位為 $\Delta\,cm^{-1}$)。拉曼位移 $\Delta\sigma$ 與能量差 ΔE 的關係為：$\Delta\sigma = \sigma$(雷射光光子能量) $- \sigma'$(散射光光子能量) $= \Delta E/hc$，此處 c 為光速。圖 26-10 所示為石墨與石墨烯的拉曼光譜。

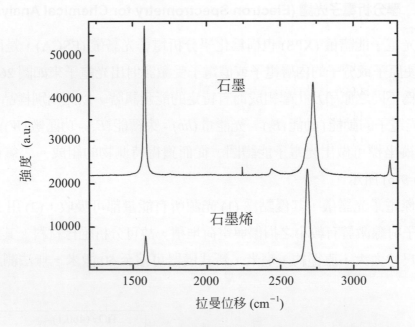

▲ 圖 26-10　石墨與石位烯拉曼光譜

26-3-6 光激光譜儀 (Photoluminescence Spectroscopy-PL)

　　光激光譜儀 (PL) 對直接能隙半導體品質是一快速直接的分析工具。PL 量測是使用比半導體能隙能量大的光源照射樣品。例如使用氦－鎘雷射 (波長 325nm) 光源來激發氧化鋅 (E_g = 3.37 eV) 光電材料，使價帶電子進入導帶或缺陷、雜質在半導體能隙中產生的能階，激發至高能階的電子再回到價帶時，該能量差以光放出就產生 PL 光譜。藉 PL 光譜可以得知材料的能隙，其內有那些缺陷或雜質存在，瞭解材料的品質。圖 26-11 所示為氧化鋅的光激光譜，由在 375 nm 波峰有較窄的半高寬，顯示氧化鋅有較佳的結晶品質。又由在 580 nm 波峰有寬帶分佈，顯示氧化鋅有氧空缺及氮空缺。

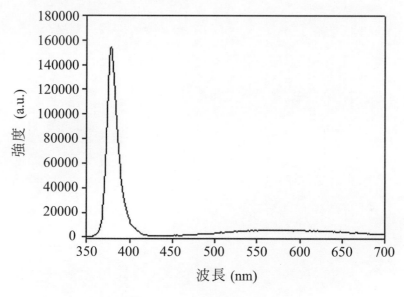

▲ 圖 26-11　氧化鋅的 PL 光譜

第五篇 製程潔淨控制與安全

製程潔淨控制與安全（一）

空氣中的粒子可以使積體電路中金屬線短路、絕緣體漏電、晶體產生缺陷，使其喪失功能，製程在無塵室中進行是必要的。

晶圓及晶圓製程設備的潔淨，對 IC 品質是絕對重要的。本章及下章中，我們將討論六個課題藉以達到潔淨控制。這些課題是：

1. 潔淨程序
2. 水
3. 空氣／無塵室
4. 人員
5. 化學藥品
6. 氣體

為了簡明，此六個課題分開討論，但在工作環境中，它們必須同時加以考慮。

27-1　潔淨程序 (Cleaning Procedures)

在晶圓製程中，首要考慮的是如何清潔晶圓。晶圓在任何時候都必須保持乾淨，尤其在擴散、磊晶成長或化學氣相沉積等高溫處理步驟前。有兩類污染在半導體製程中產生極大問題：

第一類　鈉離子的污染：

在 MOS IC 製程中，帶正電的鈉離子會快速地穿過二氧化矽向負偏壓端移動，使元件特性改變，例如會使 MOS 電晶體產生大漏電流及改變臨界起始電壓，影響 MOS 半導體元件的正常操作。在生產線上避免鈉離子的污染，可使用低鈉離子的化學藥品和用適當晶圓處理技術。鈉離子是存在於人體內的一種化學物，稍有不慎就會對晶圓或晶圓製程設備產生鈉離子污染。

第二類　經由擴散或從晶圓內部析出的微量元素的污染：

在高溫下某些元素如金等會溶解在矽中，當溫度下降後就會析出 (precipitation) 進入晶格外位置。晶圓一旦受這些少量元素污染，當元件在操作時，這些元素就會干擾矽晶體中電洞與電子的正常流動。要將此污染完全除去是困難的，然而在高溫製程前適當的清潔可減低它的污染程度。

在 IC 製程中，對新拿到的晶圓，首要工作就是徹底清潔，常用的方法是用丙酮或酒精等化學藥品清洗，此項清洗手續可清除晶圓上油脂或蠟之殘留。接著，晶圓再放入一連串設計好的酸鹼液中除去金屬或其它有害的污染物。

矽晶圓典型的清潔程序是：

步驟	目的
1. 放置於加熱 H_2SO_4 中幾分鐘	1. 除去光阻劑或其它有機物
2. 放置於加熱的王水 ($3HCl+H_3NO_3$) 幾分鐘	2. 除去金和其它金屬
3. 放置於沖稀的氫氟酸中約數十秒	3. 除去含有污染物之 SiO_2
4. 用 DI 水中清洗幾分鐘	4. 除去剩餘酸液
5. 乾燥 (一般用氮氣)	5. 準備進入下一處理步驟

IC 製程使用之化學藥品必須高純度、超低量雜質，此外所有與晶圓接觸的設備都要夠潔淨。包括：擴散爐管、玻璃器皿、放置晶圓的舟、拉桿、熱耦計的封套、真空棒等等。化合物半導體晶圓的清潔程序及所用化學藥品有些不同，但是基本觀念是相同的。

27-2　水 (Water)

幾乎每一道清潔手續的最後一步都要用到水。IC 製程中使用的水必須高純度，污染物要控制在極少量，一般純淨飲用水在 IC 製程中不被允許。一般純淨飲用水的雜質包括無機鹽如鈉和鈣鹽，或生物的有機化合物，微小砂粒，微生物等，這些雜質都會使水有高的導電性，過濾掉這些雜質後，電阻係數提高必須達到表 27-1 的標準，半導體製程中用的高純水稱為 DI(deionized) 水，比阻抗標準值為 18.2 MΩ-cm，不過此值只代表水中電解質的量，可能還有一些汙染物。

▼ 表 27-1　高純度半導體用水與自來水之比較

水規格	自來水	高純水
電阻係數 (MΩ-cm)	0.0002	15 ～ 18
電解質 (百萬分之)	200,000	< 25
特殊物 (#/cm³)	100,000	< 150
活體有機物 (#/cm³)	100 ～ 10,000	< 10

　　水之純化幾乎都用離子交換或去離子程序。一個典型系統包括下列的組成如圖 27-1 所示：

1. 除砂槽：過濾，除去水中的砂顆粒。

2. RO 逆滲透：除去微粒子。

3. 軟水槽：用離子交換樹脂除去陰陽離子將硬水成軟水。

4. 碳吸收槽：活性碳過濾，除去氯和少量的有機物。

5. 紫外光照射：用紫外光等方法控制細菌生長及除去有機物。

6. 超級過濾器：除去水中的微顆粒進一步純化。

7. 儲水槽：供應純水給使用端。

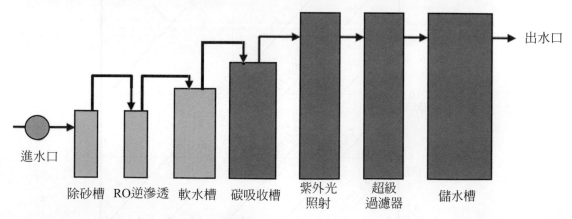

▲ 圖 27-1　純水系統

　　上述系統中的逆滲透 (reverse osmosis, RO) 系統是在一種有選擇性的滲透膜上加壓，水就會流過膜，而其中溶解的浮懸物質則通不過。逆滲透膜之使用較為有效，因其減少了離子交換樹脂再生的次數。超級過濾器 (ultra filtration) 是一種孔徑小於 10 nm 多孔性材質，藉由內外壓差讓低分子量物質通過薄膜，除去水中的微顆粒進一步純化。

　　當水已純化至所需之程度後，就用一些設備，通常用惰性塑膠管 (inert plastic) 分送至所需處而不使其純度降低。

27-3　空氣 / 無塵室 (Air/Clean Room)

　　溫度，濕度和微塵量是 IC 製程廠房中空氣所要控制的三個主要參數。溫度和濕度可藉由空氣處理系統，加以控制與設定。溫度通常設定在 20℃左右；濕度通常控制在 45% 左右。微塵量可經由無塵室設備來控制，空氣中微塵種類有導體顆粒如銅等，有非導體顆粒如二氧化矽等，微塵顆粒對 IC 製程有致命之傷害，例如在金屬化製程中微塵導體顆粒落於兩金屬導線之間可使兩金屬導線短路，在磊晶製程中微塵顆粒使磊晶膜品質不佳，因此 IC 製程必須在無塵室中進行，在製程中若能控制微塵顆粒的數目，製程就不易失敗。無塵室之潔淨度以 class 來區分，例如：class 100 代表一立方呎 (ft³) 中，微塵顆粒尺寸為 0.5 微米的數目有 100 顆；class 1000 代表一立方呎中，微塵顆粒尺寸為 0.5 微米的數目有 1000 顆，如圖 27-2 所示。

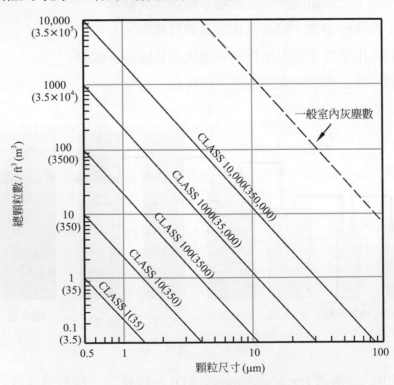

▲ 圖 27-2　無塵室之潔淨度

　　無塵室之結構如圖 27-3 所示，無塵室中空氣經由特殊設計管道，將外界空氣經過濾後以平行或層流方式吹進工作場所。層流吹入方式，是要防止亂流區的形成，因亂流區常會堆積一些灰塵微粒，形成污染。灰塵微粒會降低 IC 製程的良率，因此微塵濾除乃為無塵室中最重要工作，藉由高效率特殊空氣過濾器 (或稱為 HEPA － high efficiency particulate air)，可有效的濾除大部份的微塵顆粒。

無塵室基本架構

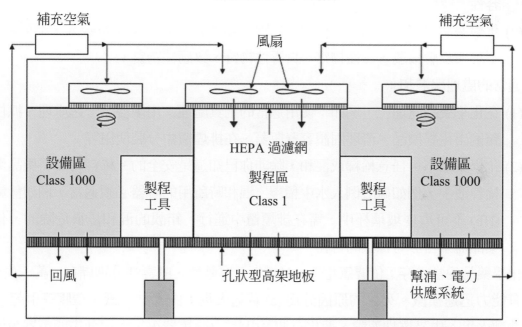

▲ 圖 27-3　無塵室之結構

27-4　人員 (Personnel)

　　在晶圓製程中，造成污染物最大的來源其實就是執行製程的人，由於人體有不斷的再生作用，因此會不停的創造有機物污染。避免執行製程的人員成為污染源，首先將晶圓製造區與控制區分開；其次在製造區要穿無塵工作服 (工作服要將手與腳等整個身體遮蓋住) 如圖 27-4 所示。需注意工作服要經常清洗保持最高的潔淨程度。

▲ 圖 27-4　人員穿著無塵工作服

27-5 化學藥品 (Chemicals)

在半導體實驗室內有非常多種類的化學藥品，危險性很高，有一些原則需要遵守：

1. 確實瞭解使用之化學藥品的特質與危險性：

   (1) 化學藥品間有不相容性，例如鹼金屬與水、二氧化碳、四氯化碳、鹵素有不相容性。

   (2) 化學藥品要貼上不同的危險標籤如圖 27-5 所示，例如：不可吸入、不可吞入、不可與皮膚接觸，毒性物質、具毒性物質、致癌性物質。

2. 適當的處理與混和：

   (1) 在化學藥品處理上，例如：使用適當的工具處理、用兩隻手一起處理、抓住瓶頸倒出化學藥品、清理固體容器瓶蓋、在排煙櫃中分裝使用等。

   (2) 化學藥品不可任意稀釋或混和，除非你已知道是安全的。稀釋時要將藥品倒入稀釋液中，例如硫酸倒入水中稀釋。混和時所用的容器必須適當，例如氫氟酸 (HF) 不可放在玻璃杯中，需在排煙櫃中進行。錯誤的混和是很危險的，化學藥品需來自於有標籤的容器。

3. 化學藥品妥當儲存：依據氧化性、易燃性、腐蝕性、劇毒性分別儲存。萬一失火，有能力迅速撲滅。火災的原因分為 (a) 普通火災：由木材、紙、塑膠等引起。(b) 油類火災：由易燃性液體、液化石油等引起。(c) 電器火災：由通電的電器設備所引起。(d) 金屬火災：由鉀、鈉、鎂、鋰等活性金屬引起。不同特性的火災用不同的方式滅火。

4. 實驗室是一很危險的場所，工作時戴上眼罩保護你的眼睛；遇有煙霧或灰塵發生時，如不確定原因，不要呼吸，立即離開現場。萬一眼睛、皮膚接觸化學藥品時，用大量水沖洗。

5. 實驗室必備的防護品有：滅火器，沖身洗眼器，化學吸附劑，葡萄酸鈣軟膏 (身體與氫氟酸接觸後塗抹使用) 等以防萬一。發生意外或覺得不舒適時，應立即就醫。

危險物及有害物通識規則標識（依照勞委會規定）

第一類：爆炸物　　　　第二類：氣體

I-101

I-106

I-108

I-109

第三類：易燃液體　　　　第四類：易燃固體自然物質、禁水性物質

I-111

I-112

I-113

I-114

第五類：氧化性物質、有機過氧化物　　　　第六類：毒性物質

I-116

I-117

I-118

I-119

第七類：放射性物質　　第八類：腐蝕性物質　　第九類：其他危險物

依據行政院原子能
委員會之規定

I-120

I-121

▲ 圖 27-5　化學藥品之危險標籤

27-6　氣體 (Gases)

　　在半導體製程中所需的氣體有氮氣、氧氣、氫氣、氯化氫、氨氣及一些其它的氣體。使用這些氣體時要考慮連接配管所造成的污染，應注意勿使污染物落在晶圓上。實際操作上，不銹鋼管耐腐蝕性高，造成污染物較少，可用於任何氣體；而銅管則較適用於氧氣和氮氣。在氣體潔淨過程中，過濾器的裝設是一重要項目，通常裝置在靠近使用端，其效果較佳。

　　由於氣體對 IC 製程極為重要，故在下一章中再詳加討論。

CH 28 製程潔淨控制與安全（二）

積體電路製程用的氣體許多是屬有毒性和可燃性的，安全管理和適當使用是必要的。

28-1 高壓氣瓶	28-5 設備上應注意事項
28-2 壓力調節器	28-6 廢氣之排放
28-3 吹淨	28-7 緊急時應注意事項
28-4 洩漏偵測	

半導體製程用的氣體許多是屬有毒性和可燃性的，操作時必須遵照相關法規所規定的事項，配合實際情況安全管理和使用。在此僅將常遇到之一般事項列出：

28-1 高壓氣瓶 (High Pressure Cylinder)

高壓氣瓶使用時均須固定安置於氣瓶櫃中，如圖 28-1 所示。

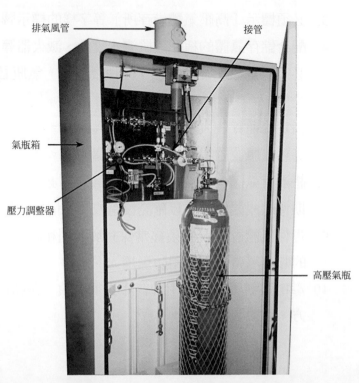

排氣風管

接管

氣瓶箱

壓力調整器

高壓氣瓶

▲ 圖 28-1　高壓氣瓶安置於氣瓶櫃之裝置

28-1-1 高壓氣瓶之使用 (Usage of High Pressure Cylinder)

1. 不得撞擊或使其掉落。
2. 對可燃性、有毒性或助燃性氣體氣瓶的安裝和配管，事前必須以惰性氣體 (氮氣等) 徹底加以吹淨後才可進行。
3. 所有的高壓氣瓶都須標示灌裝氣體的名稱、壓力和檢查日期等，並規定一定期間 (一般是三年) 須再檢查。
4. 高壓氣瓶接口形式有內牙和外牙兩種。可燃性及毒性氣體是左旋轉螺牙，而其他氣體則為右旋轉螺牙。
5. 開關氣瓶閥時，必須用手慢慢開或關。
6. 對消防器材和保護裝置必須隨時仔細加以檢查，以防發生災害。
7. 應定期做氣體防災訓練，提高安全意識。
8. 一旦發覺有氣體洩漏或其他可能引起危險的事態時，應立即連絡專業管人員或操作人員處理。

28-1-2 高壓氣瓶的貯存 (Storage of High Pressure Cylinder)

1. 貯存庫具耐火結構，在其 5 公尺以內的範圍嚴禁火源。
2. 場所要通風、堅固，能防風雨塵沙，四周須留通道。
3. 必須標示「高壓氣體儲存所」等字樣的標示牌。
4. 配合儲存氣體的種類設置灑水設備、滅火器等消防安全設備。
5. 必須清楚標示氣體種類，空瓶要另置。氣瓶必須直立放置，並以鏈條栓牢，切勿橫放。
6. 指定管理責任人員，並禁止外人進入。
7. 高壓氣瓶放置場所不得堆放無關物品。
8. 將灌有氣體的氣瓶收置於貯存庫時，必須先確認氣體不會洩漏才可。平日應做定期性的洩漏檢查，以確認沒有洩漏的情形。最好能設置固定式的偵測系統。
9. 毒性氣體貯存所必須經常保有解毒劑和防毒面具等防護器具。而對於可燃性氣體的貯存場所則須採用防爆燈。
10. 毒物和劇烈物的專用貯存庫必須上鎖。在儲存庫的出入口或在外部容易看到的地方，必須裝設標示牌。

28-2　壓力調節器 (Pressure Regulator)

　　壓力調節器是將高壓氣瓶之高壓端之壓力精確的轉變為低壓的一種調節裝置如圖 28-2 所示，使用壓力調節器應注意的要點如下：

1. 應事先確認壓力調節器或附屬裝置的螺牙是否和高壓氣瓶接口的螺牙符合。

2. 使用壓力調節器時，必先確認調節器的把柄是否鬆弛 (關的狀態)，通入氣體時不可將臉部面對調節器；必須慢慢地調緊調節器的閥門把柄。

3. 一種氣體使用一台調節器。毒性氣體和可燃性氣體共用一個調節器時，會和殘留氣體起反應而發生事故，而且不同氣體的混入會形成氣體品質的劣化。

4. 使用於腐蝕性氣體的調節器必須定期檢查其性能和材質，若發現有不適用情形時，必須交由製造廠商修理或更換新品。

5. 使用後必須將調節器的閥門把柄予以鬆弛，以免發生二次升壓的情形。

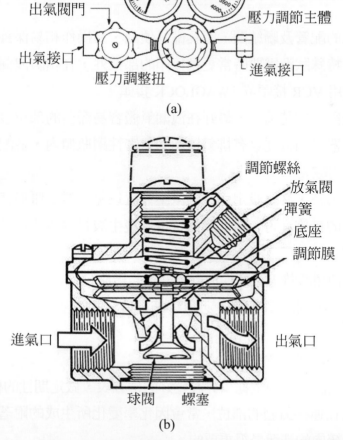

▲ 圖 28-2　壓力調節器 (a) 外部結構；(b) 內部結構

28-3　吹淨 (Blow Up)

　　在實施高壓氣瓶更換等作業時，由於壓力調節器和配管等會曝露於大氣中，因此必須事先吹淨系統內部，以免毒性氣體和可燃性氣體發生洩漏或污染而造成危險。一般都採用氮氣等惰性氣體來進行吹淨，很多情況下都需要抽眞空，此時的裝置不但要耐得住高壓，而且也須要耐得住眞空壓力，這一點宜加注意。

28-4　洩漏偵測 (Leak Check)

　　由於可燃性和毒性氣體的洩漏會形成火災導致爆炸或使人員中毒造成傷害，因此在該種洩漏氣體容易滯留的地方必須設置偵測警報設備。一旦氣體發生洩漏，能迅速檢查及偵測其洩漏部位，可防患災害於未然。

28-5　設備上應注意事項 (Equipment Check)

1. 各種連接氣瓶的配管及聯結閥，須具備易偵漏、易操作和易保養之功能。配管聯結接頭，除了特殊狀況需要時常更換接頭的部位外，在預防洩漏上，最理想爲焊接，其次爲使用 VCR 接頭或 SWAGLOCK 接頭。

2. 對於危險性氣體，爲防萬一，最好在洩漏氣體容易滯留的部位設置偵測器，至於危險性氣體容器必須放在具有排氣機能的氣密性鋼瓶櫃內，並配上壓力調節器等的附屬裝置使用較妥。

3. 使用液化性氣體時，必須設定適當的減壓裝置以免急遽膨脹而使氣體發生液化，或者採取加溫的措施亦可。對於管內有可能發生液封現象的部位，則必須設置安全閥或吹氣閥。

4. 可燃性氣體的使用設施上必須採取靜電消除的措施。

5. 對於閥與閥之間有關連的配管，必須以最易識別的方法標示該管 (閥) 內流體的種類及流動方向。

6. 必須明示閥的開關狀態及開關方向。

7. 高壓氣體的使用設備必須依據事先設定好的檢查表，做定期性的檢查。

8. 長期使用下，在連接氣體的部位，常會因化學變化所生成的附著物而導致系統內的污染，故系統內的洗淨是很重要的。

28-6　廢氣之排放 (Exhaust)

28-6-1 氣體排放 (Gases Exhaust)

　　毒性氣體和可燃氣體的排放 (包括洩漏時) 具有極大的危險性，因此必須在安全的狀態下才可排放。一般排放口的位置必須避開空調用的空氣通道等，以免影響人的呼吸，能遠離建築物為最安全。

1. 可燃性氣體

　　(1) 可燃性氣體的排放，必須裝上適當的調節閥，事先稀釋至該氣體爆炸界限 1/4 以下濃度，盡量以少量慢慢放出，並以燃燒裝置加以燃燒。

　　(2) 放出口應選定較高的位置，必須遠離火源且通風性佳。

2. 毒性氣體

　　(1) 進行毒性氣體排放時，必須戴上防毒面具和保護手套等保護裝置。

　　(2) 排放毒性氣體時，其周圍必須禁止閒人進出。

　　(3) 如要直接放入大氣中時，必須在不危害到人的處所少量慢慢放出，排出口附近的有害氣體濃度必須稀釋至容許量以下才可。

3. 助燃性氣體

　　(1) 放出助燃性氣體時，必須在無火源之處進行。

　　(2) 放出助燃性氣體時，使用的相關器具內如含有油脂及可燃物，必須事先徹底清除後才可進行。

4. 惰性氣體

　　惰性氣體的排放原則上必須在屋外處理，如果容器不易搬出屋外時，則須接排氣導管至屋外的安全場所慢慢地放出。

28-6-2 排放氣體的除害處理 (Toxic Gases Treatment)

　　排放氣體中如含有有害成份時，原則上應施以除害處理，除害處理的方法可分為下列四種。

1. 稀釋排放 (參照圖 28-3)

　　以氮氣等惰性氣體或空氣將排放氣體予以稀釋，然後放出於大氣中。

2. 燃燒排放 (參照圖 28-4)

　　燃燒排放方式是將可燃性氣體直接予以燃燒。

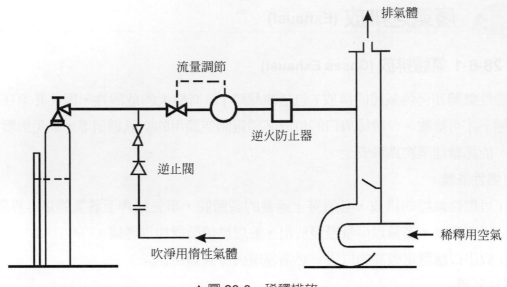

▲ 圖 28-3 稀釋排放

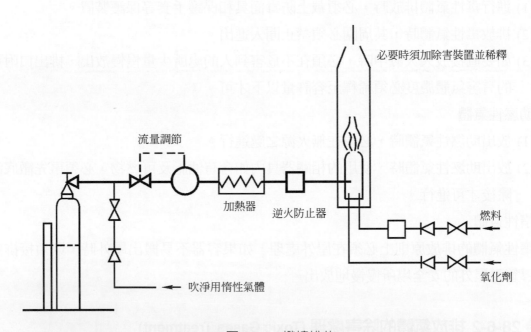

▲ 圖 28-4 燃燒排放

3. 吸收排放 (參照圖 28-5 和圖 28-6)

這是在有害氣體的排放中最常用的方式，吸收劑使用溶液有濕式和乾式兩種。

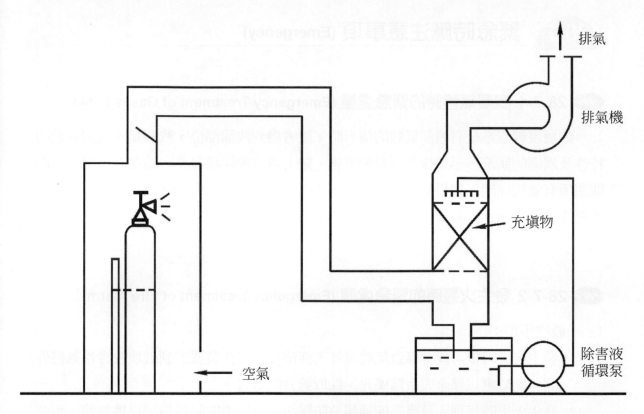

▲ 圖 28-5　溼式排放

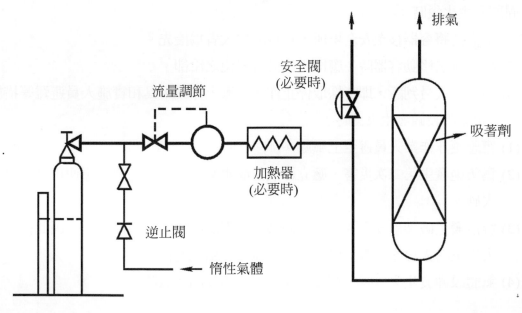

▲ 圖 28-6　吸著劑乾式排放

28-7　緊急時應注意事項 (Emergency)

28-7-1 洩漏氣體時的緊急處置 (Emergency Treatment of Gases Leak)

　　如發現製程系統有洩漏氣體的情形時，應考慮到洩漏部位、洩漏量、洩漏氣體的特性及周圍的狀況，迅即採取適當的措施。戴上適當的保護器具，站在上風處並立即關閉所有氣體閥門。如果關閉閥門後仍無法中止洩漏時，應即安裝金屬蓋帽，並遵照管理人員的指示進行滅火措施，並以惰性氣體更換系統內的氣體後，再行修護洩漏部位。

28-7-2 發生火警時的緊急處置 (Emergency Treatment of Fire Alarm)

1. 一般性事項：
   (1) 發生火災時很可能會導致氣體爆炸，而使安全配件裝置遭到破壞及毒性氣體外漏，此時應以保全人命為優先，採取適當的處置。
   (2) 發生火災時管理人員應立即通報消防隊，並應向消防隊員指出毒性氣體、可燃性氣體和其他氣體的位置，並應向警察局和衛生單位申報。
2. 周圍發生火災時：
   (1) 應盡速將容器移至安全場所，以危險性大者為優先。
   (2) 如果無法移動容器時，應即用水淋容器使之冷卻。
   (3) 由管理人員判斷，即時採取停止作業，戴上保護用具和實施人員避難等措施。
3. 容器和氣體設備發生火災時：
   (1) 應急讓非作業人員避至上風處。
   (2) 為防範發生第二次災害，應立即大量灌水滅火，如有必要，應使用滅火劑和滅火砂。
   (3) 容器發生破裂前安全閥會先行破裂，內部的氣體則自裂口噴出，因此從事於滅火作業的人員必須戴上保護用具，並自上風處進行滅火。
   (4) 氣體設備發生火災時，在安全前提下，儘速關閉氣體。

28-7-3 中毒時的緊急處置 (Emergency Treatment of Poisoning)

1. 應迅速將受害人移至安全場所。
2. 應施以應急治療。
3. 吸入性中毒時：讓受害人躺在有新鮮空氣的地方，脫下衣服，蓋上毛毯保暖，如有必要，則實施人工呼吸，供氧或使用氧氣罩。
4. 眼睛中毒時：以大量的水連續十五分鐘左右的洗眼。
5. 皮膚中毒時：慢慢地脫下衣服，或照原來的穿著以大量的水或肥皂水沖洗皮膚。
6. 送醫：盡快接受醫師的診治，必須將中毒的氣體名稱告訴醫師。

28-7-4 預防 (Precaution)

操作人員最好能遵照安全衛生法規，定期 (每六個月) 地接受檢診。急性中毒時，當然需要接受緊急治療，但慢性中毒時，早期發現潛在的症狀或人體因接觸有害氣體而發生之病變是很重要的。預防的最好辦法是自作業環境中完全避免被有害物質傷害的可能。

國家圖書館出版品預行編目資料

半導體製程概論/ 李克駿, 李克慧, 李明逵編著,
  -- 五版. -- 新北市：全華圖書股份有限公司,
  2023.05
    面 ； 公分
  ISBN 978-626-328-457-9(平裝)

  1.CST: 半導體

448.65   112006655

半導體製程概論

作者 / 李克駿、李克慧、李明逵

發行人 / 陳本源

執行編輯 / 張峻銘

出版者 / 全華圖書股份有限公司

郵政帳號 / 0100836-1 號

圖書編號 / 0510204

五版二刷 / 2024 年 04 月

定價 / 新台幣 500 元

ISBN / 978-626-328-457-9(平裝)

全華圖書 / www.chwa.com.tw

全華網路書店 Open Tech / www.opentech.com.tw

若您對本書有任何問題，歡迎來信指導 book@chwa.com.tw

臺北總公司(北區營業處)
地址：23671 新北市土城區忠義路 21 號
電話：(02) 2262-5666
傳真：(02) 6637-3695、6637-3696

中區營業處
地址：40256 臺中市南區樹義一巷 26 號
電話：(04) 2261-8485
傳真：(04) 3600-9806(高中職)
　　　(04) 3601-8600(大專)

南區營業處
地址：80769 高雄市三民區應安街 12 號
電話：(07) 381-1377
傳真：(07) 862-5562

歡迎加入 全華會員

● 會員獨享

會員享購書折扣、紅利積點、生日禮金、不定期優惠活動…等。

● 如何加入會員

掃 QRcode 或填妥讀者回函卡直接傳真 (02) 2262-0900 或寄回，將由專人協助登入會員資料，待收到 E-MAIL 通知後即可成為會員。

如何購買 全華書籍

1. 網路購書

全華網路書店「http://www.opentech.com.tw」，加入會員購書更便利，並享有紅利積點回饋等各式優惠。

2. 實體門市

歡迎至全華門市（新北市土城區忠義路 21 號）或各大書局選購。

3. 來電訂購

(1) 訂購專線：(02) 2262-5666 轉 321-324
(2) 傳真專線：(02) 6637-3696
(3) 郵局劃撥（帳號：0100836-1　戶名：全華圖書股份有限公司）
※ 購書未滿 990 元者，酌收運費 80 元。

全華網路書店 www.opentech.com.tw
E-mail: service@chwa.com.tw

OpenTech 全華網路書店
OpenTech.com.tw

※ 本會員制如有變更則以最新修訂制度為準，造成不便請見諒。

讀者回函卡

掃 QRcode 線上填寫 ▶▶

姓名：　　　　　　　生日：西元　　　年　　　月　　　日　性別：□男 □女

電話：（　　）　　　　　　　手機：

e-mail：（必填）

註：數字零，請用 Φ 表示，數字 1 與英文 L 請另註明並書寫端正，謝謝。

通訊處：□□□□□

學歷：□高中・職　□專科　□大學　□碩士　□博士

職業：□工程師　□教師　□學生　□軍・公　□其他

學校／公司：　　　　　　　　　　　科系／部門：

・需求書類：

□ A. 電子 □ B. 電機 □ C. 資訊 □ D. 機械 □ E. 汽車 □ F. 工管 □ G. 土木 □ H. 化工 □ I. 設計

□ J. 商管 □ K. 日文 □ L. 美容 □ M. 休閒 □ N. 餐飲 □ O. 其他

・本次購買圖書為：　　　　　　　　　　　　　　書號：

・您對本書的評價：

封面設計：□非常滿意 □滿意 □尚可 □需改善，請說明

內容表達：□非常滿意 □滿意 □尚可 □需改善，請說明

版面編排：□非常滿意 □滿意 □尚可 □需改善，請說明

印刷品質：□非常滿意 □滿意 □尚可 □需改善，請說明

書籍定價：□非常滿意 □滿意 □尚可 □需改善，請說明

整體評價：請說明

・您在何處購買本書？

□書局　□網路書店　□書展　□團購　□其他

・您購買本書的原因？（可複選）

□個人需要　□公司採購　□親友推薦　□老師指定用書　□其他

・您希望全華以何種方式提供出版訊息及特惠活動？

□電子報　□DM　□廣告 (媒體名稱)

・您是否上過全華網路書店？（www.opentech.com.tw）

□是　□否　您的建議

・您希望全華出版哪方面書籍？

・您希望全華加強哪些服務？

感謝您提供寶貴意見，全華將秉持服務的熱忱，出版更多好書，以饗讀者。

填寫日期：　　／　　／

2020.09 修訂

勘 誤 表

書　號		書　名		作　者
頁　數	行　數	錯誤或不當之詞句		建議修改之詞句

我有話要說：（其它之批評與建議，如封面、編排、內容、印刷品質等・・・）

習題演練

Chapter 1
晶體結構與矽半導體物理特性

1. 一矽晶圓摻有 $10^{15}/cm^3$ 個磷原子，
   a. 計算施體濃度 N_d，
   b. 計算受體濃度 N_a，
   c. 計算電子濃度 n，
   d. 計算電洞濃度 p。

   解

2. 一矽晶圓摻有 $2 \times 10^{16}/cm^3$ 個硼原子，
   a. 計算施體濃度 N_d，
   b. 計算受體濃度 N_a，
   c. 計算電子濃度 n，
   d. 計算電洞濃度 p。

   解

3. 假如一矽晶圓摻有 $3 \times 10^{17}/cm^3$ 個砷原子和 $5 \times 10^{17}/cm^3$ 個硼原子，

    a. 計算施體濃度 N_d，

    b. 計算受體濃度 N_a，

    c. 計算電子濃度 n，

    d. 計算電洞濃度 p。

解

4. 一鍺晶圓均勻摻有硼原子，其雜質濃度是 $5 \times 10^{16}/cm^3$ 個原子。假如本質 (intrinsic) 載子濃度在 $300°K$ 是 $2.43 \times 10^{13}/cm^3$ 個載子，試計算此晶圓之電洞電子濃度。

解

5. 假如問題 4 中的晶圓溫度增加，則多數和少數載子間濃度之不平衡將減少。假如本質載子濃度以每 $°K$ 6% 之比率隨溫度成指數增加，在什麼溫度時少數載子濃度是多數載子濃度的 2%。

解

6. 一半導體材料之電洞濃度是 $10^{15}/cm^3$ 個載子，電子濃度是 $4 \times 10^{13}/cm^3$ 個載子。試計算本質載子濃度和淨雜質濃度。

7. 一矽晶圓摻有 $2 \times 10^{16}/cm^3$ 個受體和 $5 \times 10^{15}/cm^3$ 個施體。什麼型式的雜質和濃度加入，使在室溫平衡下電子與電洞濃度相等。

8. (1) 離子鍵結合 I-VII 族化合物，(2) 離子共價鍵結合 II-VI 族化合物，(3) 共價離子鍵結合 III-V 族化合物，請各舉一例。

9. 矽與鑽石有相同的晶體結構，為何將矽稱為鑽石結構，而不將鑽石稱為矽結構？

解

10. 如何用化學鍵討論物質的導電性？

解

11. 何謂本質半導體？

解

習題演練

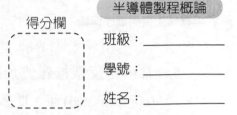

得分欄

班級：_____

學號：_____

姓名：_____

1. 一矽晶圓摻有 $2 \times 10^{15}/cm^3$ 個砷原子雜質。計算此晶圓之電阻係數，並與圖 2-6 比較答案。

   解

2. 一矽晶圓含有 $1 \times 10^{18}/cm^3$ 個硼原子，和 $3 \times 10^{18}/cm^3$ 個銻原子。
   (1) 決定施體和受體濃度 (N_d 和 N_a)。
   (2) 決定電洞和電子濃度 (p 和 n)。
   (3) 決定電洞和電子遷移率 (μ_n 和 μ_p)。
   (4) 決定此晶圓電阻係數。
   (5) 為何 (4) 所得答案異於圖 2-6，當 $N_d = 3 \times 10^{18}/cm^3$ 時。

   解

3. 一 N 型矽立方體每邊 1.0 cm，摻有 $1 \times 10^{14}/cm^3$ 個施體。一較小 P 區，每邊 0.5 cm 擴散至此立方體上表面的中央。假如 P 區電阻係數是 2.5 Ω-cm，計算 P 區之受體濃度和 P 區雜質原子之總數。

   解

4. 畫出 27°C 平衡狀態下矽之能階圖，此矽摻有 $3 \times 10^{17}/cm^3$ 個磷原子，和 $2.9 \times 10^{17}/cm^3$ 個硼原子。所有雜質都游離了嗎？

   解

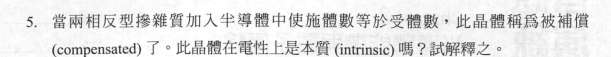

5. 當兩相反型摻雜質加入半導體中使施體數等於受體數，此晶體稱為被補償 (compensated) 了。此晶體在電性上是本質 (intrinsic) 嗎？試解釋之。

解

6. 在何種條件下，下列何者表示是正確的？
   (1) $n \cdot p = n_i^2$
   (2) $p + N_d = n + N_a$

解

7. 一矽晶圓摻有 $7 \times 10^{15}/cm^3$ 個硼原子和 $3 \times 10^{15}/cm^3$ 個磷原子，計算 27°C 時電子與電洞濃度。

解

8. 一矽棒長 1 cm，高和寬是 0.1 cm，兩端電阻是 10 歐姆。假如用熱探針測量法顯示此棒是 N 型，試決定施體濃度。

解

9. 在一晶圓上用四點探針法測量，得到：$V = 5 \times 10^{-3}$ 伏特，$I = 4.5 \times 10^{-3}$ 安培，則此晶圓之薄片電阻是多少？

解

10. 一長方塊材料有下列性質：長是 100 微米 ($\mu m = 10^{-6}$ m)，寬是 5 微米，高是 2 微米，電阻係數是 2 歐姆 - 公分，決定此材料之電阻。

習題演練

Chapter 3
化合物半導體晶體結構與物理特性

1. 砷化鎵有高的電子遷移率與直接能隙，適合製作甚麼元件？

2. 鑽石結構與閃鋅礦結構有何不同？

3. 砷化鎵相關的三元或四元化合物半導體，在閃鋅礦晶格結構中，III 族原子與 V 族原子的比例要維持甚麼關係？

4. 光電元件需要使用直接能隙半導體，砷化鎵 (1.42 eV) 與氮化鎵 (3.39 eV) 都是直接能隙半導體，兩者對應到的發光元件有何不同？

5. 氮化鎵是纖鋅礦結構由兩個六面緊密堆積的子晶格而成，III 族原子鎵與 V 族原子氮的比例要維持甚麼關係？。

解

6. 在半導體領域最常用的碳化矽是 4H-SiC 和 6H-SiC 兩種，4H-SiC 的優點為何？

解

7. III-V 族化合物半導體使用何種摻雜質形成 N 型或 P 型半導體？

解

8. IV-IV 族 SiC 使用何種摻雜質形成 N 型或 P 型半導體？

解

9. 根據表 3-1，請問基於什麼特性，氮化鎵適用於製作高頻高功率元件？

解

10. 根據表 3-1，請問基於什麼特性，碳化矽較氮化鎵更適用於製作高功率元件，較不適用於製作高頻高功率元件？

解

習題演練

Chapter 4
半導體基礎元件

1. 二極體之順向偏壓及逆向偏壓為何？

   解

2. 二極體之功能為何？

   解

3. 雙載子電晶體之重要關鍵在基極寬度，基極愈窄，雙載子電晶體增益愈大，為何？

   解

4. MOS 結構在閘極加上偏壓，會有哪三種狀態發生？

   解

5. 畫出 MOS 電晶體之電流－電壓輸出特性曲線？

   解

6. CMOS 電晶體有何優缺點？

   解

7. 敘述浮柵和電荷捕獲記憶體的電荷儲存的位置？

解

8. 浮柵和電荷捕獲記憶體的電荷儲存後改變了記憶體甚麼參數？

解

9. IC 中電阻在製程中哪一部份完成？

解

10. IC 中電阻之片電阻爲何？爲何使用片電阻表達一電阻？

解

11. IC 中電容有那兩種，各有何優缺點？

解

12. 爲何過去 IC 製程中沒有恰當的電感使用？用什麼方法使 IC 有電感可用？

解

習題演練

得分欄

班級：＿＿＿＿＿＿

學號：＿＿＿＿＿＿

姓名：＿＿＿＿＿＿

1. 本質半導體在任何溫度時，費米能階在能隙中哪裡？

    解

2. 為何我們可以說半導體費米能階 E_F 以上沒有電子，費米能階 E_F 以下充滿電子？

    解

3. n 型與 p 型半導體費米能階在能隙中那裡？隨摻雜質增加如何移動？

    解

4. 請繪製 p 型半導體 (a) 狀態密度 $N(E)$ 與 (b) 費米分佈函數 $F(E)$ 相乘得到 (c) 導帶中電子濃度 $n(E)$ 與價帶中電洞濃度 $p(E)$。

    解

5. 敘述將任意兩種半導體相接構建能帶圖的基本步驟。

解

6. p 型半導體與金屬相接,若 $\phi_m < \phi_s$ 如下圖 (1),請構建蕭特基接觸能帶圖。

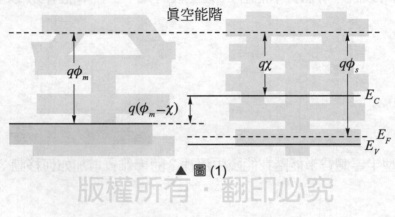

▲ 圖 (1)

解

7. 請構建如圖 (2) 所示 n 型與 n 型兩種半導體相接的能帶圖。

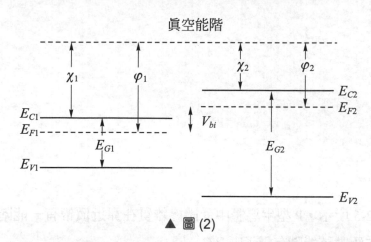

▲ 圖 (2)

解

8. 請構建如圖 (3) 所示 n 型、p 型與 n 型三種半導體相接的能帶圖。

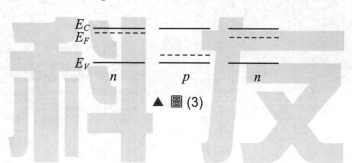

▲ 圖 (3)

解

9. 請問半導體狀態密度與電子濃度的關係？

10. CH2 中圖 2-5 所示，P 型半導體中受體摻雜質在靠近價帶有一能階形成，室溫下由費米分布函數該能階有電子嗎？

習題演練

Chapter 6
積體電路製程與佈局

1. 電路與積體電路有何不同？

   解

2. 列出典型雙載子電晶體基本製程。

   解

3. 典型雙載子電晶體基本製程中那一個步驟製作電阻，為何？

   解

4. 列出典型 MOS 電晶體基本製程。

   解

5. 何謂積體電路設計規則？

   解

6. 積體電路佈局的原則為何？

   解

7. 爲何一積體電路晶片要接近正方形？

解

8. 爲何積體電路設計規則隨年代而縮小？其對積體電路製程之影響爲何？

解

9. 圖 (1) 所示爲 CMOS 電晶體 NOR 閘電路圖，請繪製 IC 佈局圖。

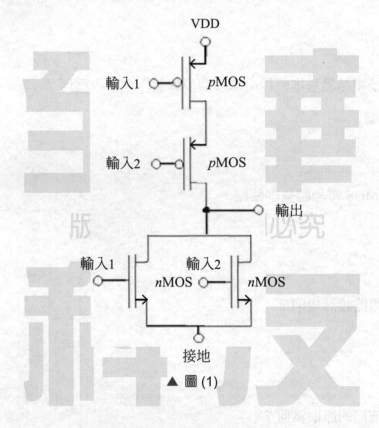

▲ 圖 (1)

解

10. 何謂平面化製程？爲何需要平面化製程？

解

習題演練

Chapter 7
半導體元件縮小化與先進奈米元件

1. MOS 電晶體尺寸縮小，有何優點？

   解

2. 何謂短通道效應？

   解

3. 短通道 MOS 電晶體，為何 V_{ds} 增加等量時引起通道長度縮短百分比較長通道 MOS 電晶體大？

   解

4. 何謂通道長度調變效應？

   解

5. 推導短通道 MOS 電晶體中電流與閘極偏壓的關係？

   解

6. 短通道 MOS 電晶體中次臨界電流為何較大？

   解

7. 何謂 CMOS 栓鎖現象？如何防止 CMOS 栓鎖現象？

8. 何謂摩爾定律？你覺得它有極限嗎？

9. 部分空乏及完全空乏兩型 SOI-MOSFET 在結構上之不同點為何？

10. 相較傳統 MOSFET，SOI-MOSFET 的三個優點為何？

11. 完全空乏型 SOI-MOSFET 的優點為何？

12. 相對 SOI-MOSFET，鰭式場效電晶體 (FinFET) 有何競爭優勢？

13. 相對 2D IC，3D 單石 IC 有何優點？

14. 單石三維積體電路製作進行方式有哪兩類？

習題演練

得分欄

班級：＿＿＿＿＿＿

學號：＿＿＿＿＿＿

姓名：＿＿＿＿＿＿

1. 相較於矽，化合物半導體用於電晶體上有何優點？

2. 說明氮化鎵與碳化矽用於高頻、高功率元件的市場區分？

3. 為何砷化鎵不宜製作雙載子電晶體與金氧半場效電晶體？

4. (1) 砷化鎵 MESFET 的通道使用 n 型半導體的理由？

(2) n 通道 MESFET 閘極肖特基金屬接觸操作在正偏壓的功能為何？

5. n 通道砷化鎵 MESFET 夾止電壓與閘極電壓的關係為何？

6. 如何控制製作常關型或常開型 MESFET？

解

7. 為何 HEMT 結構可以得到較高的電子遷移率？

解

8. AlGaN/GaN HEMT 是氮化鎵最佳元件結構如圖 8-6 所示，該結構中為何最外有一層 GaN？

解

9. 為何 GaN 操作在較高頻率較低功率，SiC 操作在較低頻率較高功率？

解

10. 為何 SiC 可以製作 MOSFET 結構？

解

習題演練

Chapter 9
半導體光電元件

得分欄

班級：_____
學號：_____
姓名：_____

1. 矽為何不適用於製作發光二極體？

2. *p-n* 接面發光二極體的發光區域在那裡？

3. 為何雙異質接面發光二極體有較佳的發光效率？

4. 半導體發光二極體的發光波長由半導體甚麼特性決定？

5. 雷射二極體結構中如何提高光場能量密度？

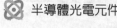

6. *p-n* 光電二極體的空乏區厚與薄對其影響是甚麼？

7. *p-i-n*(p-intrinsic-n) 光電二極體是最常用的光電感測器之一，為何結構中需要不摻雜，載子濃度非常低，厚度值為 5 ～ 50 μm 的 *i* 層？

8. 請說明太陽電池與光電二極體不同之處？

9. 圖 9-11 所示 *p-n* 接面太陽電池，試計算其開路電壓和電壓為 0.35 V 時的輸出功率？

10. 條狀雷射的優點為何？

習題演練

Chapter 10
矽晶棒之生長

1. 如何得到高純度矽原料？

2. a. 什麼污染物 CZ 法生長矽中會有而 FZ 法生長矽中沒有？
   b. 此污染物從何而來？

3. 多晶之定義為何？

4. 在晶體生長中通入氬氣的目的為何？

5. 晶體生長為何需要晶種？

6. 那兩變數決定 CZ 法生長矽單晶棒的直徑？

解

7. 摻雜質要有怎樣的 k 值才能產生一均勻分佈的曲線？

解

8. 假設某一摻雜質之 k 值大於 1，試畫出柴可拉斯基法生長晶體摻雜質之分佈示意圖？

解

9. 晶體生長中表 10-1 中哪種 p 型摻雜質將產生最均勻的雜質分佈曲線？

解

10. 描述矽晶圓中兩種晶體缺陷。

解

習題演練

得分欄

班級：＿＿＿＿＿＿
學號：＿＿＿＿＿＿
姓名：＿＿＿＿＿＿

1. a. 一平面與軸相交在 $x = 1/2$，$y = 1$，$z = 2$，決定其密勒指數。

   b. 畫出此平面。

2. a. 一平面與軸相交在 $x = 2$，$y = 1$，$z = \infty$，決定其密勒指數。

   b. 畫出此平面。

3. 為何平行晶面都有相同的密勒指數？

4. 為何不直接用三晶軸的交點表達晶面方向？

5. 在矽晶圓製程中最常使用的兩種晶體方向為何？

6. 為何易劈面是晶圓上一個重要的參考？

解

7. 為何 [110] 面為矽之易劈面？

解

8. 矽晶圓的易劈面如何表示？

解

9. 晶圓的晶面方向與摻雜種類如何表示？

解

10. 晶圓的面積需求為何愈來愈大？

解

習題演練

Chapter 12
化合物半導體晶棒生長

得分欄

班級：_____

學號：_____

姓名：_____

1. 使用柴可拉斯基法生長砷化鎵晶棒，當溫度下降到液態線以下時，開始有固體生長出，請問固體的組成為何？

2. 柴可拉斯基法生長砷化鎵，如何防止砷化鎵在長晶過程中分解？

3. 為何砷化鎵布理基曼法生長不出圓型晶圓？

4. 目前備置氮化鎵晶圓的方法有哪兩類？

5. 目前 SiC 長晶技術有哪兩種？

6. 請說明 SiC 單晶生長使用高溫化學氣相沉積法的優缺點？

7. 半導體經歷三代發展，何謂第三代半導體？

解

8. 柴可拉斯基法生長矽時使用石英坩鍋，為何生長砷化鎵時使用石磨坩鍋？

9. 如圖 12-2 所示，為何布里基曼法生長砷化鎵時是使用封管法生長？

10. 布里基曼法生長砷化鎵的速度由石英管的移動速度決定，若移動速度太快有何影響？

解

習題演練

Chapter 13
矽磊晶生長

1. 生長磊晶膜之基板是否要與磊晶膜有同樣材質與組成？

   解

2. 在圖 13-5 中，決定有最大生長速率之偏向角爲何？

   解

3. a. 在圖 13-8 中，決定 $SiCl_4$ 的摩爾分數以得最大成長速率？
   b. 爲何磊晶矽不適宜在此條件下成長？

   解

4. 矽磊晶生長須滿足哪兩條件？

   解

5. 在矽晶圓上如何造出結核位置？

   解

6. 試述真空磊晶沉積的缺點。

解

7. 寫出工業上最常用的兩種矽磊晶生長原料及反應方程式。

解

8. 計算使用矽甲烷在 1050°C，5 分鐘生長磊晶膜的厚度。

解

9. 何謂結核位置？

解

10. 相對四氯化矽，使用矽甲烷進行磊晶有何優點？

解

習題演練

Chapter 14
矽磊晶系統

班級：_____
學號：_____
姓名：_____

1. 說明磊晶生長系統中晶圓加熱的兩種方法並討論之。

2. 為何矽磊晶生長要在冷管式反應器中進行？

3. 三種磊晶生長系統的優缺點為何？

4. 在水平系統中，為何承物器常傾斜一角度？

5. 磊晶生長系統中的三個重要評估參數為何？

6. 陳述並討論測量磊晶膜厚度的兩種方法。

7. 決定 (111) 矽磊晶膜之厚度，若其蝕刻坑邊長為 1.838 μm。

8. 在摻雜濃度為 $10^{18}/cm^3$ 矽晶圓上，生長濃度 $10^{16}/cm^3$ 矽磊晶膜，試畫出摻雜質在磊晶膜 / 晶圓界面附近之分佈示意圖。

9. 磊晶反應室的功能為何？

10. 烤餅式磊晶系統中，若承物器不旋轉，請問中央或外圍部分長得快？

習題演練

Chapter 15
化合物半導體磊晶生長

1. 使用氫化物氣相法生長砷化鎵磊晶，為何需要雙溫區反應管？

   解

2. 使用有機金屬化學氣相沉積法生長砷化鎵為何方便簡單？

   解

3. 有機金屬化學氣相沉積法最大的缺點為何？

   解

4. 藍寶石基板上使用有機金屬化學氣相沉積法生長氮化鎵，該技術最關鍵之處為初期的氮化 (nitridation) 技術，其功能為何？

   解

5. 使用有機金屬化學氣相沉積法在矽基板上生長氮化鎵磊晶，為何選擇 (111) 矽晶圓？

   解

6. 化學氣相沉積法磊晶生長碳化矽，哪種含碳和矽的氣體反應原料使用最普遍？

7. 初期冷管式用於碳化矽磊晶，為何目前則是熱管式用於碳化矽磊晶？

8. 碳化矽磊晶時，何謂位置競爭磊晶？

9. 現代 MOCVD 為何可以生長精準厚度磊晶膜？

10. 氮化鎵氫化物氣相磊晶為何使用雙溫區反應管？

習題演練

Chapter 16
矽氧化膜生長

得分欄

班級：_____

學號：_____

姓名：_____

1. 氧化爐管通常用什麼材料？

2. 矽氧化常使用之兩種化學反應物為何？

3. 何謂乾氧化與濕氧化？

4. 舉出並簡單描述將水蒸汽通入氧化爐內之方法？

5. 在乾氧氧化過程中使用氮氣之目的為何？

6. 在氧化起泡標準系統中水要保持在什麼溫度？

7. 在 " 燃燒氫 " 氧化系統中最大危險是什麼？

解

8. 計算在原始矽晶圓上生長 SiO_2 膜之厚度，假如氧化步驟如下：

| a. 1200°C | 乾 O_2 | 60 分鐘 |
| b. 1000°C | 97°C H_2O | 12 分鐘 |

解

9. 假如一矽晶圓之氧化時間加倍，是否氧化厚度加倍？假如不是，為何？

解

10. (111) 矽晶圓在高於 1200°C 溫度水蒸汽中氧化 30 分鐘得到 1 微米厚之氧化膜。在同樣溫度環境條件下要得總厚度 3 微米之氧化膜要多少時間？

解

11. (100) 矽晶圓在 1100°C 水蒸汽中氧化 24 分鐘。在 1100°C 乾 O_2 中再生長 1 微米氧化膜需多久？總厚度若干？

解

12. 當摻雜硼之矽晶圓氧化時，矽中之硼在 $Si\text{-}SiO_2$ 交接面處是堆積還是缺乏？解釋之。

解

習題演練

Chapter 17
矽氧化膜生長機制

得分欄

班級：_____
學號：_____
姓名：_____

1. 矽氧化中，化學反應發生在何處？

   解

2. 在熱氧化中，矽或氧化源 (O_2 或 H_2O) 是移動的反應物嗎？

   解

3. 解釋為何矽在溼氧中較乾氧中有較快氧化速率。

   解

4. 解釋氧化時傳輸限制機制與反應速率限制機制之差別。

   解

5. 矽之晶格常數為 5.43Å，求 (100)，(111) 面之原子密度？

   解

6. 二微米厚之 SiO_2 標準崩潰電壓爲何？

    解

7. 可使用什麼方法改進 SiO_2 介電品質？

    解

8. 舉出二氧化矽在積體電路中三個運用？

    解

9. 超薄氧化膜在進行熱氧化時的氧化速率會快還是慢？

    解

10. 二氧化矽中納離子濃度如何測試？

    解

習題演練

Chapter 18
摻雜質之擴散植入

1. 900°C 時，計算鎵在矽中之固體溶解度。

解

2. 計算金在矽中之最大固體溶解度。

解

3. 1100°C 時，硼和鎵何者有較大擴散係數？

解

4. 1200°C 時，計算磷之擴散係數。

解

5. 在預積時，什麼參數決定晶圓表面摻雜質之濃度？

解

6. 決定預積分佈曲線的兩參數爲何？

7. 計算晶圓上氧化膜厚度爲多少才能阻擋硼在 1100°C，1 小時的擴散。

8. 舉出幾種將摻雜質注入矽晶圓中的方法。

9. 在驅入擴散中，決定接面深度的三變數爲何？

10. 常用來計算矽晶圓中擴散的兩種量度方法爲何？

解

11. 擴散後是否能準確測量電阻係數？解釋之。

12. 用課文中預積一例之條件，若此步驟使用 p 型晶圓摻有

    a. 5×10^{16} 原子 /cm^3。

    b. 5×10^{19} 原子 /cm^3。

  則接面深度為何？

13. 習題 12 預積後，再用課文中驅入一例之條件，則接面深度為何？

14. 擴散經過 (a) 預積 (b) 驅入後，摻雜質分佈曲線為何？

15. 在正常擴散程序下，表面電阻係數(用四點探針法量測)是否和預積最初量有關？解釋之。

解

16. 預積時，表面電阻係數隨著時間增加或減少？解釋之。

解

習題演練

Chapter 19
摻雜質之離子佈植

1. 高溫擴散法與離子佈植法在摻雜質注入晶圓中之分佈有何不同？

   解

2. 離子佈植法中高能量之摻雜質離子植入晶圓中為何到一定的深度才停下？

   解

3. 植入離子能量較高時，為何行進單位距離之能量損失較小？

   解

4. 何謂離子通道效應？

   解

5. 離子佈植所擁有的優點為何？

   解

6. 晶圓經過離子佈植之後，為何需經退火？

7. 離子佈植後成完全非晶之退火，為何所需能量較小？

8. 高溫爐退火及快速退火有何不同？

9. 離子佈植在 CMOS 積體電路製程上有何應用？

10. 相對 SIMOX 法，smart-cut 方法有何優點？

習題演練

Chapter 20
微影技術

得分欄

班級：＿＿＿＿＿

學號：＿＿＿＿＿

姓名：＿＿＿＿＿

1. 光微影術之定義。

2. 用正光阻劑程序顯影後，被光罩不透明處保護住的光阻劑是否留下？

3. 用圖 20-5，計算

   a. 要得 1.6 μm 厚之 AZ-1350J 膜，旋轉速率為何？

   b. 使用 AZ-111 光阻劑，在 6000 rpm 下厚度為何？

4. 如果一液體較其它液體流得慢，其黏滯性是較大或較小？

5. 解釋軟烤與硬烤之差別。

6. 列出常用光罩材質及其優點。

解

7. 列出並定義影響光阻劑使用的四個參數。

解

8. 光阻劑程序中為何需準備液？

解

9. 在半導體元件製造中，加上光阻劑最常用的方法為何？

10. 控制光阻膜品質之兩參數為何？

11. 顯影檢查步驟之目的為何？

12. 現代解析度增強技術有那三類？

13. 微影術光學曝光光源有那幾類？

14. 為何需要短波長曝光光源？

15. 電子束微影術光源產生之方法有那幾類？

16. 電子束微影術之優缺點？

17. 電子束微影術曝光方式有那幾類？

18. 深紫外光微影術與極深紫外光微影術之波長各為何？

習題演練

Chapter 21 蝕刻技術

1. 濕蝕刻的基本概念為何？

2. 濕蝕刻最大的問題在底切 (undercut)，產生原因為何？

3. 何謂非均向性蝕刻？

4. 對付濕蝕刻底切問題，有補償方法為何？在 VLSI 中，補償方法為何不能用？

5. 水平蝕刻速率為 0.5 μm/ 分，垂直蝕刻速率為 1 μm/ 分，求非等向性性蝕刻程度？

6. 電漿蝕刻產生非均向性蝕刻原因為何？

7. 電漿蝕刻機制中反應步驟有哪些？

8. 為何電感耦合式電漿反應器有較高的電漿密度？

9. 為何電感耦合式電漿反應器有較快的蝕刻速率？

10. 爲何電感耦合式電漿反應器對晶圓有較低的損傷？

11. 電感耦合式電漿反應器是等向性蝕刻，如何提高非等向蝕刻機能？

12. 爲何遠端電漿蝕刻機非等向性蝕刻效率不佳？

13. 使用 ALE 蝕刻矽，蝕刻速率 0.04 nm/ 週期，每週期 40 秒，矽單原子層厚度爲 0.25 nm，蝕刻矽單原子層需要多少時間？

14. 電漿 ALE 和高溫 ALE 的基本反應機制爲何？

習題演練

Chapter 22
化學氣相沉積

得分欄

班級：＿＿＿＿＿

學號：＿＿＿＿＿

姓名：＿＿＿＿＿

1. 簡單敘述熱管式與冷管式 CVD 系統之不同。

    解

2. 說出三種可用 CVD 技術沉積之非磊晶材料。

    解

3. 1000°C 沉積 30 分鐘後，測試晶圓之薄片電阻是 35Ω/ □。計算 SiO_2 沉積膜中磷濃度。

    解

4. 解釋化學氣相沉積中反應室之目的。

    解

5. 列出並敘述化學氣相沉積系統之五個主要部份。

    解

6. 解釋磊晶成長與化學氣相沉積之不同。

7. 舉出沉積氮化矽之一反應。

8. 電漿 CVD 法與紫外光 CVD 法為何有較低的沉積溫度？

9. 使用 ALD 生長矽,生長速率 0.6 單原子層 / 週期,每週期 50 秒,矽單原子層厚度為 0.25 nm,生長 1.5 nm 矽單原子層需要多少時間？

10. 液相沉積法主要的優缺點為何？

習題演練

Chapter 23
金屬接觸與沉積

1. 舉出金屬化必須滿足的五個要求。

   解

2. 舉出並描述三種真空沉積技術。

   解

3. 何種真空沉積技術會有輻射損傷？

   解

4. 金屬化程序中為何鋁是最常用的金屬？

   解

5. 在金屬化中，將少量矽與銅加入鋁中目的為何？

   解

6. 舉出真空沉積系統中的主要組件。

7. 描述典型真空沉積程序。

8. 為何作為 MOS 元件的閘極，摻雜多晶矽的可靠性優於鋁電極？

9. 銅製程的優點為何？

版權所有・翻印必究

10. 銅製程技術之需求及缺點為何？

11. 金屬化程序中為何需要退火處理？

習題演練

Chapter 24
積體電路封裝

得分欄

班級：_____

學號：_____

姓名：_____

1. 電子封裝 (electronic packaging) 的目的為何？

   解

2. 積體電路中半導體元件失效的原因？

   解

3. 比較樹脂封裝與陶瓷封裝之優缺點？

   解

4. 積體電路封裝流程為何？

   解

5. 晶圓背面研磨的目的為何？

   解

6. 銲晶的方法有幾種？

　解

7. 銲線的方法有幾種？各有何優點？

　解

8. 電鍍的目的為何？

　解

9. MCP、MCM 和 SiP 的區別為何？

　解

10. 舉出 3D IC 封裝使用矽穿孔技術 (TSV) 的兩個特殊優點？

　解

習題演練

Chapter 25
可靠度與功能性檢測

1. 何謂可靠度檢測？

2. 何謂功能性檢測？

3. 何謂加速檢測 (或稱應力檢測) ？

4. 如何使用 MTTF 計算 IC 或元件的壽命？

5. 如何使用 MTBF 計算總產品量中有多少會發生故障的比例？

6. 電磁干擾中何謂透過傳導方式的耦合及透過輻射方式的耦合？

7. 靜電效應三種模型中人體模型的損傷相對較小，原因為何？

8. 功能性檢測的目的為何？

9. 靜電效應機器模型中，靜電產生的來源為何？放電時為何電流較大？

10. 靜電效應充電元件模型中，靜電產生的來源為何？放電時為何電流大？

習題演練

Chapter 26
材料特性檢測

1. 光學顯微鏡經物鏡將觀察物成一倒立的實象或虛象，再經目鏡成實象或虛象？

   解

2. 如何得到電子顯微鏡影像？

   解

3. X 光繞射光譜法與 X 光反射式勞厄法都是利用甚麼原理觀察晶體？

   解

4. 如何得到穿透式電子顯微鏡影像？

   解

5. 傅立葉轉換紅外線光譜儀測量樣品組成的原理為何？

   解

6. 歐傑電子光譜儀測量樣品元素的原理爲何？

7. 相較歐傑電子光譜儀，X 射線光電子能譜儀 (XPS) 的優點爲何？

8. 拉曼散射測量光子能量的改變，以波數的改變來表示，假設波長 400 nm，請問對應的波數？

9. 原子力顯微鏡如何觀察物體形貌？

10. 請簡述光激光譜儀的優缺點？

習題演練

Chapter 27
製程潔淨控制與安全（一）

1. 人體中存有什麼化學物質，是在二氧化矽中可移動的污染物？

   解

2. 敘述半導體製程中得到高純度用水的方法。

   解

3. 對不知來歷的晶圓，是否要用溶劑或酸清洗？為何？

   解

4. 晶圓製造區中為何層流罩放在重要地方上方？

   解

5. 列出並敘述晶圓清洗步驟。

解

6. 畫出並列表敘述一典型離子交換純水處理程序。

解

7. 列出離子交換和逆滲透純水處理系統的不同處。

解

8. 半導體製程設備中，純水如何分送至不同處。

解

9. 半導體製程中輸送所需的氣體常使用何種金屬配管？

10. 描述一典型晶圓製造區之污染控制。

11. 化學藥品間有不相容性。

12. 藥品稀釋之原則為何。

13. 引起火災的原因有那些？

14. 實驗室必備的防護品有哪些？

習題演練

Chapter 28
製程潔淨控制與安全（二）

1. 各種氣瓶的連接配管用哪些方式聯結較爲理想？

   解

2. 高壓氣瓶接口形式有哪兩種螺牙，目的爲何？

   解

3. 爲何需要壓力調節器將高壓氣瓶之高壓端之壓力精確的轉變爲低壓？

   解

4. 氣體中如含有有害成份時，該如何排放？

   解

5. 氣體洩漏時的緊急處置有哪些？

   解

6. 人員中毒時的緊急處置有哪些？

7. 發生火警時的緊急處置有哪些？

8. 換置高壓氣瓶應注意之事項為何？

9. 半導體製程中氣體之使用為何需要特別注意安全管理？

10. 為何高壓氣瓶必須直立放置並以鏈條栓牢？